U0620098

石油工程跨界融合技术创新

王敏生 光新军 闫 娜 等 编著

科学出版社

北 京

内 容 简 介

本书梳理了当下石油工程行业面临的不确定性和技术挑战、技术创新新趋势和跨界融合创新发展现状，分析了材料科学、信息科学和机械电子光学科学与石油工程融合创新的进展与发展方向，提出了石油工程跨界融合创新在导向、机制、人才和能力建设等领域的发展对策。

本书可为我国油气领域的管理者了解石油工程跨界融合创新动向，为科技战略制定、发展规划编制、重大技术决策等提供参谋支撑，也可为科研人员瞄准科技前沿、推进关键技术研发提供信息支撑。

图书在版编目（CIP）数据

石油工程跨界融合技术创新/王敏生等编著. —北京：科学出版社，2022.11
ISBN 978-7-03-073428-0

Ⅰ.①石… Ⅱ.①王… Ⅲ.①石油工程-工程技术-研究-中国 Ⅳ.① TE

中国版本图书馆 CIP 数据核字（2022）第 189946 号

责任编辑：吴凡洁/责任校对：王萌萌
责任印制：师艳茹/封面设计：赫 健

科学出版社 出版
北京东黄城根北街 16 号
邮政编码：100717
http://www.sciencep.com

北京九天鸿程印刷有限责任公司 印刷
科学出版社发行 各地新华书店经销
*
2022 年 11 月第 一 版 开本：787×1092 1/16
2022 年 11 月第一次印刷 印张：15 1/4
字数：350 000
定价：198.00 元
（如有印装质量问题，我社负责调换）

前　言

新一轮科技革命和产业变革正在兴起，以跨越现有学科界限、互相联系、彼此渗透、互相融合为特征的多学科交叉汇聚与多领域技术跨界融合正在带动群体性技术突破，重大颠覆性创新不断涌现。石油工程是一个应用导向、多学科多专业交叉的技术密集型专业领域，交叉融合了材料、信息、机械、电子、物理、化学、化工等多学科领域的理论和技术，承载了多学科的发展成果和技术成就。新材料技术、信息技术、机械电子光学科学等高新技术的快速发展和向石油工程的深入渗透与融合，正在推动油气产业转型升级和工程技术的升级换代。

在油气勘探开发对象日益复杂、能源变革深刻演进、"双碳"目标压茬落实、大国竞争进一步加剧、新冠疫情席卷全球的大背景下，油气勘探开发面临提速增产、降本减碳、绿色安全等多重压力，石油工程技术创新越来越体现出价值驱动、一体化和跨界融合赋能等特征，跨学科融合应用研究导向突出，技术创新的竞争焦点趋同。未来的石油工程技术创新，一定要坚持使命导向和问题导向，面向未来场景和能源转型的领先市场，立足广跨界、深融合、建生态，超前布局技术经济制高点。

本书梳理了当下石油工程行业面临的不确定性和技术挑战、技术创新新趋势和跨界融合创新发展现状，分析了材料科学、信息科学和机械电子光学科学与石油工程融合创新的进展与发展方向，结合国际公司的成功经验和技术跨界融合带来的管理创新需求，提出了石油工程跨界融合创新在导向、机制、人才和能力建设等领域的发展对策。本书可为我国油气领域的管理者了解石油工程跨界融合创新动向，为科技战略制定、发展规划编制、重大技术决策等提供参谋支撑；也可为科研和技术人员把握石油工程跨界融合创新进展、瞄准科技前沿、推进关键技术研发提供信息资源支撑。

本书由中国石化石油工程技术研究院王敏生总体策划、组织和审核。第一章由王敏生撰写，第二章由王敏生、叶海超、赵泪凡、邸伟娜、李婧等撰写，第三章由王敏生、光新军、皮光林、孙键、张好林等撰写，第四章由光新军、蒋海军、思娜、姚云飞、胡亮等撰写，第五章由闫娜撰写。本书的成果得到了中国石油化工股份有限公司科技部、中石化石油工程技术服务股份有限公司、中国石化石油工程技术研究院多个项目的资助，撰写过程中得到了中国石化石油工程技术研究院领导和同事的支持，在此一并表示感谢。由于作者水平有限，书中难免存在疏漏之处，恳请谅解并批评指正。

作　者

2022 年 3 月

目　录

第一章

石油工程跨界融合技术创新现状

在能源加速转型、技术跨界融合的深度和广度不断深入的大背景下，石油工程面临资源类型多元化、开发条件复杂化、环保要求严格化、技术发展加速、发展环境不确定性增加等一系列挑战，新材料技术、数字技术、机械电子光学技术与石油工程技术深入融合，为石油工程技术创新的需求导向、成本效益导向和竞争发展导向的行业特色赋予了新的内涵。

第一节　石油工程发展面临的挑战

能源消费由黑色高碳向绿色低碳发展是历史发展的必然趋势，2014 年以来的油价暴跌和新冠肺炎疫情的暴发在一定程度上成为了能源转型的助推器，加速了能源的低碳化，为石油工程发展带来了新的挑战。

一、油气资源劣质化的挑战

（一）勘探目标复杂化带来的施工难度提升

国家油气战略研究中心和中国石油勘探开发研究院联合发布的《全球油气勘探开发形势及油公司动态（2021 年）》显示，全球海域油气勘探开发步伐明显加快，海上油气新发现超过陆地，储产量实现稳步增长，成为全球油气资源的战略接替区，全球海域油气逐步进入深水开发阶段。2020 年，全球海上共发现油气田 65 个，合计可采储量14.4 亿 t 油当量，占全球新增总储量的 74.6%，高于 2019 年的 68%。其中，超深水区（水深大于 1500m 的水域）占 33%，深水区（水深 400 ～ 1500m 的水域）占 38%，浅水区占 29%。陆上新发现占新增总储量的 25.4%，主要在极地高寒地区，传统勘探领域油气新发现逐渐减少，主要靠老区精细挖潜。随着中浅层油气勘探开发程度不断提高，油气发现难度加大，全球深层油气的新增储量呈明显增长趋势。我国从 20 世纪 60 年代开始探索深层油气勘探，目前已经发展到规模增储上产阶段，以塔河油田等海相油田、库车山前克拉 2 气田为代表的一批深层油气田相继被发现和开发 [1]。

油气勘探目标向非常规、深层、超深层、深水、超深水、极地等类型资源推进，对石油工程提出了更高的要求。以深层、超深层油气开发为例，深层地质高温高压，环境复杂，难钻地层多，井下不可预知性增加，对石油工程技术和装备的要求大幅升级：深度增加，压力体系复杂导致井身结构层次增多，施工难度上升，施工效率下降；钻穿多套地层，深部地层古老、研磨性强、硬度高，钻井速度慢，需要进一步强化钻井参数、提升破岩工具性能；高温环境对钻井液、固井水泥浆的耐温性能和井下测量控制仪器、测试工具等的寿命和可靠性均带来巨大挑战；高压环境必须使用高密度钻井液及超高密度水泥浆，影响破岩效率，增加固井难度。

（二）资源品质劣质化带来的弱经济性

随着常规油气田普遍进入开发中后期，资源条件变差，"多井低产"不断加剧，非常规资源地质条件差、开采成本高、效益开发难度大。图 1-1 为油气资源金字塔结构，常规油气资源易于开发，但资源量少，非常规油气开发难度大，但资源量多，是未来的勘探开发重点[2]。随着勘探进程的推进，优质资源越来越少，低渗透和致密储层等低品位资源在新增资源中占 70% 以上[3]。近几年，中国石油新增石油探明储量 90% 以上来自低渗透和特低渗透油藏。美国石油炼制协会年会统计显示，世界石油探明可采储量中以重质和中质油居多，原油产量中以轻质和中质居多。未来新增原油供应将以中质和重质油为主。

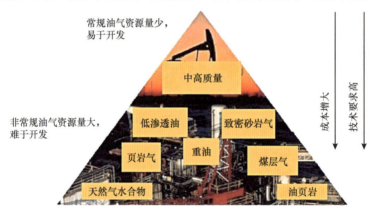

图 1-1 油气资源金字塔

低渗透、低压、低丰度、重质和含硫、高硫原油比例增加，对石油工程技术和装备水平提升提出了更高要求。据美国地质调查局估计，全球重油储量为 3 万亿 bbl①，以目前全球石油消费速度，将可以维持消费 100 年，但利用现有技术只能开采其中的 3000 亿 bbl。我国的致密油气资源分布广泛、储量较多，关键技术已基本成熟，部分地区已建成规模产能，但不论是高温、高压、高含硫的超深层"三高"油气藏，还是低渗、低压、低丰度的"三低"致密油气藏，在当前技术经济环境下都难以实现效益开发。

二、能源转型的挑战

（一）能源转型带来的石油工程市场规模缩小

能源消费由黑色高碳向绿色低碳发展是历史发展的必然趋势，随着时间推移，太阳

---

① 1bbl=1.59×10²dm³。

能、风能等新能源在全球能源消费中的比例不断增大，煤炭、石油等传统化石能源在全球能源消费中的比例呈现下降趋势，天然气占比稳中有升，图 1-2 为全球能源消费构成变化趋势 [4]。2019 年以来，新冠肺炎疫情一定程度上成为推动能源转型的助推器。参与氢能、储能、光伏发电、陆上风电、海上风电等各类可再生能源和碳捕集、封存与利用投资，追求碳中和、低碳排放、绿色清洁能源，从传统石油公司向综合能源公司转型已成为越来越多石油公司的共识。

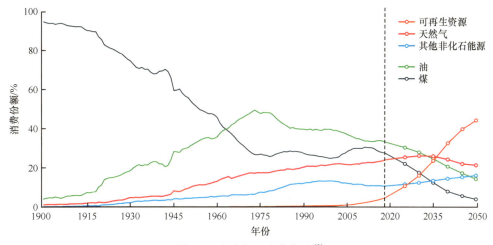

图 1-2　全球能源消费构成 [3]

石油公司根据自身的资源特征和技术组合优势，缩减油气投资，向非油气领域拓展。挪威国家石油公司依托其海上油气勘探开发的经验，结合区域作业特征，选择海上风电业务作为公司转型发展主要方向。BP 公司正式宣布增加对非石油和天然气业务的投资比例。壳牌公司坚持执行"压油、增气、拓绿"战略，计划购入可再生能源领域的技术公司，将电力等融入公司新的商业模式。

石油公司压缩油气投资特别是风险程度较高的上游投资，导致石油工程市场规模缩减，很难回到 2014 年峰值时期的规模，如图 1-3 所示。2020 年全球勘探开发投资比 2019 年下降约 30%。全球动用钻机数量大幅回落，2020 年动用 3392 台，同比下降 22%。北美地区勘探开发投资降幅最大，同比下降 44%，比 2014 年的峰值下降了 71%，

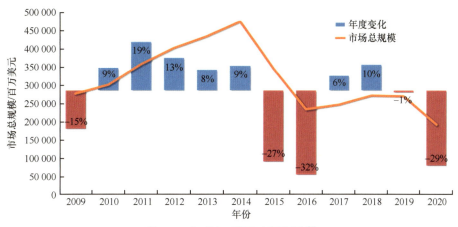

图 1-3　全球油田服务市场规模 [5]

中东地区降幅较小。从专业来看，物探装备和服务、油田生产服务、钻完井服务降幅超过 30%，测录试服务降幅为 28%，油田工程建设服务降幅最小，为 14.9%[5]。

（二）石油工程研发要以更少的资金来应对更紧迫的需求

2014 年，原油价格发生断崖式骤跌，从 115.19 美元/bbl 下跌到 48.11 美元/bbl，2015～2016 年一路狂跌并一度维持在 25 美元/bbl 上下，2017～2019 年有缓慢上涨，但在 2020 年又出现了史无前例的负油价。低油价不仅打击了石油公司在油气领域的投资热情，也促使他们不断压低工程服务的价格来保障项目的经济性。

2014 年以来，石油工程各类服务价格都呈下降趋势[6]，如图 1-4 所示。虽 2016～2019 年有小幅上涨，但 2020 年又有大幅下降。其中钻完井的降幅最大，相对 2014 年下降 43%；超深水钻井平台的日费率已经非常接近海上钻井公司的运营支出。

图 1-4　油田服务价格指数

在石油工程市场量价齐跌的态势下，油田服务公司整体收入严重下滑，都面临资产缩水、现金流紧张、经营亏损的情况。油田服务行业净债务水平不断攀升，2020 年比2018 年上涨了 67%。美国页岩油气产业总体上处于亏损状态，30% 的页岩气运营商资不抵债，行业减记资产价值高达 3000 亿美元。2020 年成为了油田服务行业破产备案创纪录的一年，其中钻井承包商、海上施工业务处于困境的比重最大。

在经营状况窘迫的情况下，国际油田服务公司的研发投入强度均有所缩小。贝克休斯公司、斯伦贝谢公司、哈里伯顿公司的研发投入强度分别从 2015 年的 3.07%、3.08%和 2.79%，下降到了 2.87%、2.5% 和 2.13%。与收入下降的趋势叠加，研发投入的绝对数额都有所下降。在需求提升和投入收紧的双重压力下，石油工程行业要用更少的科研投入来驱动更多的资源，服务于更紧迫的需求。这要求石油工程在技术创新的同时，必须不断创新管理模式和运营方式[7]。

三、低碳发展的挑战

（一）碳排放约束下的合规性难度提升

当前，应对气候变化、推动温室气体减排已经成为世界各国的共同责任，在各国政府、私营部门和民间团体广泛认识到实现温室气体净零排放的紧迫性。在全球一半以上的国家承诺碳排放在 2060 年之前实现中和的背景下，碳排放成为能源发展的约束目标，减少碳排放已成为企业的首要考量，成为政策和战略制定的前提条件。壳牌、BP、道达尔、埃尼、雷普索尔等石油公司都做出了净零排放的承诺，提出了分阶段实现净零碳排放的战略路径，开始采取严格措施控制污染排放和碳排放，将环境治理融入公司日常管理决策过程，加快调整生产方式，加强油气全生命周期减碳管理，关注碳利用，采取将高管和员工的薪酬与减排目标挂钩、内部碳价机制等措施来确保公司减排目标的实现。石油工程作为油气生产环节的重要构成部分，必将面对更严格的碳排放要求，合规工作将变得越来越严格和复杂。随着碳税、碳排放交易机制在全球逐渐增多，这种合规性将转化为经济性的重要影响因素。石油工程需要对技术装备进行升级改造，不断提升低碳运营能力，以减少油气生产产业链的碳足迹。

（二）碳排放约束下保障供应及油气资源竞争力的挑战

全球主要能源智库都对未来能源发展作出展望，在 21 世纪中叶以前，石油与天然气在世界一次能源中的占比仍将保持在 55% 以上。虽然能源清洁低碳转型的方向得到广泛认可，但在 2050 年以前，石油与天然气作为主导能源的地位仍难以撼动。石油工程投资约占据油气上游投资的 60%，石油工程技术及装备的水平决定了可开采资源量及开采的经济性，也决定了油气资源与新能源的相对竞争力水平。要保证油气在能源行业的竞争地位，保证能源供应，低成本石油工程技术需进一步升级；要实现油气产业链的低碳化，需全面启动相关脱碳、零碳、负排放技术的全局性部署；要抓住战略转型的窗口期，打造绿色低碳竞争力，率先制定低碳运营行业规则和技术标准。这些都对石油工程技术发展的方向和目标提出了更具体的要求[8]。

四、技术融合带来的挑战

大数据、云计算、人工智能、机器人、3D 打印、虚拟现实、量子计算、量子通信、物联网等高新技术快速发展，催生新一轮科技及产业革命。高新技术蓬勃发展及其交叉融合、群体发展的协同效应，使得打破学科界限、推进知识大融合成为了科学技术发展的重要趋势。石油工程以应用为导向，承载了多学科多专业的发展成果和技术成就，交叉融合了材料、信息、机械、电子、物理、化学、化工等多学科领域的理论和技术。目前，信息技术、生物技术、新材料技术、新能源技术等高新技术快速发展，并向石油工程不断渗透与融合，推动油气产业加速转型升级和工程技术升级换代。

技术交叉融合缩短了技术发展周期，增加了颠覆性技术产生的概率，前沿技术的交叉融合导致产业边界不断模糊，领先者历经几十年所构建的竞争优势可能瞬间被颠覆，这要求石油工程行业必须对前沿技术发展保持敏感。

技术融合也为石油工程技术的科技创新提供了机遇。据 BP 公司预测，到 2050 年，石油工程技术创新可再增加 2×10^{12} bbl 油当量的可采资源量、增产 35% 的同时降本 24%[9]，如图 1-5 所示。

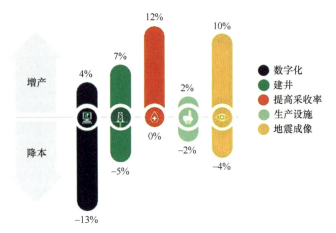

图 1-5　技术创新提高油气产量降低作业成本 [9]

五、发展环境不确定性的挑战

　　油气资源分布的不均衡性及其在全球经济发展中的战略意义，决定了其受地缘政治、能源结构和供需基本面变化、金融政策、贸易争端、技术进步，以及价格因素等多重因素影响，这些因素深度关联而又表面无序，使得油气行业处在典型的 UVCA（复杂、不确定、不可预测、模棱两可）环境中。新冠疫情的爆发再一次让世界见证了"黑天鹅"事件的威力。如今，油气企业所处外部环境变化的动态性、复杂性、难以预测性、不连续性是空前的，需要油气企业不断打破原有的能力体系，建立新的能力体系，支撑企业可持续发展。在当前逆全球化趋势下，美国以保护知识产权和国家安全为由，限制对中国高新技术产品出口及外商直接投资技术转让等，中国油气企业采用引进消化吸收的技术路线实现创新发展的不确定性增大。

第二节　石油工程技术创新特点

　　石油工业自诞生以来，始终围绕提高"资源发现率、油气采收率、资源利用率"不断进行技术创新。石油工程技术具有专属性高、系统性强、技术突破难度大、研发周期长、商业化推广难度大等特点。能源转型和技术融合加速，为石油工程技术需求导向、成本效益导向、竞争发展导向的行业特色赋予了新的内涵。

一、油气资源勘探开发需求导向

　　石油工程服务油气勘探开发、解决勘探开发难题的宗旨，推动石油工程技术与装备的关注重点和技术研发重点从常规资源勘探开发，转向了更高效地勘探和更经济地开发深层和超深层油气资源，以及页岩油气、致密油气、油砂、油页岩等非常规资源。

（一）适应深层资源开发需求，研发高温井下工具和流体

为了满足深层超深层、干热岩等资源勘探开发的需要，井下工具和流体的性能不断提高。

斯伦贝谢研发的 ICE 系列超高温井下旋转导向工具和随钻测量（measure while drilling，MWD）工具采用了集成陶瓷电路技术（ICE）和多芯片组件技术，其电子部件在 200℃环境中经过了 3.5 万 h、200 万次的振动冲击测试，显示了其良好稳定的工作性能，并已成功应用于墨西哥湾和泰国湾的超高温钻井。Power Drive ICE 旋转导向工具在温度超过 165℃、压力超过 105MPa 条件下，机械钻速提高了 16%。TeleScope ICE 随钻测量工具，在最大地层温度 204℃、最大循环温度 186℃条件下，一趟钻钻达目的层[10]。贝克休斯研发的适用于高温地热资源开发的定向钻井系统包括牙轮钻头、螺杆、MWD 和钻井液体系，可在 300℃井下环境中稳定工作。牙轮钻头采用了高硬度牙齿、全金属密封轴承、高温稳定润滑脂等关键技术。新型螺杆采用金属材料制作定转子，如图 1-6 所示，保证了高温下的密封性和稳定性，在定子表面添加等壁厚防磨损涂层，通过特殊设计的高精度铣床加工转子轮廓，提高定转子表面光洁度，可避免定转子磨损造成的输出功率快速下降。MWD/LWD（logging while drilling，随钻测井）仪器利用井下主动冷却系统来冷却传感器和电子设备。高温钻井液体系中添加少量润滑剂，可以降低金属螺杆定转子的摩擦，有助于螺杆的输出性能稳定和寿命长久。在 56℃和 300℃老化后评估钻井液性能，该配方在老化前后均表现出良好的流动性和润滑性。该定向钻井系统在冰岛 IDDP-2 井进行了首次应用，该井计划垂直钻至 2750m，然后以 30°井斜角定向钻进至 5000m，实钻井深 4659m，测得井底温度 426℃。系统累计下井 22 次，平均机械钻速为 3.2 ～ 6.3m/h；MWD 内部监测最高温度为 127℃，MWD 系统运转正常；起钻后拆解牙轮钻头，轴承、金属密封件及润滑脂等性能正常[11,12]。

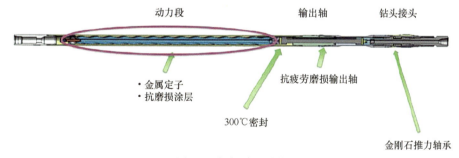

图 1-6 螺杆钻具结构

（二）适应海洋资源开发需求，自动化和海底化技术不断发展

海洋作为近 10 年油气获得重大发现的主要阵地，越来越受到业界的重视，虽然受油价波动影响，部分深海油气项目受到冷落，但深水、冷海油气勘探开发技术研究持续升温，促进海洋石油工业向更深、更冷领域发展。深水作业日费高昂，半潜式钻井船平均日费高达 $40×10^4$ 美元/d，通过自动化提高作业效率是必然选择。目前的深水钻井和开发平台基本都配备了高度自动化的设备，铁钻工、自动排管系统、自动送钻系统、电子司钻等基本成为标配。同时，双作业钻机成为了深水钻井装备自动化程度的代表。

深水水下作业设备及相关处理工艺成为研发重点，海底无人值守钻机、獾式钻探技术、海底工厂、安全环保水下储油技术日趋受到重视，并更多地体现出多学科技术的融合。斯伦贝谢公司和贝克休斯公司通过收购或合资成立了海洋油气工程公司开展海底相关技术研究。将作业或生产设施布设在海底可以消除风、浪、流、冰等恶劣海洋环境对钻井作业的影响，还能起到降低成本的作用。海底钻机、獾式钻探器、集成生产系统、海底工厂等革命性创新技术将彻底改变海上油气勘探和生产方式。挪威国家石油公司2012 年启动了海底工厂技术研发计划，海底工厂主要要素如图 1-7 所示，为 2020 年实现 250 万 bbl/d 生产目标提供有效支撑[13-15]。挪威 Badger Explorer ASA 公司提出了獾式钻探技术的概念，研制了原理样机。针对深水油气钻井，利用一艘补给船将獾式钻探器和水下机器人下入水中，待獾式钻探器进入钻井基盘后，水下机器人将獾式钻探器上的电缆连接到钻井基盘旁的电力供应系统。接通电源后，獾式钻探器开始靠自身重量自动钻井。

图 1-7　海底工厂主要要素

（三）适应页岩油气勘探开发的需求，大规模压裂技术不断优化

适应页岩油气经济开发的需求，研发大型水力压裂技术，不断减小段间距和簇间距，增加压裂簇数目，提高单位长度水平段压裂砂用量，优化压裂液性能，提高每簇压裂排量，增加细压裂砂用量，对远井地带复杂缝网提供有效支撑，并采用暂堵转向剂提高段内多簇整体压裂改造效果，最大限度地增加与储层直接接触的人工裂缝表面积，从而实现充分释放储层产能、初产更高的目的[19]。

2017 年，先锋自然资源公司将具有代表性的水力压裂技术的设计演化过程总结为"三代"历程，其代际演化的主要标志是逐渐降低段长、减小簇间距和增加加砂量。表 1-1 为北美页岩气不同阶段压裂设计参数的演化。2019 年，海恩斯维尔页岩气压裂设计演化发展到了第四代，代表了美国页岩气压裂设计的最新进展。其压裂设计的理念是不再刻意追求长缝，而是最大化近井地带精细化改造，采用密切割少段多簇、双暂堵、强化加砂、一体化滑溜水压裂液等技术大幅提高裂缝与储层的接触面积以及支撑剂对裂缝的有效支撑，并将裂缝监测与大数据、人工智能等信息技术深度结合，现场实时优化调控压裂施工参数，最大程度增大压裂体积、提升最终采收率。

表 1-1　北美页岩气压裂设计演化

名称	第一代	第二代	第三代
时间/年	2007～2012	2013～2015	2016～2019
井间距/m	400	200	100～150
水平段长度/m	1500	2100	2000～3000
单段长度/m	80～90	60～70	55～68
每段簇数/簇	1～3	6～9	12～15
加砂强度/（t/m）	1.49～2.23	2.98	3.72～4.63
压裂效率/（段/d）	2～4	6～8	10～13

二、成本效益导向

为了保障资源开发的经济性，石油工程技术创新以提速、提质、增效为目标，推动技术向实用化和高端化方向发展，不断优化资源开采成本[20]。

（一）综合提速提效技术，不断提高钻完井作业效率

提高钻完井作业效率是石油工程的永恒主题，页岩油气、致密油气、深水油气勘探开发对石油工程技术降本提速的要求尤为突出。挪威国家石油公司将开发降本提速的建井技术作为重点支持的研发项目，实现了 2016～2020 年将建井周期缩短 30%、建井成本降低 15% 的目标。近年来，随着高效快速移动钻机、井工厂优化设计、高效钻头、地质导向技术、定制化水泥浆体系、水平井分段压裂等技术的不断发展，北美页岩气钻完井效率提高了 50%～150%，单井钻完井成本降低 20%～30%[21]。

钻完井提速提效技术在以往注重开发高效钻机、新型钻头和井下配套工具等单项技术的基础上，与钻井参数实时优化、井下工况实时监测、远程作业等深度融合并系统集成，向综合提速提效方向发展。综合提速提效技术使钻井过程中的能量传递率达到最大化，同时使井下冲击和振动的不利影响降到最低。为了在钻井作业前和钻井作业过程中更好地决策，作业者和服务公司开发钻井决策平台将钻前模型与实时钻井数据进行整合，来分析过去和现在的数据。同时，利用远程操作中心和作业支持中心来提高决策的科学性。目前，主要石油公司和技术服务公司都在致力于综合提速提效技术的研发集成，如表 1-2 所示。

表 1-2　主要公司综合提速提效技术

公司	技术原理	关键技术	应用现状	发展趋势
国民油井华高 Automated Drilling System	利用钻机操作系统来管理钻机设备、井下传感器和应用软件，实现对钻井过程的实时监测、控制和优化	钻机操作系统平台 NOVOS 钻井过程优化系统 eVolve 井下高密度传感器 Black Stream 井下减震工具 V-Stab 有线钻杆 Intelliserv	系统复杂，配套软硬件多，应用成本较高。整体系统处于试验阶段，部分技术商业应用	地面设备与井下工具、钻头实现数字化整合，司钻与远程实时作业中心技术人员在一个统一开放式平台上互动协作，实现数据共享，依托钻井仿真预测模型和大数据分析做出优化决策，并用标准化钻机控制钻井

续表

公司	技术原理	关键技术	应用现状	发展趋势
斯伦贝谢 OptiDrill	利用井下高精度随钻测量系统和钻井实时优化系统来优化钻井参数，降低作业风险，并结合作业支持中心实现远程作业管理	井下实时数据采集系统 Scope 实时钻井监测和可视化软件 实时和钻后数据优化及分析 作业支持中心 OSC	软硬件配套完善，技术成熟，实现商业应用	
贝克休斯 INTEQ	通过实时监测井下动态参数，采用钻井仿真模型，基于机械比能优化钻井参数	井下参数采集系统 MultiSense 实时钻井优化系统 CoPilot 远程作业中心 RTOC	软硬件配套完善，技术成熟，实现商业应用	
挪威 Sekal 公司 Drilltronics	用自动化方案执行起下钻过程的相关作业，同时用钻井仿真算法来确定相关操作的安全边际线，避免手动操作过于保守或冒进，实现起下钻效率的提升	井下状态监测系统 起下钻仿真模拟系统 泥浆泵自动启动系统 自动化摩阻测试系统	与挪威国家石油公司合作进行了现场试验，平均每口井减少了4%的钻井时间	
埃克森美孚 Fast drilling process（FDP）	实时分析钻井能量消耗来优化钻井参数，提高 ROP	井下数据采集系统 井下振动监测工具 地面数据采集系统 机械比能实时分析系统	技术成熟，现场应用提高钻井速度 50%～100%	
BP Well Advisor	利用井下工具测量冲击和振动，地面监测系统整合并分析过去和当前的钻井操作数据，为作业者提供转速、钻压和泵压等控制参数操作窗口	井下工具振动测量系统 地面数据监测系统 机械钻速优化平台	在阿曼陆地和安哥拉海上油田等进行了现场试验，显著提高硬地层钻井机械钻速	

（二）复杂结构井技术实现单井产能最大化

利用井工厂多产层立体开发、老油田老井侧钻、多分支井技术等增大油气藏泄流面积，大幅提高油气单井产量。

针对页岩油气的井工厂多产层立体开发技术，充分利用一个平台井场，缩小井工厂作业井的井口间距，增加单个作业平台布井数量，减少井场占用面积，通过共用土地、钻井设备、泥浆罐、水处理系统等降低作业成本，并通过工厂化作业提高效率，实现区块总体效益的提升。美国 Eagle Ford 盆地、Permian 盆地和西加拿大 Montney 盆地等的页岩油气开发广泛采用了这种方式[22]。图 1-8 为丹文石油公司在 Permian 盆地采用单井场多产层立体开发示意图，采用该技术可以提高净现值 40% 以上[23]。

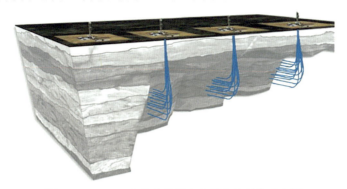

图 1-8　Permian 盆地单井场多产层立体开发示意图

与水力压裂、调剖等提高老油田油气产量技术相比，侧钻井技术在老油田挖潜方面的应用有着更大的优势，将对提高油气产量和油田采收率起到重要作用，是一种低成本、高效益的开发方式，具有极大的潜力和发展前景。2006 ~ 2016 年，俄罗斯侧钻井作业量增加了 2.7 倍，2016 年侧钻井数达到 3225 口。同时，侧钻水平井数占总侧钻井数比例逐年增加，2016 年达到了 55%，如图 1-9 所示。随着连续管技术与装备的发展，连续管侧钻井技术优势愈发突出，应用规模逐年扩大。连续管钻井与欠平衡钻井技术相结合，在老油田中进行侧钻作业，可以有效提高油气产量，降低作业成本。一项针对美国得克萨斯油田统计显示，与常规新井相比，常规侧钻井的费用是新井的 73%，用连续管老井侧钻井成本只有常规新井的 31% 左右。

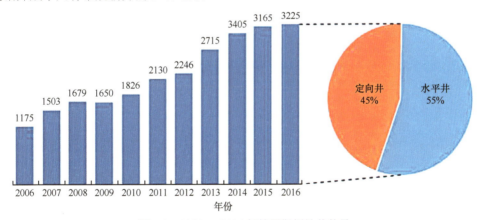

图 1-9　2006 ~ 2016 年俄罗斯侧钻井数量

多分支井技术是提高油气产量的一项重要技术。近年来，随着多分支井技术的不断发展，可靠性不断提高，哈里伯顿公司统计了 1995 年来全球所实施的 800 多口多分支井的成功率，如图 1-10 所示[24]，82% 的多分支井是 4 级分支井和 5 级分支井，其余的是 2 级和 3 级分支井。可以看出，随着多分支井技术的不断成熟，多分支井级别越来越高的同时，成功率也不断增加，2010 ~ 2015 年成功率已达到了 98.2%。目前，国内外开发的 4 级以上先进多分支井系统，在满足叉口部位机械回接、液力封隔及分支井眼选择性再进入的同时，还可以对不同的分支井眼进行多级分段压裂。

图 1-10　近年来分支井钻井成功率

（三）应用数字化技术推动降本增效

低油价环境下，数字化成为石油公司迅速降本增效的首选方向，传感器、自动化、机器人、油田物联网、数据分析和人工智能等信息化技术研发投入在 2013～2016 年间提高了约 5%，占比达 14%，如图 1-11 所示[25,26]。通过数字化手段，作业者可以利用综合的储层信息和数据指导精确布井、高效钻井和压裂设计优化，实现地质科学、油藏研究、钻井和完井工程协作，提高钻井作业效率和单井产量，降低吨油成本。

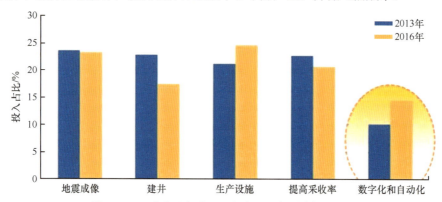

图 1-11　石油公司和油田服务公司研发领域投入占比

数字技术的连通性和移动性助力快速反应，为低成本运营创造空间。数字技术的互动性提升行业洞察、理解和智能水平，为高质量决策、高收益的运营创造空间。哈里伯顿公司利用钻井过程中所产生的巨量实时数据（每口页岩油气井可以产生的数据量高达 1～15TB），通过先进的物理模型全面精确地模拟钻井过程中井筒的实时状况，并且将模拟结果可视化，大幅提升钻井的安全性和效率，将部分页岩项目的钻井成本降低了40%。贝克休斯公司通过地质、地震、声波测井、成像测井、元素测井、取芯资料等大数据分析，从油藏研究和岩石力学入手，实现从方案设计、工具材料到施工作业的全程优化，实现部分页岩气井产量翻倍。同时，针对石油公司多专业协同提高勘探开发效率的需求，多家油田服务公司研发了数字化工作平台服务，如斯伦贝谢公司的 DELFI 感知勘探和生产环境平台、自动化设备制造商康斯伯格公司的 Kognifai 平台等，这些平台以数据安全保障、跨学科共享、大数据分析、人工智能为特点，从根本上改变了油气勘探开发各个环节的工作模式。

三、竞争发展导向

石油工程作为一个行业从石油公司分离出来后，不断探索自身的发展路径，不断优化技术组合和技术服务模式，谋求竞争优势。

（一）技术选择注重价值引领

技术是石油工程生存和发展的关键，油田服务公司在技术选择上，注重投资回报，利用基于技术成熟度的门径式管理系统等多种管理工具，提高研发效率，降低研发风险。

在技术研发模式上，注重技术组合管理，聚焦核心技术能力，实施开放式创新，采用自主研究、合作研究、技术联盟等多种渠道来开展技术创新，并充分考虑技术研发和交易成本。在地球物理、提高采收率等核心技术方面主要采用自主研发，在钻完井技术、油田生产设施等方面主要采用合作研发，在数字化技术方面主要采用联合进行风险投资的方式进行研发，如图1-12所示。在技术研发优先级上，更加重视降本增效的实用性技术，并不断调整技术研发优先顺序，数字化和自动化技术重视程度不断提高[27]。

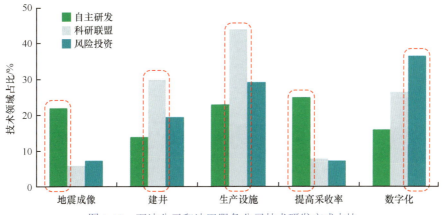

图1-12　石油公司和油田服务公司技术研发方式占比

（二）技术服务注重一揽子解决方案

石油公司与油田服务公司的传统合作模式为日费制，即油田服务公司提供装备和人力，按照石油公司的计划进行施工，油田服务公司不承担与油田作业者产量相关联的风险。在油价暴跌之后，北美作业者第一反应也和过去一样，大幅度压低服务公司价格以试图降低成本。但双方很快发现彼时惯用的方式在低油价环境下都不具有可持续性，作业者压低价格通常得不到高质量的服务和期望达到的产能，而油田服务公司迫切需要现金流维持正常运营。这促进彼此寻求新的、可行的和可持续的一体化服务或系统解决方案[28]。

斯伦贝谢公司最初的系统解决方案是一体化服务管理（integrated services management，ISM），更高层次的服务为一体化钻井服务（integrated drilling services，IDS）和一体化生产服务（integrated production services，IPS），最高层次是一体化生产管理服务

（schlumberger production management，SPM），如图 1-13 所示。在一体化生产管理服务中，斯伦贝谢承担整个油田的管理责任，动用自身所有的产品、服务和技术专家为油田的勘探开发服务，并从油田的增产中获得收益[29]。斯伦贝谢公司自实施一体化战略以来，取得了较大的成效。截止到 2015 年底，在全球 19 个国家执行各类一体化项目 60 多个，管理的产量为 25 万 bbl/d。在墨西哥、俄罗斯和巴西等多个国家树立了示范样板，形成了市场开拓延伸的良性机制。国民油井华高公司原本是制造钻机及配套设备并提供服务的专业化公司，但装备制造业竞争激烈、利润水平较低，近年来其不断加大在井下工具、测量控制技术领域的研发和收并购力度。通过收并购智能钻杆、随钻测量、旋转导向、井下扭矩及钻压智能控制等先进技术，形成了从钻机及地面装备、智能钻杆测量传输、井下闭环控制、钻柱寿命管理、钻井服务等系统解决方案，从而具备了提供高附加值技术服务的能力。雪姆公司是美国一家生产液压钻机为主的公司，也从钻机及地面设备制造逐步转向提供个性化设计、装备制造、自动化智能化升级改造等综合服务。

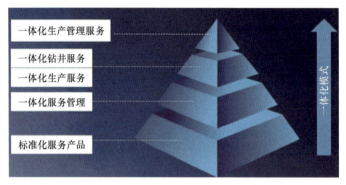

图 1-13　斯伦贝谢公司油藏工程一体化模式

第三节　跨界融合赋能石油工程技术创新

目前，学科交叉、跨界融合已成为科学发展的主要特点之一，各学科、各技术领域的相互渗透和交叉，使得交叉学科快速发展，出现了许多跨学科研究领域，通过互相联系、彼此渗透、互相融合组成的技术群落在社会发展中的作用逐渐显现和强化。石油工程技术正是在与其他领域技术和学科不断交叉融合、跨界学习中创新发展的。

一、技术跨界融合发展趋势

德国物理学家普朗科曾预言："科学是内在的整体，被分解为不同的单独部门，不是取决于事物的本质，而是受限于人类的认识能力。在现实中存在着由物理到化学，通过生物学和人类到社会科学的链条，这是一个不能被打断的链条"。文艺复兴的领导者，如达·芬奇，都因为通晓多个不同的专业领域而被誉为"百科全书"式的大师。此后的科学发展中，科学技术逐渐被专门化，出现了越来越多、越来越细的分支领域。但是，分科并不是科学真正的内涵。即使在 19 世纪科学分科格局基本形成以后，学科的边界也总是模糊的、不确定的。很多学者都表达过对这种分科发展的意见，法国数学家拉格朗日对代数与几何这两门学科的发展曾发出感慨："代数和几何分道扬镳，它们的进展就缓慢，应用就狭窄。当它们结合成伴侣时，它们就能互相吸取新鲜的活力，从而以快速的步伐走向完善"。

技术跨界融合，一方面反映了科技整合观的回归，另一方面，随着技术跨界融合的深度和广度不断深入，推动了技术管理体系不断创新，成为了颠覆性技术的重要来源，日渐成为解决社会重大问题的重要途径。

（一）从跨学科、学科交叉到跨界融合创新，技术跨界融合程度不断深入

所谓跨界是指跨越原来区域划分、产业分类或者学科领域的界限，实现资源的共享。融合既不意味着原有产业、技术融为一体，使产业或者技术回归分类前的混沌状态，也不是现有的框架下的简单整合，而是在相互渗透中形成一个新的框架结构。技术或产业各个区域间不断出现的相互融合，使原有学科相互之间的界限变得越来越模糊，交叉互动越来越普遍。

技术融合最早是由 Rosenberg 于 1963 年提出的，Rosenberg 把处于不同产业但基础技术关系密切、生产流程和待解决技术问题存在较强共性的现象称为技术融合。随着时代的发展和进步，技术融合吸引了越来越多学者的关注，其内涵也从仅用来描述技术的发展方向，扩展到了技术管理领域，涌现出一些相关的概念，如跨学科、多学科、学科交叉、技术会聚、技术融合等多种描述，这些概念之间有共同之处，也有互相区隔的成分。美国国家科学院的一份题为《促进跨学科研究》的报告将跨学科研究定义为"一种由团队或个人整合信息、数据、技术、工具、观点、概念的研究模式，或来自多个学科专业知识体系的理论，以促进理解或解决超出单个学科领域范围的问题。"美国国家研究委员会（National Research Council，NRC）在一份报告中，将技术的融合程度分为五个等级 [30]，如图 1-14 所示。

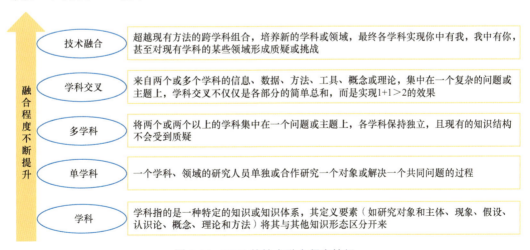

图 1-14　NRC 的技术融合程度等级

学科（disciplinarity）指的是一种特定的知识或知识体系，其定义要素（如研究对象和主体、现象、假设、认识论、概念、理论和方法）将其与其他知识形态区分开来。单

一学科的深入研究（unidisciplinarity）是指一个学科、领域的研究人员单独或合作研究一个对象或解决一个共同问题的过程。多学科（multidisciplinarity）是将两个或两个以上的学科集中在一个问题或主题上。这种集中方式可以产生一系列新信息、知识和方法，但各学科保持独立，且现有的知识结构不会受到质疑。学科交叉（interdisciplinarity）是来自两个或多个学科的信息、数据、方法、工具、概念或理论，集中在一个复杂的问题或主题上，学科交叉不仅仅是各部分的简单总和，而是实现 1+1 > 2 的效果。技术融合（transdisciplinarity）通过更全面的整合，超越现有方法的跨学科组合，培养新的学科或领域，最终各学科实现你中有我、我中有你，甚至对现有学科的某些领域形成质疑或挑战。这种"融合超越了协作"，需要将历史上不同的研究领域整合到"创造新途径和机会的统一整体"。美国北得克萨斯大学和美国国家科学基金会（National Science Foundation，NSF）对于跨界融合创新及其融合程度的划分也大同小异[31-34]，分别如图 1-15、图 1-16 所示。

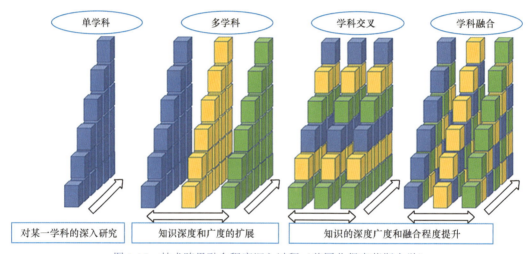

图 1-15　技术跨界融合程度深入过程（美国北得克萨斯大学）

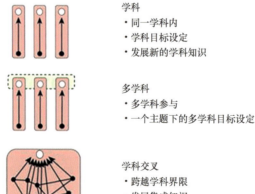

图 1-16　技术融合的深入过程（美国国家科学基金会）

（二）技术跨界融合成为促成颠覆性创新的重要来源

1995 年，哈佛大学教授克莱顿·克里斯坦森在其著作《创新者的窘境》中首次提出了颠覆性技术的概念，是指以意想不到的方式取代现有主流技术的技术，其蕴含的破坏性、变革性思想最早溯源于经济学家熊彼特（1912 年）的"创造性破坏"。目前，这一概念得到广泛应用，学者也从不同视角和关注点做出了不同诠释。视角不同解读不同，既有区别又有联系。重要的共同点在于：都强调另辟蹊径改变技术的线性发展曲线和出乎意料颠覆现有主流技术的破坏性效果。所谓颠覆性是根据技术效果定义的，从技术源头看，其重要的来源不外乎基础学科原理的重大突破、技术集成创新、技术的颠覆性应用、解决问题的颠覆性思路这四个方向，而这四个方向都与跨界融合有密切联系。

基础学科跨界是产生新理论、衍生新技术的重要方式，通过学科跨界实现基础原理突破，带来颠覆性结果的案例创新不胜枚举，数学教授伽利略跨界物理学，颠覆了亚里士多德的理论；哲学家康德和数学家拉普拉斯跨界天文学，动摇了自然界绝对不变的陈腐教条；神学出身的达尔文跨界博物学破除了上帝造人的千古迷信；最终解开遗传物质DNA 结构奥秘的科学家中，只有一个是生物学家，其余不是物理学家，就是化学家。

集成创新也是颠覆性技术产生的重要来源。以人工智能技术为例，其起源于数理逻辑、控制论、仿生学、计算机科学的发展，得益于大数据、云计算、物联网、移动互联等诸多领域提供的坚实支撑，是计算机科学、数学、心理学、语言学、逻辑学、生物科学等多学科成果的集成应用。在后续的发展中，随着进一步剖析人类大脑灵活处理视觉、听觉、学习、思考、判断、推理等问题的机理，在类脑芯片、深度学习、脑机接口等领域深入探索，将使人工智能技术集成更多的学科成果。技术集成不是多种技术的简单相加，集成会产生"突变""涌现"的智能体，从而改变人工智能演化的路径。

技术跨界的颠覆性应用的最典型案例是信息技术对现代经济社会的塑造，以信息技术为代表的第三次工业革命到来，使得互联网及其衍生出的物联网、云计算、大数据等新技术、新模式，渗透进入一个又一个的传统产业，旋风般地冲击着现有的经济社会模式，改变了人类的生活方式和商业模式。医学成像推动了 20 世纪医学的巨大飞跃，但这个飞跃不是由生物学家或医学家推动的，而来源于物理学家成果的应用。

以颠覆性思路解决问题，以问题为导向实现颠覆性发展。这种方式在当前商业创新中盛行，如 SpaceX 的可回收火箭，以有悖常理的思路实现了需要的功能，获得了巨大成功。这种成功也带动"先开发、再研究"创新模式的兴起。

目前，新兴颠覆性技术有两个代表性的组合词汇——"NBIC 会聚技术"和"ABCD互联网新兴技术"。NBIC 会聚技术是指迅速发展的纳米科技（nanotechnology）、生物技术（biotechnology）、信息技术（information technology）、认知科学（cognitive science）四大领域的协同与融合，这四个领域的大突破被认为会为人类社会和经济发展带来巨大的变革，其中任意两项技术实现交叉、会聚、融合或集成，都将产生深远影响。ABCD互联网新兴技术则是指伴随着 5G 通信技术等的重大突破，与人工智能（AI）、区块链（blockchain）、云计算（cloud computing）和数据科学（big data）融合产生的新兴技术将引发各行业的实质性变革。可是看出，这些潜在的颠覆性领域以"群"的姿态存在，学科集成、交叉和融合是其重要特征。

（三）跨界融合技术创新逐渐形成推动解决重大社会问题的新动能

跨界融合创新在灾害预防、医疗、农业、能源、生物等问题上已经展现出巨大的力量。近年来，美国国家科学院、美国科学基金会、美国麻省理工学院、欧盟委员会等将技术跨界融合视为人类解决能源、环境、人口、健康、信息、安全等重大经济社会问题的希望所在。

灾害经常发生在建筑、自然、社会和经济环境的交界处，所以防灾领域历来鼓励和激励研究人员跨越学科和组织边界合作。美国国家科学基金会的"人类、灾害和建筑环境（HDBE）计划"支持"人类与建筑环境之间相互作用的基础性、多学科研究"。2019年，Behrendt 等对该基金 1982～2017 年间多学科研究的资助进行分析时发现，奖励资金与参与的学科团队数量呈正相关关系。在日本、智利和美国等国，地震死亡人数的显著减少，是地质学家、地震学家、地震工程师、建筑师、社会科学家和政府官员之间合作研究的结果。通过融合创新，改善了地震风险区域地图、强震地面运动估算、抗震结构工程设计及建筑规范。同样，与天气有关的灾害造成的生命损失减少，得益于气象学家、社会学家、心理学家、交通工程师、城市规划师、地理学家、大气研究工程师、建筑师和应急管理人员之间的跨界融合合作。这些多学科和跨组织的伙伴关系，推动天气预报更加及时准确、对社会弱势群体的持续关注、更有效的风险沟通和疏散、易发生灾害地区土地利用规划的优化、抗风结构的工程设计、严格的建筑规范和标准等。

在农业防病减灾领域，通过传统农学、生态学、土壤学、社会学等多学科交叉融合，在防病减灾方面取得了良好的效果。美国 Climate Corp、以色列 Taranis 等公司利用先进卫星监测、数据分析技术，融合土壤学、农学、社会学、生态学、气象学等知识，为农民提供天气信息、土质分析、作物实地生长报告、病虫害分析等服务，为防病减灾提供数据支撑。

在医疗卫生领域，为了实现更精细、更准确的疾病分类，以支撑临床决策，医学研究团体、临床医师、医疗保健人士及政策法规界人士协同合作，建立起了开放共享的数据网络，汇聚基因组学、蛋白质组学、代谢组学、信号组学、临床标志研究及社会物理环境等多源数据，并持续更新，为研究人员确定发病机制、临床进行更精确地分类和治疗提供了支撑。这种多学科融合支撑的"精准医疗"方式使得肺癌患者的 5 年存活率从 10% 上升到 60% 以上。

在医药研发领域，传统方式是采用经验主义进行药物开发，不仅研发成功率低，还面临研发周期长、费用高等问题。一款新药从临床发现到获批上市平均历时 10～15 年，研发成本高达 30 亿美金，平均成功率却不到 10%。计算科学与生命科学的融合，使得新药研发成为医疗 AI 的重要应用场景。在计算科学的加持下，其算法和算力优势可以助力新药研发的多个环节，加速靶点发现、化合物合成、制剂开发、晶体预测等。随着技术融合的进一步推进，在计算机上对细胞功能数字化、疾病机理数字化、药物机制数字化、病人数字化等，可以实现高维度下的"人药匹配"。目前，人工智能已经在医疗健康领域取得了成功的应用。埃博拉病毒暴发后，硅谷公司 Atomwise 应用人工智能算法对分子结构数据库进行筛选，不到一天时间就成功寻找出能够控制埃博拉病毒的候选药品。健康产业与人工智能跨界融合，将带来诊疗模式、管理方式、应用设备、药物及设备研发、健康管理等方面的巨大变化。

（四）技术跨界融合创新逐渐形成科研新范式

融合创新是促进科学技术发展的一种新范式，最早出现在纳米科技领域。美国麻省理工学院认为，融合创新是指由多学科融合会聚而产生的整体性新范式。它提供了超越通常范式的思考能力，可以从多个视角来处理问题。美国国家科学院认为，融合创新是学科交叉研究的扩展形式，是通过跨越不同学科边界来解决问题的方法，它整合了众多专业领域的知识、工具和思维方式，构建全面的、综合的框架来解决问题。同时也是一种催生新思想、新发现、新思维、新方法、新工具的新范式，其核心是高水平地整合各领域的知识和方法以解决复杂问题。美国国家科学基金会认为，融合创新有两个主要特征：一是特定的问题驱动，如应对一个特定挑战或迫切的社会需求等。二是跨学科的深度整合，在不同学科的专家为解决问题而进行的共同研究中，知识、理论、方法、数据、研究共同体和语言逐渐融合，持续交互，形成新的研究范式，从而形成解决问题的新方法。融合创新是战略视野驱动下的全面、开放、协同创新，其核心要素是战略、全面、开放和协同四个要素相互支撑[35-39]。这种范式具有以下特征：

1. 具有战略导向性

融合创新具有解决复杂社会问题的使命，决定了其战略导向性，是使命导向型的战略科技力量。欧美以使命为导向，组建了一系列国立科研院所或国家实验室。1957年10月，苏联发射了全球首颗人造卫星引起了美国的极大恐慌，为了应对苏联太空竞争中先发优势的挑战，美国艾森豪威尔政府决定立即采取行动，重整与国家安全相关的科研体系，成立了高级研究项目局，定位于实现技术突袭，赢回技术优势，1972年更名为美国国防高级研究计划局（Defense Advanced Research Projects Agency，DARPA），强化了追寻科技前沿、攻克颠覆性技术的发展方向。后来以美国国防高级研究计划局为代表的使命型研究机构成为融合研究的重要倡导力量，在国家相关科技计划的实施中把融合研究放在重要位置，美国能源部高级能源研究计划署（Advanced Research Projects Agency-Energy，ARPA-E）、美国国立卫生研究院（National Institutes of Health，NIH）和美国国家科学基金会（NSF）、欧盟"地平线2020"计划等都设有专门支持融合创新的计划，这就使融合创新不可避免地具有了战略导向性特征。

2. 追求非线性发展

融合创新模糊了产业、部门和企业界限，追求知识生产和传播的非线性和技术研发、应用、推广中的非线性发展。从运作机制上来看，融合创新依赖于多种学科的深度交叉和融合，运作中并不是简单地把不同学科的研究人员聚集在一起，而是在重大问题凝练伊始就将不同知识背景的研究人员有意识地聚集在一起，共同寻找解决特定问题或挑战的研究方案，并且将学科交叉融合贯穿于解决问题或挑战的全过程。在学科之间相互渗透的过程中，不同的知识、理论、方法、数据频繁地相互交织和影响，直到形成新的研究框架，融合有助于加速解决方案的推出。从技术转化速度来看，融合创新在解决重大问题的导向下，覆盖从基础研究到问题解决的长链条，有效规避了传统科研范式中科研活动止于知识发现或技术发明，技术转化难以跨越"死亡之谷"的弊端，在知识发现、技术发明和市场产品之间创造连接，在传统学术界和产业界之间搭建桥梁，使技术跨越基础研究与实际问题解决之间的鸿沟，直至形成解决问题的新工具、新方式。另外，融合创新体现国家战略意志，国家将为未来产业提供"首个大买家"，可为创造未来市场提供战略支撑。

3. 转化过程中杠杆效用突出

融合创新研发转化途径多，推动实现市场和产业的指数发展。美国国防高级研究计划局的技术可以直接交付给军队、国防部其他部门、政府其他机构应用；也可以在国防采办项目中进一步研发，向政府或在商业市场上出售；可以由项目承担单位后续研发，也可以嵌入后续研究项目。多途径转化充分释放了杠杆效益，催生了不容忽视的市场价值。如全球计算机科学与技术领域 1/3 以上的主要创新成果都与美国国防高级研究计划局的信息处理技术办公室有关。不少技术催生的新兴产业都来自美国国防高级研究计划局的研发项目，如因特网起源于其"维拉"项目，全球定位系统由其早期的"运送系统（Transit System）"项目和"弗吉尼亚瘦身（Virginia Slims）"项目发展而来。苹果公司的语音助手 Siri 源于其投资开发的军事领域可认知学习的人机互动系统。目前这些技术都已经产生了巨大的市场效益。

（五）跨界融合已经成为推动教育、科技政策、科研管理、商业模式等创新的重要驱动力量

目前，技术创新正在从传统的同质化、学科化、层次化的研究方式向异质性、跨学科、横向和流动性的新方法转变，在这种背景下的技术跨界融合对国家、行业、企业、教育、文化等各个方面提出了广泛的变革需求，从国家科技管理的顶层设计，到企业技术竞争力的获取，从各级教育机构的专业设置，到企业文化的培养，需顺应技术发展的趋势进行调整。

实现跨学科研究所需的整合水平既困难又耗时，需要从规划、组织、评价、人事等多个方面推动，以带来科研生态的根本性变革。如美国国家科学基金会工程理事会更倾向于资助更具合作性和创新性的项目，近年来，多研究者项目资助大幅增加（20% → 60%），而单一研究者资助（80% → 40%）在下降。融合的目标之一是培养具有深厚学科专长（深度）和精通其他学科（广度）的研究人员，还要求文化、制度和机构能够促进不同研究团队聚集在一起学习和开展面向解决方案的综合研究。

跨界融合通过创造新行业、新业态改变着人们的生活方式和价值观念，正成为未来商业创新的重要力量。技术跨界应用带来的商业模式创新更是屡见不鲜，随着信息技术和数字技术的普及，跨界融合已经成为一股重要的商业创新力量。科技公司跨界对传统行业形成了降维打击：如网络购物的兴起，改变了人们的消费习惯，迫使实体店转型发展；网络科技公司经营网约车，改变了运输服务公司的运营模式；世界上最大的媒体公司，不创作任何自己产权的内容，却带来了自媒体的兴起；Airbnb 没有一个酒店，却发展成了世界上最大的住宿服务公司，引发了传统酒店服务业的变革。

二、石油工程领域的跨界融合技术创新

智能材料、纳米材料、大数据、人工智能、云计算、物联网、机器人、3D打印、虚拟现实、量子计算等高新技术的快速发展，推动了石油工程行业快速发展和技术不断进步。同时，仿生学、微生物学、化学、高能物理等学科的最新研究成果，为新一代石油工程技术的研发提供了有益借鉴。石油工程跨界融合技术创新将不断促进石油行业的转型升级和工程技术的升级换代。

（一）新材料技术

以智能材料、纳米材料、复合材料、仿生材料等为代表的先进材料，对石油工程技术创新有着重要的推动作用。先进材料已经在自愈合水泥、可膨胀聚合物、梯度材料焊接、耐磨及耐腐蚀工具表面处理等领域成功应用。

自愈合聚合材料是一类能够进行自我修复的新材料，有助于提高井下工具、设备材料的寿命和安全性。其原理是一旦包含某种自愈合聚合材料微粒的物质出现了破损，这些微容器便会破裂，释放出愈合剂，愈合剂一般是相应的未经硫化的聚合物。愈合剂会渗入破损处，发生聚合作用，从而修复破损区域。这一过程模仿的是生物组织的自愈功能，生物组织对破损的反应通常是分泌愈合液。目前，自愈合材料已开始在油田应用，斯伦贝谢公司研发了可自动愈合水泥环中微小裂缝的水泥体系（FUTUR），该体系的泵入和充填方式与普通水泥相同。体系中的一些成分在接触油气之前一直处于休眠状态，与油气接触后会激活这些自愈合成分，水泥环在数小时内不经人工干预便会自动愈合。这一特性会在水泥固化后避免许多不利情况的发生，如套管外层间流体的窜流、持续的井口套压、表层套管泄漏及交叉流动等。

可膨胀聚合物被用于膨胀式封隔器，用来进行层间封隔和井筒控水，如图1-17所示[40]。

图 1-17 膨胀式封隔器

在层间封隔应用中，将一系列未经膨胀的油敏型封隔器下入井中。这些封隔器在遇到油后便会膨胀，从而封隔住地层，形成相互隔离的层段。控水应用时，要在井内下入一个未经膨胀的水敏型聚合物封隔器。当水侵入井筒时，封隔器便会发生膨胀，封住井筒，从而减少涌入的水量，提高油气产量。膨胀式封隔器一般成本较低，没有活动的部件，并且不需要机械或液压传动装置，因此与常规的封隔器相比具有明显优势。

由道达尔、壳牌、斯伦贝谢、贝克休斯等主要国际石油公司和油田服务公司组成的先进能源财团（Advanced Energy Consortium，AEC）专门致力于开展纳米技术在石油工程中的应用研究，研发地下微传感器和纳米传感器，在三维空间感知油藏及其所含流体，以更好地表征油藏，助力有效开发油气资源。

全球主要的石油公司、油田服务公司和油气科研联盟都在进行纳米材料技术的研究，极大地促进了井筒及注入流体、纳米材料反应剂、井下工具及管材表面处理技术的发展，但目前仍处于应用的早期阶段，主要困难在于井下恶劣的作业环境，包括高温、高压及各种腐蚀性流体。

（二）数字化技术

进入工业 4.0 时代，以数字化技术为代表的新一轮油气革命拉开了序幕，数字化正与有形资产和系统相融合，形成一个一体化的网络—现实空间—"物联网"。种类繁多、功能强大的智能软件的应用，又可对"物联网"加以监测和控制。

油气行业数字化的构成要素包括各类传感器，它们收集数据流，通过监测诸如石油钻机、油藏储层等系统，为其提供数字化表达。利用大数据技术对传感器网络所生成的海量数据加以迅速处理和分析，使人们能够在作业前和作业期间进行模拟，进而对结果进行优化。机器智能的潜力是难以估量的，有人甚至预言，在某个所谓的技术"奇点"，计算机在某些方面将比人类更聪明。例如，人们应用机器学习算法建模，可以对系统行为加以描述和预估。这些模型可分析、比较来自传感器的数据集，进而完成各式各样的任务，例如发现潜在的油气储量、预测设备维护时间等。数字化技术正在促进石油工程产业向技术密集、资本密集方向发展，助推钻完井技术增储上产、降本增效。

数字技术推动石油工程产业转型升级。石油公司着力构建基于人工智能的数字业务模式和流程，将其应用于生产服务、装备制造等油气上游价值链，提高生产效率和管理水平，促进企业转型升级。据埃森哲预测，未来 3～5 年，人工智能、机器人和可穿戴技术是油气上游数字化技术中的投入关注度增长最快的技术领域，大数据分析、物联网、移动设备、云计算是油气上游数字化技术投入最多的技术领域，如图 1-18 所示[41]。

人工智能助力石油工程技术实现增储上产。利用人工智能技术将静态模型与地球物理解释、油气生产数据紧密结合，形成高精度预测模型，能提高地下油气资源和储层的认识，优化油田生产，提高单井产量。2017 年 11 月，IEA 发布《数字化与能源》表明，数字化技术可使全球技术可采储量在现有 1.4 万亿 t 油当量基础上，增加 750 亿 t（增幅 5%），相当于当前全球年油气消费量的 10 倍，如图 1-19 所示[42,43]。壳牌石油公司利用高性能计算技术用海量地震数据生成详细的可视化图像，更快、更准确地定位地下油气资源。在美国墨西哥湾 Deimos 油田复杂构造盐下发现了超过 1.5 亿 bbl 石油，打破了以往该地区枯竭少油的观念。

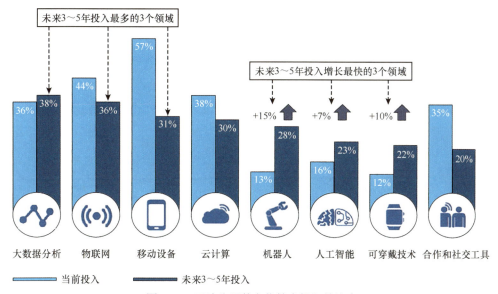

图 1-18　石油公司数字化技术投入关注度

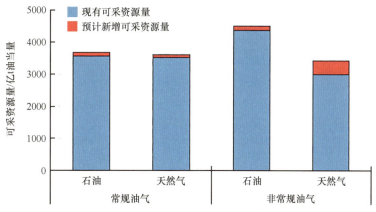

图 1-19　数字化技术对全球油气技术可采资源量的影响

智能装备赋能油气降本增效。2018 年，BP 公司发布的技术展望显示，随着人工智能、数据分析、传感器、超级计算等数字工具得到应用，可以降低油气开采成本 20% 以上。在数据采集、传输技术发展的协同下，人工智能技术可以在钻井设计、钻井实时优化、井筒完整性监控、风险识别、程序决策、预测性维护等方面发挥积极作用，实现降本增效。

智能钻井技术正在改变现有作业模式。智能钻井以自动化钻井为基础，基于新一代信息通信技术与先进钻井技术深度融合，智能化贯穿于设计、作业、管理等钻井活动的各个环节，具有自感知、自学习、自决策、自执行、自适应等功能，代表钻井技术发展的最高形态。图 1-20 为海洋智能钻井全景 [44]，其组成为：①虚拟生态系统：通过数字孪生技术提高设备可靠性、优化设计；②多学科协同工作流：连接传统孤立流程，实现勘探开发一体化协同；③数据中心：建立数据标准、钻井数据分析平台；④钻完井区域作业中心：监控现场作业，为钻完井现场作业提供支持；⑤自动化钻机及配套设备：实现自动化控制；⑥平台机器人：机器人干预的海上操作；⑦井下测传控系统：实时获取井筒相关数据。

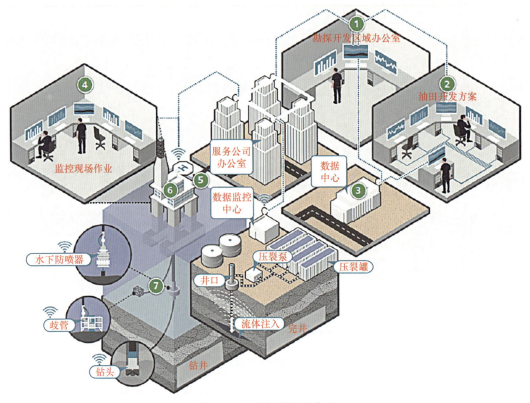

图 1-20　海洋智能钻井全景

（三）机械电子光学技术

工业机器人、新型远程控制、微机电和光学等技术的快速发展，正在带动石油工程技术的整体创新。

工业机器人在智能工厂、家庭、医疗、航空航天和军事等领域广泛应用，正在替代人类在肮脏、枯燥和危险环境下的作业。斯伦贝谢公司 SLIDER 地面自动旋转控制系统采用了一种机器人钻井方法，基于一种扭矩摇摆技术，实现了钻井自动化操作，提高机械钻速约 294%，提升了安全性并延长了井下设备的使用寿命。随着石油公司开始在深水、超深水区进行勘探，钻井水深极限范围被限定在人为干预的最大深度。在采用专业潜水设备的情况下，这一范围约为 300m。载人潜艇是另外一个可行的选择，但也仅能到达约 600m 的深度。超过这一深度时，只有选择水下机器人（ROV）实现人为干预。因此，当前在用的所有浮式钻井装置都至少配备一台 ROV。即使当钻井水深在人为干预的范围内，ROV 也能替代人类进行水下作业。

新型远程控制技术将在井下狭小空间发挥巨大作用，实现井下工具的远程控制。沙特阿拉伯国家石油公司（以下简称沙特阿美）已经应用的最大储层接触技术（maximum reservoir contact，MRC）是一种智能多分支井，可以在主井眼中钻总长 5km 与储层接触的多分支水平井，扩大油藏泄油面积，提高油气产能。该技术在致密、非均质储层应用效果显著。沙特阿美 Haradh-Ⅲ 油田有 32 口 MRC 井，每天产油量高达 42857t。然而，由于 MRC 井的每个分支需要安装机械控制管线至井口，以实现地面对井下分支的控制，导致每口井的分支数量受到限制。未来，极大储层接触技术（extreme reservoir contact，ERC）将采用无线控制技术，减小机械控制管线，增加井下分支数量，理论上分支井数量不受限制，在分支井中可安无限数量的控制阀，如图 1-21 所示[45]。

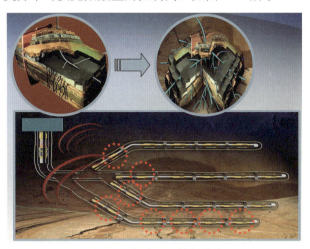

图 1-21　极大储层接触技术

在航空航天领域，微机电技术（MEMS）已经被用来监测关键元器件的结构疲劳情况，其在石油工程中的应用也具有很大潜力。沙特阿美开发的压裂机器人（FracBots）是一种微型无线传感器和网络系统，可用于实时绘制水力压裂图并监控关键储层状况[46]。该网络基于磁感应（MI）的无线传感特点，可在地下油藏（非导电的介质）中进行可靠、高效的无线通信。目前，沙特阿美已完成 FracBots 硬件部分的设计和制造，下一步主要工作包括完善固件、研究其在高导电性多孔介质中的联通程度，进一步微型化，提升无线通信和组网能力等。

微波技术已广泛应用于食品、通信、军事等领域，国内外针对微波钻井正在进行理论分析和室内试验。麻省理工学院研制出频率为 28GHz、功率为 10kW 的微波发生装置，进行了室内微波破岩实验来验证全微波破岩在干热岩钻井中应用的可行性；麦吉尔大学建立了微波辅助破岩系统，设计了带有微波天线的 PDC 钻头；斯伦贝谢公司提出一套微波辅助破岩方法，微波照射岩石后再利用钻头破岩；斯伦贝谢公司还提出在钻井液中加入特定化学试剂，利用微波辐射使其在泥饼上发生聚合、交联作用，使井壁更加稳定。

参 考 文 献

[1] 李阳, 薛兆杰, 程喆, 等. 中国深层油气勘探开发进展与发展方向. 中国石油勘探, 2020, 25(1): 45-57.

[2] Gulen G. Global hydrocarbon model upstream module design considerations. Washington D. C.: U. S. Energy Information Administration, 2014.

[3] BP. BP energy outlook 2020. London: BP, 2020.

[4] 王宗礼, 娄钰, 潘继平. 中国油气资源勘探开发现状与发展前景. 国际石油经济, 2017, 25(3): 01-06.

[5] Spears&Association. Oilfield market report (2020). Tulsa: Spears&Association, 2021.

[6] Rystad Energy. Global outbreak overview and its impact on the energy sector. Stavanger: Rystad Energy, 2020.

[7] 王敏生, 姚云飞, 闫娜. 新形势下石油工程行业发展趋势及油服公司应对策略. 石油科技论坛, 2018, 37(6): 44-51.

[8] 王敏生, 姚云飞. 碳中和约束下油气行业发展形势及应对策略. 石油钻探技术, 2021, 49(5): 1-6.

[9] BP. Energy technology: Ten signposts for the journey ahead. London: BP, 2017.

[10] Lee J. High-temperature target, how Schlumberger's power drive ICE ultraHT RSS enabled pemex to drill a high temperature well in Mexico's shallow Sureste Basin. Offshore Engineer, 2017, 5: 78-79.

[11] Hohl C, Grimmer H, Schmidt J. High-temperature directional drilling positive displacement motor // The Offshore Mediterranean Conference and Exhibition, Ravenna, 2015.

[12] Stefansson A, Duerholt R, Schroder J, et al. A 300degree Celsius directional drilling system // IADC/SPE Drilling Conference and Exhibition, Fort Worth, 2018.

[13] Okland O, Davies S, Ramberg R M, et al. Steps to the subsea factory // Offshore Technology Conference, Rio de Janeiro, 2013.

[14] Radicioni A, Fontolan M. Open source architectures development for subsea factory // SPE Annual Technical Conference and Exhibition, Houston, 2016.

[15] 光新军, 王敏生, 李婧, 等. 海底工厂——海洋油气开发新技术. 石油科技论坛, 2016, 35(5): 57-61.

[16] Sigmund S. Drilling device: US07093673B2, 2006.

[17] Drevdal K E. Badger explorer ASA AGM 2010. Norway: Badger Explorer ASA, 2010.

[18] 光新军, 王敏生, 黄辉, 等. 獾式钻探技术及研究进展. 钻采工艺, 2016, 39(6): 24-27.

[19] Barraza J, Capderou C, Jones M C, et al. Increased cluster efficiency and fracture network complexity using degradable diverter particulates to increase production: Permian basin wolfcamp shale case study // SPE Annual Technical Conference and Exhibition, San Antonio, 2017.

[20] 王敏生, 光新军, 皮光林, 等. 低油价下石油工程技术创新特点及发展方向. 石油钻探技术, 2018, 49(5): 1-6.

[21] EIA. Trends in US oil and natural gas upstream costs. Washington D. C.: EIA, 2016.

[22] 叶海超, 光新军, 王敏生, 等. 北美页岩油气低成本钻完井技术及建议. 石油钻采工艺, 2017, 39(5): 552-558.

[23] Devon. Technology & innovation providing a competitive advantage. Oklahoma: Devon, 2017.

[24] Butler B, Grossmann A, Parlin J, et al. Study of multilateral well construction reliability. SPE Drilling & Completion, 2017, 32(1): 42-50.

[25] Jacobs J. New directions for oil & gas technology. London: IHS, 2017.

[26] Johnston J, Guichard A. New findings in drilling and wells using big data analytics. Offshore Technology Conference, Houston, 2015.

[27] 吕建中, 杨虹, 孙乃达. 全球能源转型背景下的油气行业技术创新管理新动向. 石油科技论坛, 2019, 38(4): 8.

[28] 鲜成钢. 长期低油价下油气技术创新目标与方向探讨. 石油科技论坛, 2017, 36(4): 49-56.

[29] 傅津, 刘志刚. 国际油田服务公司一体化发展的经验和启示. 国际石油经济, 2012, 20(4): 26-33.

[30] Committee on Key Challenge Areas for Convergence and Health. Convergence: Facilitating Transdisciplinary Integration of Life Sciences, Physical Sciences, Engineering, and Beyond. Washington D. C.: National Academies Press, 2014.

[31] Rafols I, Leydesdorff L, O'Hare A, et al. How journal rankings can suppress interdisciplinary research: A comparison between innovation studies and business & management. Research Policy, 2012, 41(7): 1262-1282.

[32] Roco M C, Bainbridge W, Tonn B. Convergence of Knowledge, Technology and Society: Beyond Convergence of Nano-bio-info-Cognitive Technologies. Dordrecht: Springer, 2013.

[33] MIT. The third revolution: The convergence of the life sciences, physical sciences and engineering (white paper). Washington D. C.: MIT Office, 2011.

[34] Koch Institute. Koch institute for intergrative cancer research at MIT—approach. (2019-12-18) [2020-10-11]. https://ki. mit. edu/approach.

[35] 肖小溪, 陈捷, 徐芳, 等. "融合式研究" 评价框架的应用与分析——基于中国科学院的实践. 科学学与科学技术管理, 2019, 35(3): 18-30.

[36] 肖小溪, 刘文斌, 徐芳, 等. "融合式研究" 的新范式及其评价框架研究. 科学学研究, 2018, 36(12): 131-138.

[37] 樊春良, 李东阳, 樊天. 美国国家科学基金会对融合研究的资助及启示. 中国科学院院刊, 2020, 35(1): 19-26.

[38] 沈新尹. 美国国家科学基金会对跨学科和学科交叉研究领域的支持及启示. 中国科学基金, 1997, 11(1): 68-71.

[39] 文少保, 朴钟鹤. 组织设置变迁与学科资助的跨学科研究发展战略——以美国 NSF 资助的科学和技术中心为例. 全球科技经济瞭望, 2013, 28(4): 6.

[40] Bhavsar R, Vaidya Y N. Application of intelligent new materials. Oilfiled Review, 2008(1): 32-41.

[41] Accenture. Digital transformation initiative oil and gas industry. (2017-01-01) [2020-05-19]. http://reports. weforum. org/digital-transformation/wp-content/blogs. dir/94/mp/files/pages/files/dti-oil-and-gas-industry-white-paper. pdf.

[42] International Energy Agency. Digitalization & energy. (2018-06-19) [2020-02-11]. http://www. iea. org/publications/freepublications/publication/DigitalizationandEnergy3. pdf.

[43] 光新军, 王敏生, 耿黎东, 等. 人工智能技术发展对石油工程领域的影响及建议. 石油科技论坛, 2020, 39(5): 41-47.

[44] Deloitte. From bytes to barrels, the digital transformation in upstream oil and gas. (2017-11-1) [2021-05-19]. https://www2. deloitte. com/content/dam/Deloitte/global/Documents/Energy-and-Resources/gx-online-from-bytes-to-barrels. pdf.

[45] Saggaf M M. A vision for future upstream technologies. Journal of Petroleum Technology, 2008(3): 54-55, 94-98.

[46] Alshehri A, Martins C. FracBots: Overview and energy consumption analysis // SPE Middle East Oil and Gas Show and Conference, Manama, 2019.

第二章

材料科学与石油工程跨界融合进展与展望

　　新材料是高新技术发展的物质基础，工业发达国家都十分重视新材料的研发。以智能材料、纳米材料、复合材料、仿生材料等为代表的先进材料，不仅对高新技术的发展起着重要的支撑作用，还对石油工程等相关产业的不断升级起着重要的推动作用。新材料已经在油井管柱、井下工具、钻井液、压裂液和固井水泥浆等石油工程领域成功应用，展现了良好的应用前景。

第一节　纳米材料

　　纳米材料尺寸在 1～100nm，其发展始于 20 世纪 90 年代，由于其良好的光、电、热、磁等性能，目前已在微电子、生物、燃料电池和制药等领域得到广泛应用。国外主要石油公司、技术服务公司和油气科研联盟都在进行纳米材料的研究，并极大地促进了井筒流体、纳米材料反应剂、井下工具等技术的发展，提高钻井液、水泥浆等井筒流体性能的特殊添加剂和提高钻头寿命的耐磨材料等已经实现现场应用，纳米机器人、纳米示踪剂、磁性纳米材料提高采收率、油水地面分离等的研究应用也取得了阶段性成果。国内在纳米材料提高钻井液、固井水泥浆、压裂液的性能等方面进行了探索[1-4]。

一、纳米材料及在石油工程中应用的优势

（一）纳米材料及其特性

　　纳米是一种长度计量单位，1nm 等于 10^{-9}m，相当于 45 个原子串起来的长度。纳米科学研究 1～100nm 尺度材料的现象和机理，而纳米技术是基于纳米尺度对材料和器件进行设计、表征、开发和应用。相应的，纳米粒子是尺寸在 1～100nm 的物质，结构中嵌入纳米粒子的材料称为纳米材料，纳米粒子的大部分特性在纳米材料中得到体现。纳米粒子是处于亚稳态的物质，比表面积大，具有独特的电子运动状态和表面效应，纳米材料性质非常活泼，还具有比热大、塑性好、硬度高、导电率高和磁化率高等优异的特性。

　　目前，除了金属纳米粒子的研究不断突破以外，纳米技术的发展主要围绕碳的同素异形体的新发现展开，主要包括富勒烯（C_{60}）、碳纳米管和石墨烯。C_{60} 是由 20 个正六边形和 12 个正五边形构成的圆球形结构，共有 60 个顶点，分别由 60 个碳原子占有。碳

纳米管是一维纳米材料，由呈六边形排列的碳原子构成数层到数十层的同轴圆管，层与层之间保持固定的距离，直径一般在几纳米到几十纳米之间，长度为几微米，甚至几毫米。石墨烯是一种只有一个原子层厚度的准二维材料，又称单原子层石墨，厚度只有0.335nm，把20万片薄膜叠加在一起才有一根头发丝那么厚。

（二）纳米材料在石油工程中应用的优势

物质微小到纳米尺度会表现出很多完全不同于宏观物质的物理、化学特性，主要包括：①表面效应。随着纳米材料粒径的减小，表面原子数迅速增加，材料表面积、表面能及表面结合能迅速增加，表现出极高的化学活性。②体积效应。随着物质体积减小，会出现不同于宏观物质的物理性质，如特殊的光学、磁学、力学性质等。③量子效应。电子具有粒子性又具有波动性，存在隧道效应。当电路的尺寸接近电子波长时，电子会通过隧道效应溢出器件，使其无法工作，目前电路的极限尺寸大概为0.25μm，器件需要进一步微型化时，就需要考虑量子效应。而超微颗粒材料具有与宏观物体不同的反常特性，是未来电子器件微型化的基础，如目前研制的量子共振隧穿晶体管就是利用量子效应制成的器件。利用这些特性，可以研发满足石油工程领域高温高压和含腐蚀性气体等复杂环境下的新功能材料、器件与工具。

二、纳米材料与钻井工程融合应用

（一）纳米材料钻井液体系

目前，多功能化、环境友好的钻井液体系开发成为新的研究热点。利用纳米材料所具有的独特功能，对钻井液用处理剂进行改性，可以改善钻井液的流变性能、热力性能、机械性能等，具有增强泥饼质量、降低摩阻、协助成膜、维护井壁稳定、保护储层等作用，满足复杂地层钻井需要。

科威特石油公司在钻井液中引入合成纳米聚合物材料，与超细碳酸钙、合成石墨等传统的封堵材料协同作用，利用压力笼原理较好地解决了地层漏失问题。科威特北部的高压深井砂岩/灰岩/页岩等地层交替，且同一裸眼井段既有压力枯竭地层，也有高压地层，地层压力在17.5～24.5MPa变化。其中，开发祖贝尔（Zubair）地层的井，有一连串的页岩、砂岩，孔喉分布在80～150μm；马瑞特（Marrat）地层孔喉分布在25～7500nm（0.025～7.5μm），通过软件模拟和实验室测试，采用了大约200nm可变形的聚合物颗粒，与5～150μm的碳酸钙和弹性石墨协同作用有效封堵地层孔缝，形成密封堵层，在较高的过平衡状态下能防止压差卡钻，提高页岩地层的井眼稳定，使困难的钻井得以成功实施。纳米合成聚合物颗粒粒径分布如图2-1所示[5]。采用渗透性封堵评价设备（PPA）测试高温高压（HPHT）滤失量，过滤介质采用与地层孔喉接近的过滤盘。在150℃条件下，加入纳米封堵材料过后30min，PPA的HPHT滤失量从36mL降低到9.2mL，而API的HTHP滤失量变化不大，说明纳米封堵材料起到了封堵地层孔隙的作用。在频繁发生井壁失稳、卡钻的区域现场应用多口井，取得较好的效果。

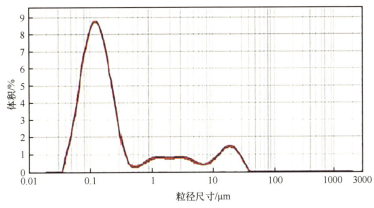

图 2-1　纳米合成聚合物颗粒粒径分布

得克萨斯大学 Chenevert 等基于瞬态压力模型计算页岩渗透率，利用建立的压力渗透试验评价装置评价了纳米颗粒对 3 块页岩样品的封堵效果。第 1 块页岩样品，评价液为 4%NaCl 时，页岩样品的渗透率为 22624nD，随后用基浆测同一块页岩样品，渗透率降至 22nD，再次用盐水测定同一页岩的渗透率，数值为 28nD；第 2 块页岩样品，评价液为 4%NaCl 时，页岩样品的渗透率为 15097nD，随后用含 30ppb（1ppb=10^{-9}）纳米颗粒的基浆测同一块页岩样品，渗透率降至 0.28nD，可见含纳米颗粒的钻井液能有效降低页岩中的压力传递；第 3 块页岩样品，评价液为 4%NaCl 时，页岩样品的渗透率为 19810nD，随后用含 10ppb 纳米颗粒的基浆测同一块页岩样品，渗透率降至 0.42nD，再次用盐水测定同一页岩的渗透率，数值为 5.55nD。研究表明，水基钻井液中加入纳米颗粒可显著降低页岩中滤液侵入量，纳米颗粒起到了页岩抑制剂的作用，可减少页岩井壁失稳问题，为水基钻井液钻穿页岩地层提供安全保障[6]。

（二）纳米材料水泥浆体系

纳米材料由于其小尺寸和大表面积特性，可应用于固井水泥浆添加剂以加速水泥浆的水化过程、提高油井水泥机械性能和流变性能等，满足复杂地层及后期需要分段压裂的固井需要。

巴西米纳斯联邦大学将合成的平均直径为 50 ～ 80nm、长度为几十微米的多壁碳纳米管，通过化学气相沉淀过程包覆在水泥熟料颗粒表面。实验结果表明经这种技术处理的碳纳米管对油井水泥浆的流变性和稳定性没有产生影响，能够满足固井工艺要求，硬化形成的油井水泥石的抗压强度能够保持传统油井水泥石的水平，但抗拉强度得以较大地提高，对于满足油气井试压和大型分段压裂下固井水泥环的密封完整性有一定的改善作用。

贝克休斯公司在高温高压条件下试验了含多壁碳纳米管化学添加剂的油井水泥浆的流变性能（塑性黏度、屈服应力和凝胶强度）和水泥石抗压强度，加入 0.1% 多壁碳纳米管材料的水泥浆具有最高的 48h 抗压强度，比基浆高 19%，达到 50.15MPa。同时，向基浆中加入多壁碳纳米管也能提高水泥石早期抗压强度，达到 13.8MPa 比基浆快 3.5h。加入多壁碳纳米管材料的水泥浆塑性黏度比对照水泥浆高，能够提高恶劣条件下的顶替效率。加入 0.1% 多壁碳纳米管材料的水泥浆比基浆的屈服应力降低 37%，10min 凝胶强度高于基浆，水泥浆能够在较低压力下从作业中断中恢复泵送，提高固井可靠性[7]。

（三）纳米材料井下工具

1. 纳米涂层钻头

在机械表面形成纳米膜，可以提高其强度、耐磨和抗腐蚀性，延长使用寿命，降低作业成本。为了减少钻井过程中的钻头磨损，哈里伯顿公司提出采用纳米陶瓷涂层来提高钻头的耐磨性。纳米陶瓷涂层由 Al_2O_3-TiO_2 纳米陶瓷粉末制成，通过等离子喷涂法喷涂在钻头表面。该涂层的黏结强度是传统涂层的 2 倍，强度是传统涂层的 2 ～ 4 倍。这项技术能减少起下钻和更换钻头的次数，为作业者节省巨大成本。现有纳米结构涂层主要侧重于在不改变现有涂层化学组成的前提下，使用成熟的沉积镀膜设备来制备，极大地简化了新技术在油田或者是其他商业领域的应用过程。用等离子喷涂的 Al_2O_3-TiO_2 纳米陶瓷涂层，赋予了材料很高的耐磨性、胶结强度和前所未有的韧性，成功用于深水或超深水钻井钻头上，从而减少由于磨损和腐蚀引起的成本。等离子喷涂是基于等离子体的一种材料表面强化和表面改性的技术，采用等离子电弧作为热源，将陶瓷、合金、金属等材料加热到熔融或半熔融状态，并以高速喷向经过预处理的工件表面而形成附着牢固的表面涂层的方法。该方法可以使基体表面具有耐磨、耐蚀、耐高温氧化、电绝缘、隔热、防辐射、减磨和密封等性能。等离子喷涂的主要特点有：①喷涂过程对基体的热影响小，零件无变形；②可供等离子喷涂用的材料非常广泛，可以得到多种性能的涂层；③工艺稳定，涂层质量高；④涂层平整光滑，可精确控制厚度。不同于传统等离子喷涂，等离子喷涂纳米陶瓷材料的颗粒非常小，缺乏必要的势能渗透到等离子体中。等离子喷涂颗粒必须形成直径为 30 ～ 100μm 的凝聚体。Al_2O_3-TiO_2 纳米陶瓷凝聚体通常是将氧化铝、二氧化钛及黏结剂混合后经喷雾干燥制备得到，以满足等离子体喷涂的技术要求。此外，Al_2O_3-TiO_2 纳米陶瓷在等离子喷涂过程中，调节喷涂温度，固化形成了复杂的双层微结构，该双层微结构涂层的性能优于传统的均匀涂层。纳米结构 Al_2O_3-TiO_2 涂层有非常高的强度，如图 2-2 所示[8]，钢球冲击试验后，变形在中间很大，到边缘减小为0。

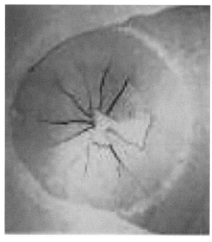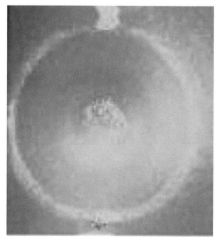

图 2-2　冲击测试后的传统陶瓷涂层（左）和纳米结构 Al_2O_3-TiO_2 涂层（右）

传统的陶瓷涂层则表现出开裂和剥落。几乎所有的陶瓷涂层必须在喷涂沉积后进行研磨和抛光来改进耐磨性，纳米结构陶瓷涂层研磨和抛光的时间只有传统陶瓷涂层的一半，这是纳米结构陶瓷涂层的另一个重要优点，因为研磨和抛光操作花费大概占总成本的40%（原料粉末大概是成本的5%）。

2. 纳米复合材料可降解压裂球

水平井分段压裂采用投球多级滑套压裂技术施工后，需要将压裂球返排至地面，如果存在地层压力不足或球变形等问题会使压裂球无法返排至地面，此时需要采用连续管对压裂小球和球座进行磨铣，影响施工周期，增加了作业成本。采用自降解压裂球可以有效避免该问题，压裂施工结束后，压裂球自行分解，不需要返排或磨铣等作业。可降解压裂球需同时具备两方面特点：一是在地层水等电解质液体中可自行快速降解，二是在地层较高温度下具有较大的强度。Terves 公司研发的可降解压裂球由镁铝纳米复合材料制成，通过控制流体电解质或温度进行分解。纳米复合材料压裂球强度较高，且强度保持时间长，能够保证长时间压裂作业的实施。在受控环境下，纳米复合材料压裂球会分解成砂粒大小的颗粒，图 2-3 为纳米复合材料可溶解小球随时间的溶解过程，可分解压裂球已经在国内外众多的页岩气水平井压裂作业中成功应用。

图 2-3 纳米复合材料可溶解小球溶解过程随时间变化

三、纳米材料与储层改造融合应用

（一）纳米材料测绘技术

水力压裂裂缝高度、长度、间距、位置及形态的表征主要采用微地震监测技术，但该技术不能准确解释连通裂缝几何形状的范围和流体在裂缝网络的渗透率。纳米材料测绘技术是采用具有电磁、声波或其他识别性质能力的微粒或纳米粒子在压裂过程或井筒中利用成像技术对储层进行测绘，可用于识别近井地带支撑剂、流体，以及人工裂缝和天然裂缝的位置，其精度远超现有技术[9]。

先进能源财团（Advanced Energy Consortium，AEC）探索利用磁性纳米颗粒来进行油藏测绘和水力压裂裂缝测绘。原理是当从注入井向生产井发送电磁脉冲时，纳米颗粒能够降低电磁波的传播速度。通过测量注入磁性纳米颗粒前后，电磁波通过流体的传播时间差，可以绘制井筒周围裂缝网络形态和井间油藏特性，如图 2-4 所示。

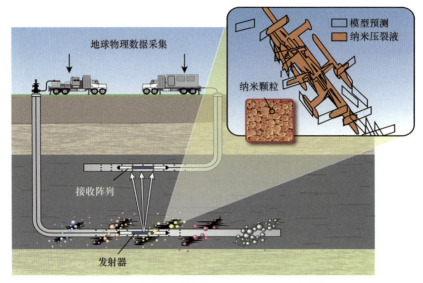

图 2-4　磁性纳米颗粒进行水力压裂裂缝测绘

（二）海水基压裂液

在压裂过程中用海水一方面提高了油气产量，另一方面可以节约淡水资源，同时极具经济性，特别适合海上油气田开发。沙特阿美正在探索将海水直接用于水力压裂中，试验表明，采用纳米交联剂可以将流体峰值黏度从 23% 提高到 116%，大幅减少对合成聚合物或瓜尔胶的需求，即使温度高达 150℃ 和盐度高达 56000ppm（1ppm=10^{-6}）的环境下，压裂液仍然能够保持稳定。当使用纳米交联剂时，渗透率恢复程度可以超过 90%，且其对温度的延迟反应有助于使流体保持较高黏度，因此泵送过程只需要较小的马力就可以完成。在一次压裂操作中，纳米交联剂的用量仅占总流体使用量的 0.02%，使用剂量较小，具有经济可行性[10]。

（三）储层酸化液

在油田开发过程中，为提高层间差异大、产液剖面不均匀油藏的均匀酸化程度，增加低渗透层的动用程度，解除砂岩油藏钻完井油层污染，常常根据油藏储层岩性和物性特征，选择具有暂堵、转向、低伤害、深度酸化功能的酸液体系，但均匀布酸难度大。纳米酸化液可以控制储层的酸液强度，实时改变布酸形态，引导酸液向油层深穿透。沙特阿美正在开发纳米胶囊新技术，其内部装有酸性液滴，酸液会在油藏内部特定的位置释放，将孔隙通道蚀刻，提高孔隙度，从而促进油气的流动。

四、纳米材料与提高采收率技术融合应用

（一）油藏纳米示踪技术

示踪剂井间监测技术是在注水井中注入示踪剂，在周围监测井中取水样，分析样品中示踪剂浓度，应用示踪剂解释软件对示踪剂产出曲线进行分析，能够了解注水连通性、

推进速度和方向、波及系数、孔道分布、平面及纵向非均质性等，为下一步开发方案的调整提供依据。传统化学示踪剂在储层内的扩散范围较大，有时会偏离流向生产井的路径，而纳米颗粒的体积相对较大，运移路径是朝向生产井的一条直线。

AEC 正在研究利用纳米造影剂来绘制常规油藏的水驱前缘，并定位被绕过的生产层。利用收集的数据可实现多种注入井的智能调控，包括注入流体的体积、速率以及注入和流出位置（射孔孔眼），从而提高采收率。沙特阿美 2014 年开展了井间纳米颗粒荧光示踪剂试验，注入井和生产井相距 475m，10 个月后生产井中监测到了纳米粒子（A-dots）。纳米颗粒在复杂环境条件下没有出现絮凝结块、从热盐水中沉淀及吸附在碳酸盐岩石上等现象，证明了 A-dots 能长时间、长距离地耐受油藏的环境。研究人员正在研发一种新的从原子量级检测的示踪方法，可以在油藏条件下使纳米颗粒从无限大范围中提取任何分子，将它附在纳米颗粒上，形成一个独特的条形码示踪剂[11,12]。未来计划完成一系列变色 A-dots 的开发，当它们接触原油时，能够改变荧光光谱。

（二）提高水驱波及系数的纳米胶囊

低成本聚合物胶体是水驱过程中用来选择性封堵高渗通道最常用的材料之一。由于效果显著，聚合物胶体广泛应用于油田现场，但其缺陷是在近井筒地带凝胶化过程较快，使其在远离井筒的油藏中应用效果不佳。

北卡罗来纳州罗利市三角研究所通过把主要的反应物"Cr（Ⅲ）"放入延缓释放的纳米胶囊中，提高广泛应用的胶体体系——聚丙烯酰胺（HPAM）的波及能力。在水驱情况下，纳米胶囊将会被用于延缓"Cr"释放到 HPAM 中的时间，使得两种成分在化合成凝胶之前运移到油藏更深处[13]，如图 2-5 所示，计算机模拟表明该技术可以使原油产量提高 1% ～ 10%。纳米胶囊通过复杂的反向微乳液技术形成，该技术涉及多个疏水性单元和表面活性剂的合并步骤，整个过程在包含 Cr 的水基溶剂中完成。随着溶剂被搅拌，将形成含 Cr 的纳米液滴，并发生胶囊化封装反应，还会将大量不同的可降解化学元素合并到胶囊中，部分化学元素对水敏感，部分对温度敏感，通过改变胶囊可降解化学元素

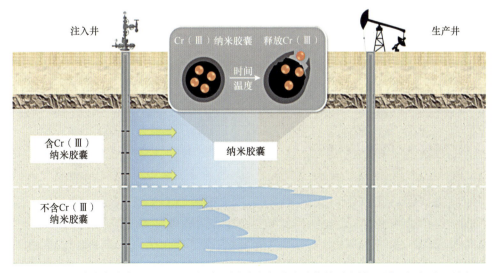

图 2-5　通过纳米胶囊，Cr（Ⅲ）与聚丙烯酰胺交联成胶体的过程被延缓，提高波及效率

的浓度使其在不同的时间点释放。研究人员发现，早期的纳米胶囊配方能有效地将凝胶过程延缓 17 天。暴露在 50℃的合成海水条件下，纳米胶囊可以在至少 48h 内保持完整，这表明长时间的 Cr 运移技术是可行的。

（三）提高油气采收率的纳米分散体系

为了高效开采非常规油气资源，石油公司正急于研究一些新的增产技术，提高油气采收率，同时延长油气藏的开采寿命。Frac Tech Services 公司和伊利诺伊理工大学合作研发的胶状纳米分散体系（NPD）中的纳米颗粒小而轻，其直径在 4 ～ 20nm，在流体中可以处于悬浮状态。纳米颗粒在布朗运动的作用下，可轻易进入致密储层（孔隙度在微达西级）。当纳米颗粒接触到非连续相（如油-岩石界面）时，聚集形成一个楔形薄层，薄层对非连续相产生分离压力，原油可以从岩石表面分离并流出岩石孔隙[14]，如图 2-6 所示。单个粒子所产生的分离压力非常小，但是数百万乃至数十亿的纳米颗粒产生的分离压力可以达到 70 ～ 350MPa，即使在室温下，楔形薄层产生的分离压力也能使原油很容易从岩石表面分离，其与界面张力、毛细管力、润湿反转等表面力机理不同。研究人员在室内测试了纳米体系的性能，利用圣安地列斯（San Andreas）原油浸泡一块巴里亚（Barea）砂岩岩样，然后在常温下将岩心放到纳米体系中，在没有压差的情况下，纳米体系很快将岩心里的原油清除。

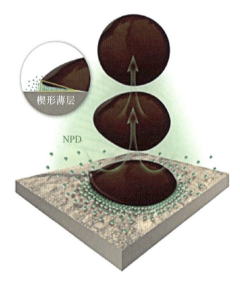

图 2-6　纳米流体提高油气采收率原理

五、应用关键与发展展望

（一）应用关键

目前，纳米技术在石油工程中的应用还处于起步阶段，商业性应用还比较少，大部分纳米技术在单井中小规模应用，如用于提高钻井液、水泥浆性能的特殊添加剂和用于提高钻头耐磨性能的涂层等，在整个油田中大剂量应用，如提高采收率等还处于研发验证阶段，今后要在油田现场实现大规模应用还需要解决以下问题。

（1）纳米技术在单井中小规模应用较易实现，但将应用规模扩大到整个油田难度较大，主要是大剂量应用纳米材料成本较高，需要解决纳米材料的低成本生产难题。

（2）纳米材料的分散性差、性能稳定性不高，容易产生团聚现象，团聚后其颗粒尺寸明显变大，易失去纳米颗粒的特性，达不到预期效果。通过表面修饰可以提高其稳定性，提高其在钻井液和完井液中应用的稳定性，但还需要深入研究其作用机理。

（3）纳米颗粒在储层岩石中的运移性能是纳米技术提高采收率的关键，采用表面改性阻止其与岩石表面的相互作用，如提高酸化压裂效果的纳米胶囊、提高水驱波及效率的纳米胶囊等，是提高其应用效果的主要手段。

（4）纳米技术的规模应用除了研究纳米材料外，还需要开发用来制造、评价和制备或修饰纳米结构材料的设备和工艺，以达到大规模生产纳米材料的目标。

（二）发展展望

随着非常规、深水、深层、极地等油气资源的进一步开发，以及老油田挖潜的不断深入，作业环境和资源品质劣质化，对石油工程技术要求越来越高。纳米技术与石油工程技术的交叉融合可以解决石油工程多个领域的关键问题，包括安全高效钻完井、储层特征描述与改造、提高油气产量等方面，具有广阔的应用前景。结合油气勘探开发对石油工程技术的需求及纳米技术的研究现状，未来纳米技术在石油工程中的应用方向主要有以下四个方面。

（1）提高钻完井流体性能技术。纳米材料主要作为添加剂提高钻完井流体性能，包括纳米材料提高钻井液流变性、抑制页岩水化、协同堵漏、降低储层伤害、提高固井水泥浆流变性和水泥石强度、提高海水基压裂液黏度等。

（2）提高井下工具和材料性能技术。纳米涂层具有硬度高、耐磨和防腐等性能，可对现有工具和材料进行纳米级改造，包括提高井下工具和钻头耐磨性、提高压裂球强度、提高套管防腐性能和提高支撑剂的强度等。

（3）提高储层描述精度技术。利用纳米材料的光、电、磁等特性，实现储层高精度描述，包括页岩气致密气的裂缝监测、纳米探测油藏特性等。

（4）提高油气产量工程技术。包括纳米示踪剂识别水驱效果、纳米胶囊提高酸化效果、纳米胶囊提高水驱波及效率、纳米压裂液提高油气采收率、磁性纳米颗粒进行地面油水分离、胶状纳米分散体系提高采收率、纳米乳液降低油水表面张力提高采收率等。

纳米技术在近年来虽然取得了长足进步，但其涉及多个学科领域的交叉融合，在机理研究、性能评价、产品制备与修饰等方面还有待完善。另外，目前纳米技术在石油工程中应用的最大障碍是其成本较高，导致多数新材料还停留在室内研究阶段。研究有效降低纳米材料制备与修饰工艺成本的配套技术，将有利于纳米技术在石油工程中的推广应用。

第二节 石　墨　烯

2004 年，英国物理学家安德烈·盖姆和康斯坦丁·诺沃肖洛夫利用机械剥离法成功从石墨中分离出石墨烯，证明单层石墨烯是可以稳定存在的，两人也因此于 2010 年被授予诺贝尔物理学奖[15]。2008 年，美国麻省理工学院将石墨烯晶体管技术评选为当年的十大新兴技术之一。2009 年，Science 将"石墨烯研究取得新进展"列为当年的十大科学进展之一。目前，石墨烯材料已在储能、化工、生物医学、航空航天、电子信息等领域得到广泛研究和应用。

石墨烯及其衍生物多重优越的性质决定了其在石油工程中具有广泛的发展前景。目前，我国常规油气资源勘探开发难度越来越大，油气资源品质越来越差。复杂油气藏、非常规油气、剩余油气挖潜和高原、深水、深层等油气资源将成为我国油气发展的主要阵地。然而，这些复杂、非常规资源的有效动用受到了当前工程技术的极大限制。石墨烯独具的力学、电学、光学等性质，使其在地球物理、钻完井、固井、提高采收率等方面具有巨大的潜在应用价值，为难动用资源的高效开发提供了新的技术思路[16]。

一、石墨烯及其在石油工程中的应用优势

（一）石墨烯及其特性

石墨烯是由一层碳原子构成的二维蜂窝网状晶体，其碳原子之间是以 sp^2 杂化轨道构成的六边形排布的，如图 2-7 所示。作为二维纳米材料，石墨烯具有卓越的物理、化学性质。它是目前人类发现的厚度最薄却最坚硬的纳米材料，是目前世界上电阻率最小的材料；导热性能已超越块体石墨、碳纳米管和钻石等同素异形体的极限，远超银、铜等金属材料；比表面积大、吸附性能好。

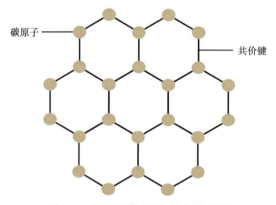

图 2-7　单层石墨烯晶格结构示意图

氧化石墨烯（graphene oxide，GO）作为石墨烯的衍生物，其特点与石墨烯有所不同，如表 2-1 所示。它是将石墨进行氧化插层处理，使部分碳原子由 sp^2 杂化状态转变为

sp^3 杂化状态。GO 片层平面和边缘存在丰富的羟基、环氧基、羰基和羧基，如图 2-8 所示，这些含氧基团都是亲水基团，所以氧化石墨烯具有良好的亲水性，能够均匀稳定地分散于水和有机溶剂中，可形成稳定的水性溶胶[17]。石墨烯分散液经过脱水后，sp^2 区域的 π—π 键与含氧官能团之间的氢键相互作用使得 GO 二维片层之间紧密结合，片层之间的黏附作用使得 GO 具有良好的力学性能。同时，含氧基团使得 GO 具有多个活性位点，可以大量吸附有机物。

表 2-1　石墨烯与氧化石墨烯部分特性对比

特性	石墨烯	氧化石墨烯
碳氧比		2～4
杨氏模量/GPa	1000	207.6±23.4
比表面积	2630	
超高载流子迁移/$[cm^2/(V \cdot s)]$	2×10^5	绝缘体
21℃下导热系数	4840～5300W/(m·K)	取决于氧化程度，最小可达 8.8W/(m·K)
水溶性	不溶于水	可溶于水
生产成本	高	低

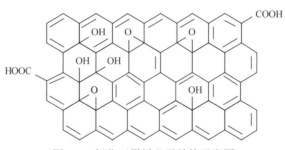

图 2-8　氧化石墨烯分子结构示意图

（二）石墨烯在石油工程中的应用优势

石墨烯及其氧化物的应用优势主要包括：①硬度极高。其硬度是钢的 200 倍[18]，是一种厚度极薄却极坚硬的纳米材料，应用于破岩钻头、井下工具等将能大大延长使用寿命。②电学和光学性能优异。其电阻率仅为 $10^{-6}\Omega \cdot m$，是目前世界上电阻率最小的材料；超高载流子迁移率达到 $2 \times 10^5 cm^2/V \cdot s$，光学透明度达到 97.7%[19]，将其应用于油气探测、测井等方面，可大幅提高传输速度和探测分辨率，具有广阔的应用前景。③比表面积极高。由二维石墨烯为基本单元构成的三维石墨烯结构材料具有丰富的孔道、较高的表面积和疏水亲油的特点，理论比表面积值可达 2630 m^2/g，吸附性能优异，对铅的吸附量高达 800mg/g，远远高于活性炭的 60～120mg/g[20]。对其进行化学处理和表面改性使其具有油水选择性后，可应用于井下和地面的油水分离。④自润滑性能优异。对于多层石墨烯，层与层之间可以滑动，使其具有特殊的润滑性能。将其应用于钻完井液中，可大大提高钻井液的润滑性，防止钻头泥包等。

二、石墨烯与石油工程融合应用

近些年，石墨烯及其衍生物的研究在化工、电子信息、航空航天领域呈井喷式发展态势，但在石油工程中的研究和应用还处于起步阶段[21]。

（一）油气探测技术

油气勘探常采用电磁波波导探测目的层的地质特征、井下环境参数（温度、压力等）和近井地带流体特点等。波导中包括光纤电缆、光纤传感器和其他光学部件。井筒富氢环境下，游离的氢原子扩散进入波导，与纤维中的缺陷位点发生反应，影响了光在波导中的传输，导致信号质量衰弱，这种现象也被称为"氢暗化（hydrogen darkening）"。2017年，哈里伯顿公司提出将石墨烯作为保护层，附着于波导表面[22]。石墨烯力学性质优异，可以增加波导的使用寿命，有效阻止氢原子扩散，减弱"氢暗化"现象。此外，因为石墨烯透光性强，所以将其作为保护层会增加信号的清晰度。

石油勘探往往需要同时使用多个声波传感器来保证高质量的空间分辨率。而轻量级膜片材料的研究直接影响了声波传感器的发展。目前常规的基于硅或二氧化硅材料的传感器存在灵敏度受限的问题。而基于高分子材料的传感器虽然灵敏度较高，但机械强度有限，在渗透结构和水汽环境下不稳定[23]。Ma等[24]利用直径25μm的石墨烯膜片制作了压力灵敏度达到39.2nm/kPa的F-P压力传感器。之后，Ma等[25]又利用厚度约100nm、直径125μm的石墨烯膜片制作出光纤F-P声波传感器，其动态压力敏感度高达1100nm/kPa，可探测到最小至60μPa/Hz$^{1/2}$的声压信号。

油基钻井液导电性较差，会阻断直流电流通路而导致随钻电阻率测井技术失效。磁性石墨烯纳米带（MGNRs）是一种准一维的石墨烯基材料，其特殊的边缘限域效应使其具有更灵活可调的性质和更大的使用价值。比如石墨烯材料因导带和价带间不存在间隙而无法直接使用，但将石墨烯裁剪成尺度较小的MGNRs时就可应用于场效应晶体管（FET）中。Genorio等[26]将MGNRs作为导电涂层附着于油基钻井液颗粒表面以提高井筒中传感器信息传递的可靠性。此外，由于MGNRs尺寸可达纳米级，可以进入更小的孔隙、裂缝中探测剩余油气的位置。这尤其适用于富含纳米孔隙和微裂缝的页岩储层。

（二）井下工具

钻井过程中，钻头和井下动力钻具是岩石破碎的主要工具。井下高温高压的恶劣环境对钻井工具提出了较高要求，石墨烯涂层具有优异的力学性能，可有效优化金属表面形态和特性，提高钻井工具抗磨损、抗腐蚀和耐冲击性能，防止工具表面氧化生锈，因此钻井工具是石墨烯应用的主要方向之一。贝克休斯公司2015年公开的专利"石墨烯涂层的金刚石颗粒"提出在金刚石颗粒表面涂覆石墨烯薄膜，再将金刚石颗粒应用于PDC钻头，钻头寿命增加且抗温能力达到1200℃。史密斯国际公司同样提出在PDC钻头的金刚石颗粒材料中加入石墨烯成分，以改善钻头的抗磨损性、热稳定性和耐冲击能力[27,28]。

石油行业中常见的钻井工具故障之一是橡胶聚合物的失效。奥瑞拓能源公司将质量比为 1.7% 的石墨烯纳米管浓缩液加入到丁腈橡胶中，发现拉伸模量增加了约 30%。将其应用到螺杆钻具的橡胶定子，橡胶定子耐磨性提高了 20%，机械钻速也提高了 20%以上[29]。

（三）井下流体

石墨烯在石油工程应用的主要领域之一是钻井液。将 GO 加入钻井液中可有效改善滤饼质量，提高钻井液降滤失性能。美国莱斯大学利用电镜扫描（SEM）对比了低固相钻井液中加入 1.5%（质量分数）GO 和不加入 GO 形成的滤饼的微观结构，发现加入 GO 的钻井液形成的滤饼更加致密[30]，如图 2-9 所示，有利于稳定井壁。未加入 GO时，由图 2-9（a）可以看到形成了很多高孔隙度的聚结物，这些聚结物由方解石晶体构成，上面嵌有氯化钾晶体。加入 GO 后，由图 2-9（b）可观察到形成了嵌有氯化钾晶体的碳酸盐岩矿物微晶，表面覆有高度聚合的改性 GO。这是因为 GO 存在多个含氧官能团，在表面和边缘易与低固相水泥浆的聚合物发生反应，形成的覆层有效阻止了水进入储层。宣扬等[31]基于 GO 制备出了一种降滤失剂。在无膨润土的情况下，GO 含量由 0.2% 提高到 0.6%，测得 API 滤失量由 137mL 减小到 14.7mL，降滤失效果明显。

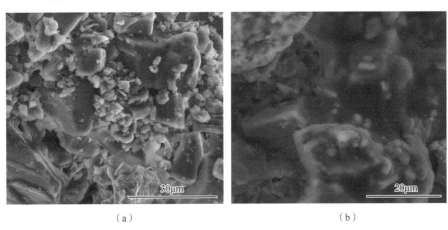

（a）　　　　　　　　　　　　　（b）

图 2-9　低固相钻井液形成的滤饼微观结构对比示意图

（a）未加入 GO；（b）加入 1.5%GO

石墨烯也可以改善固井水泥浆的流变性。王琴等[32]采用流变仪和激光共聚焦显微镜定量研究了不同含量的 GO 对水泥浆流变参数的影响。实验发现分散的水泥颗粒受到 GO 的影响会再次发生凝聚形成重组絮凝结构，进而影响水泥浆体的流变性。加入 GO 后的水泥浆体触变性、塑性黏度和屈服应力均显著增加，水泥浆的稳定性也大幅增加。

石墨烯还可以提高泥页岩的稳定性。Aftab 等[33]比较了 5 种不同钻井液体系（KCl 泥浆、KCl 泥浆+部分水解聚丙烯酰胺、KCl 泥浆+石墨烯纳米薄片、KCl 泥浆+纳米二氧化硅、KCl 泥浆+多壁碳纳米管）下泥页岩的膨胀性。X 射线衍射结果表明，5 种钻井液体系与泥页岩接触 20h 后，KCl 泥浆+石墨烯纳米薄片体系的泥页岩体积膨胀最小，说明钻井液中加入石墨烯后泥页岩的稳定性明显提高。

石墨烯具有优异的自润滑性能，可作为添加剂提高钻井液的润滑性。赵磊等[34]采用球面接触往复移动方式研究了石墨烯作为润滑油添加剂在青铜织构表面的磨损性能。将

PAO4 润滑油和添加 0.01%（质量分数）的石墨烯润滑油进行对比，结果发现加入石墨烯的润滑油可有效改善接触面的摩擦磨损性能。摩擦系数最大可降低 78%，磨损率最大可降低 95%。Scomi 公司研发出一种混合的石墨烯表面活性剂材料。该材料可进入金属表面的微孔，并在高压作用下结晶形成保护膜，提高钻井液体系的润滑性，防止钻头泥包。室内实验表明，在水基聚合物盐水体系中加入体积分数为 1% ~ 5% 石墨烯，极压润滑系数最高可降低 80%，而加入常用的酯基润滑剂，极压润滑系数仅降低 30% ~ 40%。石墨烯材料的加入还显著提高了井下流体的储层保护性能，石墨烯完井液与储层作用后，储层恢复后的渗透率达 41%，而常规完井液只有 5%。缅甸的一口试验井中使用加入 2%（体积分数）石墨烯添加剂的钻井液后，机械钻速由原来的 3 ~ 4m/h 提高到 9m/h，扭矩阻力下降了 70% ~ 80%，钻头寿命延长了 75%，钻头表面未见泥包[35]。

（四）提高采收率技术

2016 年，Luo 等[36] 研发了一种厚度仅为 1nm 左右的非对称化学异性石墨烯纳米片材料。该材料在结构上严格不对称，一侧表面含有亲水官能团，而另一侧表面含有亲油官能团，使得纳米片表现出既亲水又亲油的双亲特性。在中高浓度盐水和原油体系中，石墨烯纳米片材料会自动聚集在油水界面并发生自组织，降低了油水界面张力。在水动力学条件下，非对称化学异性石墨烯纳米片材料会在油水界面形成一层具有可恢复性的固体弹性膜，将油水两相分离后驱替油相前进。室内实验结果表明，0.01%（质量分数）的石墨烯纳米片材料可以提高采收率 15.2%，是传统提高采收率技术的 3 倍以上。

我国稠油储量巨大，目前主要采用蒸汽吞吐、蒸汽驱等热力驱方式进行开采。热力开采方式一方面通过加热稠油降低黏度，另一方面使稠油中长碳链分子的碳链断裂，提高其流动性。开采过程中加入高热传导率的纳米颗粒有助于增强热传导效率，提高稠油降黏效果[37]。Elshawaf[38] 向稠油中加入不同质量分数（0 ~ 0.5%）的 GO 纳米颗粒，在不同温度下（40 ~ 100℃）测量了稠油的黏度值。实验结果表明，GO 纳米颗粒可使稠油黏度降低 25% ~ 60%。温度在 40 ~ 70℃范围内降黏效果较好，最优 GO 纳米颗粒的质量分数是 0.02% ~ 0.08%。此外，通过经济性分析发现，采用 0.5%（质量分数）的纳米 Fe_2O_3 颗粒达到相同的降黏效果时，成本比采用 GO 纳米颗粒增加了 40% ~ 50%。

利用微波开采稠油具有加热过程连续、不受埋藏深度影响、过程易控制、对环境污染小等优点，目前多个国家均在进行相关研究和实验。但稠油介电常数较小，微波在稠油储层中穿透深度有限，影响了降黏增产效果。二维片状石墨烯具有高的电导率、热导率和纵横比，对微波可以产生较强的电损耗；磁性纳米物质（如 Fe、Co、Ni、Co_3O_4 等）对微波具有较强磁损耗。将石墨烯与磁性纳米粒子复合，可以得到兼具电损耗和磁损耗的石墨烯磁性纳米复合材料，有利于拓宽吸收频带和阻抗匹配，提高微波吸收能力[39]。将其应用于稠油开发中，可增加微波穿透深度，有效提高降黏增产效果。

（五）油水分离技术

油水分离技术是油气开发中的重要环节，直接影响井发成本和收益。由二维石墨烯为基本单元构成的三维石墨烯结构材料具有丰富的孔道、较高的表面积和疏水亲油的特点，使其逐渐成为新兴油水分离材料。然而，虽然常规的石墨烯泡沫所用的氧化石墨烯表面具有大量含氧官能团，通过化学处理后可在一定程度上提高其疏水性，但还不具有超疏水特性，使该材料不具有油水选择性。Yang 等[40]通过调节材料表面的粗糙度和表面能，设计出了具有超疏水特性的石墨烯泡沫材料，其制备方法如下：①首先利用抽滤技术制备了 GO 薄膜；②运用发泡技术制得具有一定官能团的石墨烯泡沫；③通过在石墨烯泡沫表面均匀负载氧化硅纳米颗粒，并经过硅烷修饰，制备得到具有超疏水特性（水的接触角是 153°）的石墨烯泡沫材料。性能评价实验证明，该石墨烯泡沫材料对油和多种有机溶剂具有良好的吸附性能。

邱丽娟等[41]采用 GO 对三聚氰胺海绵进行表面改性，制备了超疏水的还原氧化石墨烯/三聚氰胺海绵（RGO-MS）。室内吸附性能试验表明，RGO-MS 对表面浮油和水下重油均有较好的吸附效果。静止和搅拌情况下油水分离效率分别可达 $4.5 \times 10^3 \, m^3/(m^3 \cdot h)$ 和 $3 \times 10^3 \, m^3/(m^3 \cdot h)$。此外，完成 50 次吸附—挤压循环测试后，RGO-MS 仍具有 90% 以上的吸附能力，说明具有一定的循环使用性。

三、应用关键与发展展望

我国拥有丰富的石墨资源，国家层面高度重视石墨烯的产业发展。石墨烯作为一种新型材料，从实验室发现到工业化应用需要一个循序渐进的过程，更需要遵循新型产业的发展规律。虽然石墨烯的研究和应用在油气行业还处于探索阶段，但凭借优异的力学、化学、电学、光学等性能，石墨烯在油气探测、井下工具、井下流体、提高采收率、油水分离技术等方面具有广阔的应用前景。未来石墨烯在石油工程领域应用的主要发展方向为：

1. 深入研究作用机理，优化分子设计

目前，石墨烯及其衍生物的作用机理研究还不深入，需要加强基础理论研究，明确石墨烯及其衍生物对钻井液、固井水泥等材料性能影响的机理，对石墨烯及其衍生物分子进行优化设计，以获得具有特定作用的石墨烯材料。

2. 拓展应用范围，关注石墨烯衍生物研究

目前，石墨烯在石油工程领域的应用范围比较有限，除了文章中介绍的应用领域外，石墨烯在纳米传感器油气探测、完井液、压裂液、纳米薄膜堵漏等方面还有较大的应用潜力，应进一步拓展应用范围。此外，石墨烯量子点、石墨烯纳米带等衍生物技术发展迅速，应进一步予以关注。

3. 突破关键技术问题，推动产业化

石墨烯制备、分散、应用和环保等部分关键技术和装备尚未突破，稳定、低成本、规模化的生产能力还未形成。亟须加强关键技术攻关，加快关键技术成果转化，促进规模化、高品质、低成本、大尺寸的石墨烯宏量制备技术取得实质性突破，推动石墨烯技术产业化，满足石油工程现场应用需求。

第三节　形状记忆聚合物

形状记忆是指具有初始形状的材料经形变固定后，通过加热等外部刺激条件的处理，又可使其恢复初始形状的现象。形状记忆材料是具有形状记忆效应的一类智能材料，包括形状记忆陶瓷（SMC）、形状记忆合金（SMA）和形状记忆聚合物（SMP）。形状记忆陶瓷因变形能力差而极大地限制了其在石油工程领域上的应用；形状记忆合金是一种较为普遍的形状记忆材料，是基于晶体结构的马氏体和奥氏体相互转变来实现记忆功能，我国 20 世纪 90 年代开始探索其在石油工程中的应用，目前已经在非螺纹管接头、金属封隔器和井下控制阀等方面应用 [42]；与形状记忆陶瓷和形状记忆合金相比，形状记忆聚合物具有密度小、可生物降解、形变量大等特点，一直是智能材料领域的研究前沿和热点，并已应用于航空航天、医药、土木、自动化等领域 [43-45]。近年来，国外开始尝试将形状记忆聚合物应用于石油工程领域，取得了诸多进展，并有部分技术实现了工业化应用。

一、形状记忆聚合物及其在石油工程中应用的优势

（一）形状记忆聚合物及其特性

聚合物本身并不具有形状记忆效应，通过特定的加工可以使聚合物具有形状记忆效果，即聚合物的功能化。形状记忆聚合物通过传统挤出或注入成型处理后，形成初始状态（Shape B）。在外部环境刺激下，聚合物变形，变成临时状态（Shape A）；工业应用时，在外部环境刺激下，聚合物恢复到初始状态（Shape B），这种处理和恢复过程可以重复多次，图 2-10 为热刺激形状记忆聚合物记忆效应机理 [46]。

形状记忆聚合物是一种弹性聚合物网络，由固定相和分子链段组成，固定相决定了聚合物网络的永久形状，通过化学或物理作用交联，固定相为化学交联结构的 SMP 称为热固性形状记忆聚合物，而固定相通过物理交联的 SMP 称为热塑性形状记忆聚合物。分子链段是一种可逆相，在转变温度（T_{rans}）的作用下可以转变为玻璃态或熔融态，转变温度相当于形状记忆聚合物的控制开关，当温度在 T_{rans} 以下时，分子链段处于冻结状态，材料形状固定不变（Shape A），当温度在 T_{rans} 以上时，分子链段处于高弹状态，可在外力作用下发生伸展（Shape B），从而使材料发生宏观形变。在此过程中分子内能不变，只是聚合物网络的分子链段特征结构属性及熵弹性行为。

形状记忆聚合物的刺激方式包括热刺激、化学刺激、电刺激、磁刺激和光刺激。热刺激是目前最普遍且最直接的刺激方式，热量由外部环境直接传递给 SMP 来激发其发生形状记忆效应。化学刺激是通过周围介质来刺激聚合物发生形变，包括 pH、遇水、遇油、氧化还原反应等。电刺激和磁刺激都是一种间接的热刺激方式，在聚合物中添加导电材料或磁性颗粒，在电场或磁场的作用下，将电能或磁场能转换成热能，使聚合物发生形变。光刺激是通过聚合物分子链上的光致变色基团来实现形状记忆效应，对聚合物结构特征要求较高。

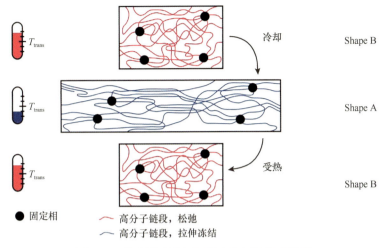

冷却　Shape B

受热　Shape B

Shape A

● 固定相　　━ 高分子链段，松弛
　　　　　　━ 高分子链段，拉伸冻结

图 2-10　热刺激形状记忆聚合物记忆效应机理

（二）形状记忆聚合物在石油工程中应用的优势

形状记忆聚合物作为高分子聚合物材料，除具备高分子材料的基本特征如蠕变、应力松弛外，还具有形状记忆效应，其在石油工程中应用的优势有：①变形大。形状记忆聚合物最高可以达到 800% 拉伸应变的恢复能力。②强度大。能够通过性能调节提高强度，满足井下高温高压环境的需要。③密度低。密度一般为 1.0～1.3g/cm³，与钻完井流体密度相当，配伍性较好。④响应方式多。可通过地层温度、井下流体 pH、油水介质等进行响应。⑤响应温度可调。根据井下实际温度环境，可以调整聚合物的响应温度，易于实施，可控性好。⑥响应时间短。处理和恢复的时间间隔可在较短时间内完成。

二、形状记忆聚合物与石油工程融合应用

（一）智能堵漏钻井液

在低压地层和裂缝性地层钻井过程中，钻井液漏失会增加钻井液材料的使用量、增加钻井非作业时间等，进而降低施工效率，增加作业成本。当发生恶性漏失时，甚至会引起井喷等安全事故。虽然钻井液堵漏材料近年取得了较大进展，但堵漏材料还存在大尺寸堵漏颗粒堵塞堵漏工具、堵漏材料伤害储层、封堵失效或强化井筒能力有限等缺陷。

形状记忆可膨胀智能堵漏材料可通过地层温度进行激活，膨胀后有效封堵地层裂缝，达到强化井筒的目的，同时不会对储层产生伤害，也不会堵塞井下工具。路易斯安那州立大学 Mansour 等 [47,48] 开展了形状记忆可膨胀智能堵漏钻井液体系的研究，数值模拟表明，智能堵漏材料在井下条件下能够有效封堵裂缝，封堵压力达 35MPa，在孔隙介质中，形状记忆聚合物智能材料的释放应力达 10MPa，其在降低裂缝最小水平应力、强化井筒方面起到重要作用。物理模拟结果表明，智能膨胀材料的膨胀率受井下压力影响较大，压力越大，膨胀率越小，堵漏效果越差。形状记忆聚合物与纤维复合堵漏剂堵漏效果较单一的形状记忆聚合物堵漏效果更好，如图 2-11 所示，100℃时，聚合物堵漏剂堵漏效果明显，在 50℃时，形状记忆聚合物还没有完全激活，堵漏效果不明显。聚合物与纤维

复合堵漏剂在两种温度环境下，堵漏效果都比较明显。

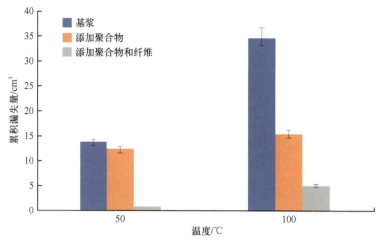

图2-11　不同堵漏浆堵漏时钻井液漏失量

（二）可膨胀水泥浆

油气井固井时，水泥在凝结过程中产生收缩是导致水泥环失效的重要因素之一，国内外针对该问题开发了一系列可膨胀水泥浆体系，但现有可膨胀水泥添加剂都是通过与水泥的化学反应来实现膨胀，一定程度影响了水泥石的力学性能。

形状记忆聚合物作为可膨胀水泥添加剂，可在50～120℃范围内膨胀，不与水泥浆中的水和化学组分发生反应，对水泥石的力学性能影响较小，能有效防止水泥石微孔隙与微裂隙的生成，从而提升水泥环的整体完整性，是一种具有较好应用前景的可膨胀水泥添加剂。形状记忆可膨胀水泥浆中的添加剂主要成分是离子交联型半晶质聚合物-沙林树脂，通过热力-机械循环加载工艺制备完成后，SMP可在常温状态下固定形态并长期存放，当温度升高至临界温度后，可快速恢复到初始形态，促使水泥石膨胀。SMP的常温形态与升温后的恢复形态如图2-12所示，形变恢复率可达59.6%。

（a）　　　　　　　　　　　　　　　　（b）

图2-12　SMP形态对比
（a）SMP常温形态；（b）SMP高温形态

路易斯安那州立大学Taleghani等开展了形状记忆可膨胀水泥浆体系的室内实验研究[49]，实验结果表明，水泥浆中的SMP含量与水泥石膨胀率成正比，如图2-13所示。当SMP质量分数达5%时，水泥石膨胀率约为0.47%，当SMP提高至9%时，水泥石膨胀率约为 1%。此外，SMP 为惰性物质，不与水泥浆组分发生化学反应，不会影响水泥浆的流变性能与稠化时间，但会一定程度降低水泥石的抗压强度与弹性模量，见表 2-2。当 SMP 含量从 0 提升至 5% 后，水泥石抗压强度下降约 39%，弹性模量下降约 33%。上述现象说明，添加 SMP 降低了水泥石脆性，提升了水泥石延展性，削弱了水泥石抗压强度，但即使添加 5% 的 SMP，水泥石的强度也满足现场作业要求。

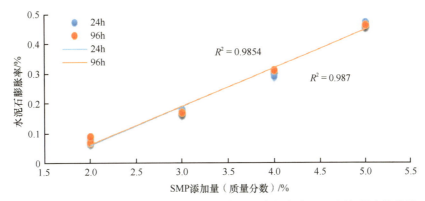

图 2-13　90℃、21MPa 条件下 24h/96h 内水泥石膨胀率随 SMP 添加量变化曲线

表 2-2　90℃，21MPa 条件下不同 SMP 含量下水泥石抗压强度与弹性模量对比

SMP 含量/%	抗压强度/MPa	弹性模量/MPa
0	29.65（4300psi）	1111.37（161190psi）
2	25.86（3750psi）	913.69（132520psi）
3	23.96（3475psi）	840.75（121940psi）
5	18.10（2625psi）	741.40（107530psi）

（三）智能膨胀支撑剂

水力压裂是实现低渗透油气藏经济有效开发的重要技术之一，深层或偏软储层水力压裂时，支撑剂的破碎或嵌入对于压裂缝导流能力的影响很大，继而影响单井试气和稳产。

智能膨胀支撑剂由热固性形状记忆聚合物材料制成，在压裂过程中，利用形状记忆聚合物的形状记忆效应和力学特性，随压裂停泵后地层温度逐渐上升恢复，支撑剂的膨胀性充分释放，膨胀后的支撑剂可以起到保持或进一步增加缝宽的作用，进而提高导流能力。此外，在低渗透油气藏加砂压裂过程中，随着压后返排，缝内支撑剂会发生回流，严重时甚至发生井筒出砂或砂埋管柱等复杂事故，智能膨胀支撑剂利用其膨胀性在缝内激活后产生人工屏障，防止支撑剂回流井筒。智能膨胀支撑剂在储层温度条件下的膨胀释放应力达 10 ~ 30MPa，足以开启储层中的一些微小裂缝，而不至于压碎岩石。注入过程比较简单，无需单独压裂泵注设备，可随常规支撑剂一起按照设计泵序分批注入。图 2-14 为压裂裂缝注入智能支撑剂前后充填裂缝变化效果。

为了验证智能膨胀支撑剂的导流特性，路易斯安那州立大学 Santos 等开展了导流能力试验，并进行了数值模拟计算[50]。结果表明，智能膨胀式支撑剂自身强度（杨氏模量）及激活膨胀后的应力释放对裂缝导流能力的影响最为显著。从图 2-15 可以看到，密

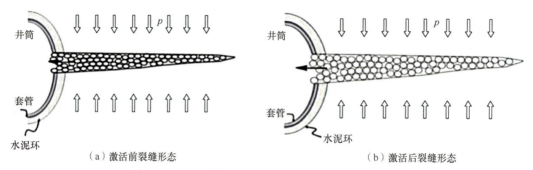

（a）激活前裂缝形态　　　　　　　　　　（b）激活后裂缝形态

图 2-14　压裂裂缝注入智能支撑剂前后充填裂缝变化

度 0.95g/cm³、弹性模量 520MPa 的智能膨胀支撑剂在 90℃、不同围压下，受温度激活后，膨胀值为原始粒径的 10% 和 20%，对应的充填支撑剂堆积孔隙度可提高 10% 以上，渗透率可提高 25%～100%。支撑剂膨胀 10% 和膨胀 20% 对渗透率和孔隙度的影响并不大。支撑剂尺寸越大，与裂缝面接触面积越小，支撑剂产生的形变越大，效果越差。与常规支撑剂相比，智能支撑剂效果不显著，主要是由于在高闭合应力条件下，杨氏模量太小导致支撑剂产生的形变过大，影响支撑效果，未来需要研发更大弹性模量的智能膨胀支撑剂材料。

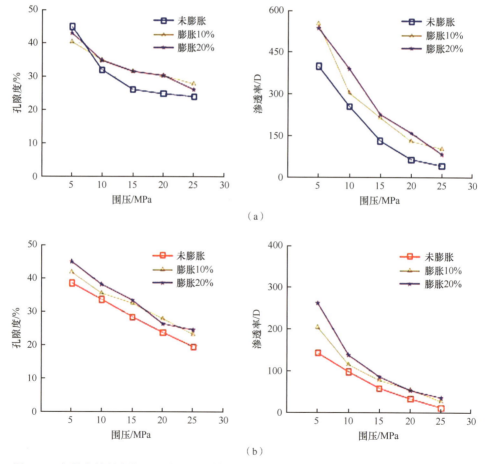

图 2-15　智能支撑剂膨胀 10% 和 20% 时与相同粒径常规支撑剂充填后孔隙度及渗透率对比
（a）12-20 目支撑剂；（b）16-30 目支撑剂

（四）重复压裂转向剂

与钻新井相比，重复压裂技术可以在最少投入的情况下提高油气产能，据统计，重复压裂成本是新钻井钻完井成本的 20% ～ 35%，压后能恢复 31% ～ 76% 的初产量。在 Bakken 页岩区，重复压裂井的初始产能甚至高于新井初始产能。同时，重复压裂井的初始产量下降率要比新钻井的低。由于机械转向需要的工序复杂，页岩油气重复压裂越来越多地采用化学转向取代机械转向。化学转向剂通过临时封堵之前的裂缝，使压裂流体发生转向产生新的裂缝，形成更加复杂的裂缝网络。

目前化学转向剂主要是将生物聚合物微颗粒与轻质压裂细砂组合在一起形成的暂堵体系，压裂结束后化学暂堵剂中的生物聚合物微颗粒会在设定的井筒温度、压力或一定 pH 下发生自然降解（化学解堵），随返排压裂液排出，不影响生产，而留下的压裂细砂则继续支撑裂缝，保持生产通道。化学暂堵剂受成本、井下温度和压力的影响，还在不断研发中。形状记忆暂堵剂通过地面泵泵入井下，在地层温度的刺激下膨胀对原始裂缝进行临时封堵，使压裂液在地面泵送的作用下产生新的裂缝，压裂结束后，转向剂可以通过生物或化学降解，使隔离的裂缝与井筒保持连通。

路易斯安那州立大学 Santos 等对形状记忆聚合物转向剂的桥接能力进行了试验，为了验证该转向剂的性能，并配合数值模拟进行了不同颗粒尺寸、不同裂缝尺寸分析 [51]。物理模拟表明，在 80℃的环境下，形状记忆聚合物支撑剂完全膨胀，5min 后完全封堵裂缝，承压能力能达到 35MPa。数值模拟表明，形状记忆聚合物颗粒越大，封堵裂缝的时间越短；形状记忆聚合物颗粒越小，封堵裂缝的时间越长。这是由于暂堵发生在近井筒，小颗粒聚合物会深入裂缝深处，需要更多的时间封堵裂缝。转向剂颗粒尺寸的选择需要根据施工参数和地层参数来确定。

（五）裸眼防砂筛管

裸眼完井能够提高油气产能，传统的裸眼防砂完井技术包括独立筛管完井、可膨胀筛管和裸眼砾石充填完井，裸眼砾石充填完井技术被认为是高效的防砂完井技术，并能够减少堵塞和冲蚀。然而，裸眼砾石充填完井并不是对所有油气藏都适用，其缺陷包括与环空封隔工具不匹配、在页岩层段和长水平段砾石充填难度大等。贝克休斯公司采用形状记忆聚合物研发了形状记忆防砂筛管，其力学性能、化学稳定性、滤失性、抗腐蚀能力和可膨胀特性均较好，能够替代常规砾石充填完井。

形状记忆防砂筛管是将聚合物置于多孔钢管的外侧，原始固定形态外径稍大于井筒直径，在加工过程中，SMP 受热后被压缩到较小直径，依附在中心管的外侧，从而可以顺利下入井底。下放到井下指定位置后，SMP 在井底温度、洗井液和驱替液中活性物质的激活下，恢复到原始形状，与井壁紧密贴合，并将残余应力作用于井壁。SMP 材料具有良好的滤失性，其复杂的孔隙结构能够挡住不同粒径的颗粒，从而保持高渗透率（约 40D），与裸眼砾石充填完井渗透率相当。残余应力避免了其他防砂方法中经常发生的砂堵等情况 [52,53]。

2013 年 3 月，日本进行了第一次海洋天然气水合物试采，采用砾石充填防砂完井方式，出砂量大大高于预期，试采第 6 天严重的出砂导致筛管堵塞，试采作业被迫停止。

2017 年 5 月，日本进行了第二次海洋天然气水合物试采，共试采 2 口井，为了防止储层出砂导致试采中断，采用了形状记忆聚合物防砂装置 GeoFORM，第一口井的完井防砂工具在地面膨胀后下入井下，第二口井的完井防砂工具在井下与化学品接触后膨胀并与井壁紧密贴合。试采时，大直径砂粒不能通过聚合物孔隙，不会造成堵塞的粉砂和黏土可以通过，从而保证气体流入井筒的压力损失最小，两口井分别试采 12 天和 24 天，分别产气 3.5 万 m^3 和 20 万 m^3，较第一次试采周期明显提高，达到了预定的试采效果。

三、应用关键与发展展望

（一）应用关键

形状记忆聚合物在石油工程中具有广阔的应用前景，但还存在相变可靠性、机械强度、化学耐久性等性能不够理想的问题。因此，还需要开展形状记忆物理机理、特定结构设计、相变规律及预测、体系参数优化等方面的研究，提高形状记忆性能和综合性能，满足油气井筒作业需要。

1. 形状记忆物理机理研究

以记忆聚合物分子结构相变为基础的微观力学方法和以黏弹理论为基础的松弛效应方法对形状记忆聚合物的研究和发展起到了至关重要的作用。但力学研究体系还未建立，SMP 形状记忆效应机理还有待深入研究，这对于 SMP 的结构设计、相变规律及预测、性能参数优化等具有重要的指导作用。

2. 特定结构设计

SMP 虽然具有优异的形状记忆功能，但在石油工程领域现场应用时还需要利用分子设计和材料改性技术进行特定的结构设计，使其具备与井下环境相适应的特性，如用于钻完井流体或工具时与井下温度或油气水介质相适应的形变特性、用于钻井堵漏剂和重复压裂暂堵剂时所需要的生物可降解特性等。

3. 形状记忆力学演变规律及预测

形状记忆聚合物的形状记忆效应不仅仅由材料本身的分子结构特征决定，同时还与外力载荷、外场作用、应变能存储与释放等因素有关。除了开展形状记忆聚合物的分子结构特征设计外，还需要耦合井下温度、压力、油气水介质等外载作用，进行形状记忆聚合物力学行为的演变规律及预测研究。

4. 形状记忆聚合物体系性能参数优化

目前针对石油工程领域研发的 SMP 的综合性能还不够理想，还有待利用物理模拟和数值模拟等手段进行参数优化，满足井下温度和压力要求。如用于可膨胀水泥时 SMP 的含量和密度等优化，用于智能支撑剂时 SMP 的尺寸、密度、弹性模量、泊松比和膨胀应力的优化，用于防砂筛管时防砂网孔的尺寸、膨胀率等的优化。

（二）发展展望

形状记忆聚合物由于具有形状记忆效应，在航空航天、医药、土木、自动化等领域已经成功应用，国内石油企业应积极与相关高校或科研机构合作，针对形状记忆聚合物在石油工程中应用的关键技术开展基础理论和工艺技术前瞻研究，尽快实现形状记忆聚合物在石油工程中的现场应用。形状记忆聚合物在井下具有变形大、强度大和响应时间短的特点，能够应用于钻井恶性堵漏、复杂地层井筒强化、可膨胀水泥添加剂、智能膨胀支撑剂、重复压裂的裂缝暂堵剂等井下流体。形状记忆聚合物在井下的力学性能、化学稳定性、抗腐蚀能力和可膨胀特性均较好，能够应用于防砂筛管、井下膨胀封隔器等井下工具。形状记忆聚合物在石油工程中的应用需要开展形状记忆物理机理研究、形状记忆行为演变规律预测、特定结构设计与参数优化、性能表征与评价等关键技术的研究，提高作业流体或工具的效果和可靠性。

第四节　电磁材料

磁流体既具有液体的流动性又具有固体磁性材料的磁性。一旦施加磁场，磁性粒子会在磁场方向上排列起来形成链，从而在垂直于磁场的方向上抑制流体流动和剪切变，并极大地提高在这一方向上的流体黏度。一旦磁场消失，粒子链便会在不规则布朗力的作用下分解开来，并恢复至原始黏度。根据应用领域不同，主要有磁流体（magnetic fluid，MF）和磁流变液（magetorheological fluid，MRF）。磁流体和磁流变液都是将磁性微粒分散在合适的液体载体中形成，只是悬浮粒子的尺寸范围不同，磁流体中悬浮颗粒的直径在 $1 \sim 10nm$，布朗运动可以阻止粒子沉淀和团聚，稳定性较好，在磁场作用下屈服应力变化较小。而磁流变液中悬浮颗粒的直径在 $0.1 \sim 50\mu m$，布朗运动无法阻止粒子沉淀和团聚，需要采用表面包裹、复合等方法提高材料的稳定性，在磁场作用下屈服应力变化较大。为了更好地进行分析研究，本节将磁流体和磁流变液统称磁流体。

磁流体一直是智能材料领域研究的前沿和热点，并已应用于汽车、机械、建筑、航空等领域。近年来，国外开始尝试将磁流体应用于石油工程领域，开展了流体在智能钻井液、水泥浆、压裂裂缝监测、提高油气单井产量中的应用探索研究，显示了较好的应用前景。国内在将磁流体应用于提高水泥浆顶替效率、压裂液裂缝监测中进行了有益探索，并提出了基于磁流体的重复压裂暂堵剂设计方案。

一、磁流体及其在石油工程中应用的优势

（一）磁流体及其特性

磁流体由磁性颗粒、载体液以及表面活性剂组成。磁性颗粒可由铁磁性或顺磁性颗粒构成，为了得到稳定的液体，磁性颗粒必须足够小，一般直径为微米级，甚至更小。载体液是磁流体的基体，要求热稳定性好，一般为矿物油、合成油、水或乙二醇等。由

于载体液密度一般为 1g/cm³，而磁性颗粒密度可达 7～8g/cm³，同时，悬浮颗粒的直径较小，比表面积大，使其容易团聚而沉降。表面活性剂具有防止磁性颗粒氧化和凝聚、削弱静磁吸引力等作用，降低由于颗粒与载体液的密度差而造成的颗粒沉降，表面活性剂一般为油酸、柠檬酸、氢氧化四甲铵和超纯卵磷脂等。

国内外对磁流体流变效应产生机理还没有成熟、统一的解释，最直观的解释见图 2-16[54]。在外加磁场下，磁性颗粒磁化后顺着磁场方向形成链条状，降低流体的流动性。目前，具有代表性的相变理论和场致偶极矩理论得到了广泛认同。相变理论认为，无外加磁场时，载体液中的悬浮颗粒为自由相，呈现随机状态；增加一定外磁场后，悬浮固体颗粒被外磁场感应，颗粒相互吸引形成有序相；随着场强增加，固体颗粒彼此相互作用连成长链，伴随长链吸收短链，最终构成固态。相变理论解释了"链束"变粗的现象，但是无法解释链强度问题。场致偶极矩理论认为，无外加磁场时，磁流变液中微细颗粒的空间排列呈统计分布；增加外磁场后，微细颗粒极化成磁偶极子相互吸引形成链，磁流变效应强度与偶极子链力的大小有关。极矩理论能解释单链强度的影响因素，但是不能解释链变粗过程和磁流变液剪切屈服强度和磁性颗粒大小间的关系[55]。

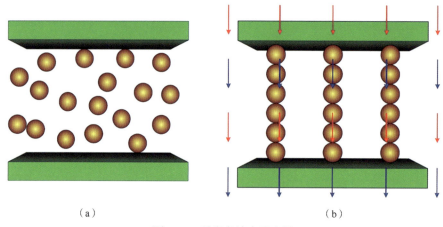

（a）   （b）

图 2-16　磁流变效应示意图
（a）无外加磁场；（b）有外加磁场

（二）磁流体在石油工程中应用的优势

磁流体作为一种智能材料，除具有一般流体的基本性质外，还具有磁流变效应，其石油工程中应用的优势有：①转换可逆、连续。磁流体能够随外加磁场强度的增加由液体逐渐转变为半固体，当外加磁场撤销，又能恢复到原始状态。转换过程中，磁流体的黏度保持连续。②易于控制。对井下控制装置要求低，易于在井下环境下使用和部署，通过地面改变磁场强度即可实现流体的精确控制。③响应时间短。处理和恢复可在非常短的时间内完成，响应时间仅为 6.5ms。④配伍性好。在钻井液、完井液等井下流体中添加少量磁性颗粒后对流体密度、零场黏度等参数影响较小。⑤储层伤害小。经过表面修饰后的纳米磁性颗粒可以在微米级孔隙中自由运移，不会造成孔隙堵塞，不会引起地层渗透率下降。⑥适应性好。较宽的工作温度压力范围、良好的动力学稳定性、较好的化学稳定性，满足井下高温高压环境的需要。

二、磁流体与石油工程融合应用

（一）智能钻井液

钻井过程中如果能够实时控制钻井液的流变性以满足不断变化的井下环境，将会极大程度提高钻井效率。美国得克萨斯农工大学研发了一种含有改性 Fe_2O_3 纳米粒子的钙基膨润土钻井液，实验结果表明在 3.5MPa 和 180℃条件下，含有 0.3% ~ 0.5% Fe_2O_3（质量分数）纳米粒子的钙基膨润土钻井液在静态和动态时均可形成低滤失且性能优越的泥饼，证实了氧化铁纳米粒子可以改善钻井液的流变性和滤失性[56-58]。在此基础上，又研发了一种含有 Fe_3O_4 磁性纳米颗粒的水基钻井液，这种钻井液能够在外加磁场作用下实时调控黏度和剪切应力。

Fe_3O_4 磁性纳米颗粒采用共沉淀方法合成，透射电镜分析表明这种纳米颗粒为球形，平均粒径 6 ~ 8nm。将磁性纳米颗粒分别以 0.5% 和 1% 浓度加入到钻井液基浆中即可形成磁性纳米钻井液。采用一种带有磁场源的流变仪分析这种钻井液的磁流变特性[59]。图 2-17 为在外加磁场作用下，加入 1% 磁性纳米颗粒后钻井液流变性的变化。可以看出，随着磁通量密度的增加，钻井液的剪切应力不断增大，说明磁性颗粒逐步在钻井液中聚集成簇，形成较强空间结构。此外，磁性纳米钻井液还展示出了较强的剪切稀释特性。图 2-18 是不同磁通量密度下磁性纳米钻井液的动切力。随着磁通量密度的增加，磁性颗粒含量为 0.5% 和 1% 的两种磁性纳米钻井液的动切力也随之增大。这是由于在外加磁场下，Fe_3O_4 纳米颗粒之间产生较强的拉伸力，形成了链状结构，使得需要更强的剪切应力来破坏这种链状结构以使钻井液发生流动。撤销磁场后，磁性钻井液的流变性几乎得到完全恢复，任意剪切速率下的动切力相比初始状态平均仅增大 5%，说明因磁场作用形成的链状结构已经完全被拆散。

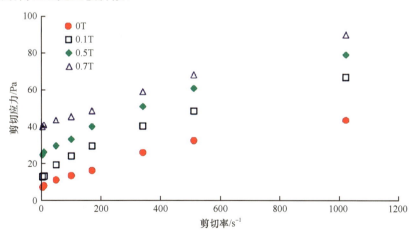

图 2-17　不同磁通量密度下含 1% Fe_3O_4 磁性纳米钻井液流变性能

智能磁性钻井液能够实时且可逆地调控流变性。在外加磁场下这种钻井液能够快速地提高黏度和动切力，及时应对不断变化的井下环境，减少非生产时间和经济损失，在钻井液中有较大的应用潜力。

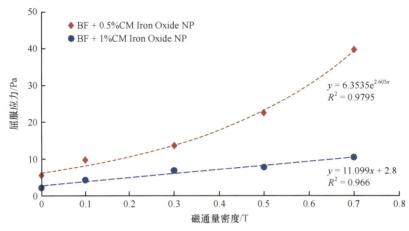

图 2-18　不同磁通量密度下含 0.5% 和 1% Fe_3O_4 磁性纳米钻井液的动切力

（二）固井水泥浆

固井套管不居中会影响水泥浆的顶替效率及水泥环与地层之间的胶结及密封能力，对后续的生产产生较大影响。美国奥斯汀大学研制了一种新型的磁流变水泥浆，可在外磁场作用下，一定程度克服套管不居中造成的水泥浆排量不均匀现象，从而提高固井水泥浆顶替效率。磁流变水泥浆实施的基本思路：首先在水泥浆中加入高磁化系数、高磁饱和度的磁性颗粒材料，如羰基铁粉（CPI）、磁性氧化铁（Fe_3O_4）、电解铁粉［Fe(E)］、氢还原铁粉［Fe(H)］等，磁流变水泥浆干料性能如表 2-3 所示。随后在套管的内部或外部附加强磁铁，在管柱局部区域形成强磁场，促使磁流变水泥浆从环空窄间隙通过，提升窄间隙水泥浆的排量。磁流变水泥浆在窄间距的顶替效果改善效果如图 2-19 所示[60]。

表 2-3　磁流变水泥浆干料性能

干料	粒径 $d_{50}/\mu m$	密度/（g/cm³）	磁饱和度/（emu/cm³）	磁化系数
羰基铁粉	8.7	7.8	1706.7	7.9
氢还原铁粉	20.1	7.8	1651.0	6.7
电解铁粉	27.9	7.8	1534.2	6.7
磁性氧化铁	1.9	5.1	433.1	3.0
水泥	23.3	3.14	0.6	1.6×10^{-3}

注：1emu/cm³=1000A/m。

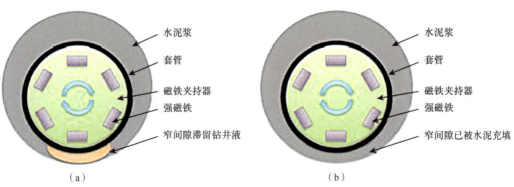

（a）　　　　　　　　　　　　　　　（b）

图 2-19　窄间隙磁流变水泥浆顶替效果

室内实验表明，在外加磁场作用下，磁流变水泥浆在模拟井筒中具有良好的悬浮性，且固相颗粒与磁场线方向保持一致。图2-20展示了在添加4%磁性氧化铁、4%氢还原铁粉、4%电解铁粉和4%羰基铁粉磁性颗粒条件下，水泥浆静屈服应力随磁通量密度的变化规律。可以看出，较高的磁化强度可以显著提升水泥浆屈服应力，添加4%羰基铁粉的钻井液磁化强度最大，在相同磁通量密度条件下，其静屈服应力最大。当外磁场磁通量密度增加，磁性钻井液静屈服应力均增加，其中，羰基铁粉的影响最为显著。在外加磁场的作用下，通过改变磁场方位及磁流变水泥浆的磁化性能，可以有效改善水泥浆在偏心套管窄间隙处的顶替效率。美国科罗拉多矿业学院采用计算流体动力学模型模拟环形空间磁流变液的流动规律发现，磁流变液会阻碍较宽环形部位水泥浆的流动，使水泥浆能在较窄环形部位流动，实现偏心环空的均匀驱替，提高偏心环空中的固井质量。磁流变水泥作为传感介质，还可用于测量固井质量，提升测井的敏感性与准确性[61,62]。

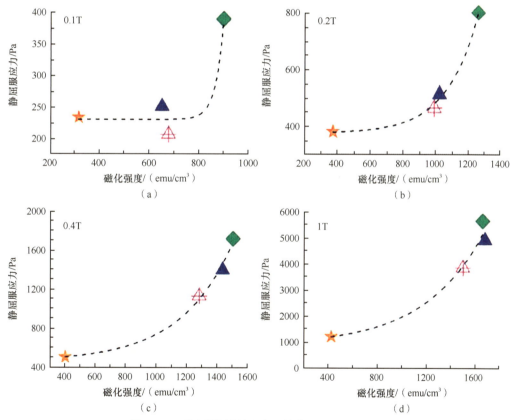

图2-20　不同磁性材料对水泥浆静屈服应力的影响

黄色星标为磁性氧化铁、红色三角标为氢还原铁粉、蓝色三角标为电解铁粉、绿色方形标为羰基铁粉

（三）水力压裂裂缝监测

非常规油气水力压裂一般采用微地震监测技术来监测裂缝，但微地震监测技术仅对岩石破裂的区域成像，并不能识别压裂液或支撑剂的运移路径，这势必会对评估结果的准确性产生影响。

哈里伯顿公司提出了一种利用磁流体监测压裂裂缝的方法，利用电磁感应理论来监测压裂裂缝形状、尺寸、方位等信息。实施的基本思路：压裂过程中将含有磁流体的压裂液泵入地层，增强裂缝的磁化率，压裂完成后，在井筒中下入导电螺线管磁场发生装置至压裂裂缝附近，控制电源输出，导电螺线管产生特定频率的交变磁场。在磁场的激励作用下，会在裂缝中产生感应电流，感应电流会产生次生磁场。在地面和邻井布置磁场探测器阵列，收集次生磁场信号，再通过正演次生电磁场的传播，采用反演算法将电磁场反推得到压裂液的具体流向，如图 2-21 所示[63]。美国得克萨斯农工大学通过实验发现，将纳米磁性流体注入岩心裂缝中，测量岩心磁化率，岩心裂缝处的磁化率远远大于非裂缝处的磁化率，对外界磁场可以产生更强的感应磁场信号[64]。中国石油大学（华东）开展了压裂裂缝用纳米磁流体制备与性能研究，通过数值模拟纳米磁性颗粒在井下的对流−扩散过程后认为，压裂作业结束一段时间后，磁性颗粒主要分布在裂缝及裂缝表面附近，其磁化率大于地层磁化率 100 倍以上[65]。

目前，该技术还处于室内研究阶段。未来，磁性压裂液的成功应用将对压裂参数优化、支撑剂优选、压裂液设计、井位部署、井位调整等产生重要影响。

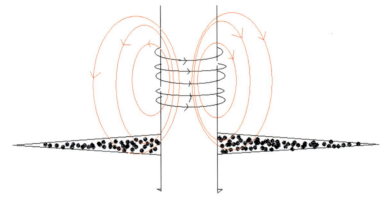

图 2-21　磁流体监测压裂裂缝原理

（四）压裂暂堵转向剂

暂堵转向分流技术在分段压裂施工中得到日益广泛的应用，暂堵剂能在压裂作业时有效协助克服段内簇间物理差异，通过转向分流来确保大多数簇都能得到有效压裂，避免出现过度压裂簇（缝长过大）或欠压裂簇，从而提高段内储层整体改造效果，提高完井效果和产量。目前，油气田开发过程中所用到的暂堵剂大多数由可降解微颗粒和可降解纤维组成，在作业中还存在输送、承压、解堵等技术问题。2014 年，中国石油大学（华东）研究人员提出了一种磁流变液智能暂堵剂及配套实施方案，该智能暂堵剂是油基磁流变液，其中基载液是矿物油，磁性颗粒是微米级羰基铁粉，表面活性剂是油酸钠[66]。实施的基本思路：将所制备的磁流变液注入目标储层，从井筒中下入磁场发生装置，通过地面设备控制井下磁场强度，使储层内磁流变液固化实现暂堵。

磁流变液智能暂堵剂具有暂堵工艺简单、不需破胶、易于返排、对储层伤害小等特点，返排液中磁性颗粒可以回收利用，目前还处于室内研究阶段。

（五）提高油气单井产量

水力压裂技术可以在低渗透储层产生高导流裂缝，有效提高油气产量。然而，在高含水油气藏和高黏性油气藏中，水力压裂提高油气产量效果并不明显。近年来，纳米技术的发展及其在油气工程中的融合应用，为提高油气单井产量提供了新的视野。

在墨西哥湾漏油清理中，麻省理工学院研究了一种以 Fe_3O_4 磁性纳米粒子为核、外壳包裹超疏水材料形成的磁流体，在毛细管力的作用下磁流体表面吸附原油但是不吸水，然后在磁场作用下控制磁流体的流动实现回收。印度矿业学院利用磁流体的这一特性，提出了一种在压裂前置液中加入磁流体提高油气单井产量的方法。实施的基本思路：在压裂造缝过程中，将油酸钠包裹直径为 5～10nm 的 Fe_3O_4 磁性纳米粒子同步混入前置液，随着前置液滤失，磁性纳米粒子进入地层。纳米颗粒表面是超疏水的，因此只吸附原油，不吸附水。压裂结束后，在井筒中施加强电磁场，在磁场作用下，颗粒被磁化，和吸附的原油一同形成磁流体，沿着磁场方向流动最终被采出。采出的磁性纳米粒子可以分离出来并循环使用，如图 2-22 所示[67]。油酸钠处理过的纳米粒子不容易在压裂液中聚结，纳米级的尺寸确保了粒子的悬浮性、喉道通过能力和足够的吸附表面积。实验结果表明，在 224.5～388.6℃的高温下油酸钠才会分解，纳米粒子可以通过很小的毛细管，这一技术在低渗透油藏、稠油油藏、高温高压油藏和高含水油藏中具有广泛的应用前景。

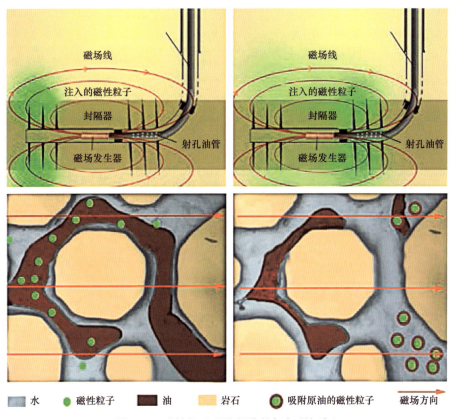

图 2-22 磁性粒子吸附喉道剩余油后被采出

三、应用关键与发展展望

（一）应用关键

磁流体材料在钻井液完井液中具有广阔的应用前景，但还存在沉降稳定性、流变性等性能不够理想的问题。因此，还需要开展磁流体流变机理、磁流体体系制备与修饰工艺、磁流体性能参数优化、磁流变控制装置等方面的研究，提高磁流体体系综合性能，满足油气井筒作业需要。

1. 磁流体流变机理研究

尽管国内外对磁流体的微观机理和行为描述理论研究取得了很大进展，但由于磁流体的组成成分的复杂性和影响因素的多样性，对磁流体的结构和力学性能的描述还不能广泛适用于油气井井下各种场合，在应用中可能出现设计指标与实验值差别较大的情况。还需要开展磁性颗粒形状、磁饱和度、温度等因素对磁流体流变性的影响规律研究，这对于磁流体体系制备与修饰、磁流体性能参数优化和磁流变井下控制装置的研制具有重要指导意义。

2. 磁流体体系制备与修饰工艺

目前制备的磁性颗粒粒径还不够小，不能保证其稳定地分散在基液中。磁性颗粒分散性差，性能稳定性不高，容易产生团聚现象，从而失去磁性流体的特性，达不到预期效果。同时，为增大磁流变效应，通常采用黏度较高的载体液，使得磁流变液的零场黏度增大，限制了磁流变液的应用范围。需要开发轻质、高磁化强度、自润滑、高稳定性的磁性颗粒，优化适当的添加剂，通过表面修饰提高其在钻井液与完井液中应用的稳定性。开发降低磁性颗粒制备与修饰工艺成本的配套技术也将有利于其在油气工程中的推广应用。

3. 磁流体性能参数优化

磁流体的性能不仅与磁性颗粒、载体液、表面活性剂等自身性能有关，还与外磁场作用、应力场、地层特性等因素有关。在油气工程中应用时，除了开展磁流体体系设计外，还需要耦合井下温度、压力、孔隙介质、外磁场等对磁流体性能的影响规律及预测研究，使其具备与井下环境相适应的特性，需要开展磁流体磁性颗粒含量、密度、黏度、磁化强度和磁场大小等参数优化。

4. 磁流变井下控制装置

磁流体在钻井液与完井液中的应用还处于实验室研究阶段，针对井下应用的磁流变控制装置还没有完整的设计理论。磁流变技术在油气工程应用中，如何建立磁流变装置合适的动力学模型，使其既能适合于实时控制的需要，又能用于井筒环境下的磁流变装置结构设计，也是磁流变技术应用需要解决的关键问题。

（二）发展展望

随着油气勘探开发由常规向非常规、深层向超深层特深层、深水向超深水转变，以及老油田挖潜的不断深入，作业环境复杂化和资源品质劣质化趋势明显，对油气工程技术的要求越来越高。磁流体作为一种智能材料，与油气工程技术交叉融合可以解决多个领域的关键问题，具有广阔的应用前景。磁流体除具有一般流体的基本性质外，还具有磁流变效应，其在钻井液与完井液中应用具有易于控制、响应时间短、配伍性好、储层伤害小、适应性好等优势。国内外石油公司与高校在将磁流体应用于智能钻井液、固井水泥浆、压裂液裂缝监测、压裂暂堵转向剂、提高油气单井产量等方面开展了探索研究，在方案设计、体系制备与性能测试等方面取得了较大进展，但总体还处于实验室研究阶段，离现场应用还有较大差距，磁流体流变机理、磁流体性能参数优化和磁流变井下控制装置等方面的研究仍需深入，以提高钻完井磁流体体系的综合性能。

第五节　合成树脂材料

合成树脂作为塑料、合成纤维、涂料、胶黏剂等行业的基础原料，不仅在建筑业、农业、制造业、包装业有广泛的应用，在国防建设、尖端技术、电子信息等领域也有很大需求，已成为继金属、木材、水泥之后的第四大类材料。其中，热固性树脂作为一种可在加热、加压等条件下交联固化形成三维网状结构的有机高分子材料，依靠优良的耐热性能、良好的抗压强度和韧性、优良的附着力等优点在化工、建材等各领域有着广泛的应用。

一、合成树脂材料及其在石油工程中应用的优势

（一）合成树脂材料及其特性

合成树脂按其加工方式的不同可分为热塑性树脂和热固性树脂。热塑性树脂具有受热软化、冷却硬化的性能，不起化学反应，可多次反复塑化成型。热固性树脂是指树脂加热后产生化学变化，逐渐硬化成型，再受热也不软化的一种树脂。热固性树脂属立体型结构的高分子聚合物，其优点是耐热性高、受压不易变形，作为油气井用胶凝材料，其在井下的温度、压力下保持稳定的物理化学性能。因此，作为油气井胶凝材料的树脂应为热固性树脂。热固性树脂主要包括酚醛树脂、脲醛树脂、环氧树脂等[68-72]。

1. 酚醛树脂

酚醛树脂是由酚类（苯酚、甲酚、二甲酚等）和醛类（甲醛、乙醛、糠醛等）在酸或碱催化剂作用下缩聚而成的树脂的统称，酚醛树脂的代表性结构如图 2-23 所示。酚醛树脂于 1872 年首次合成，是人类创造出的第一种合成树脂和第一种合成高分子化合物，在 1910 年实现工业化。

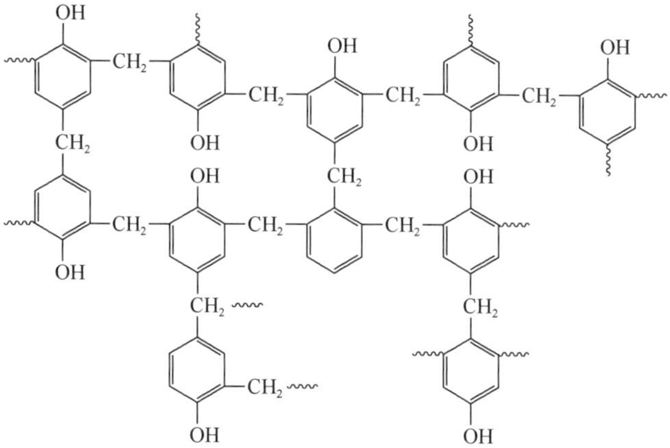

图 2-23 酚醛树脂的代表性结构

在酸性催化剂作用和苯酚过量的情况下，苯酚与甲醛反应生成双羟基苯甲烷的中间体，双羟基苯甲烷继续与苯酚、甲醛作用，但因为甲醛用量不足，只能生成线型热塑性酚醛树脂，其结构如图 2-24（a）所示。在碱性催化剂作用和甲醛过量的情况下，甲醛在苯酚的邻对位进行加成反应，首先形成羟甲基苯酚，在加成反应结束时，升高温度并增加碱性催化剂的浓度，体系进入缩聚阶段，最终形成具有不溶的体型结构的热固树脂，具有很高的机械强度和极高的耐水性及耐久性，其反应式如图 2-24（b）所示。实际应用中，通常在酚醛树脂中加入一些其他元素或基团，以改善其性能的不足，特别是提高韧性与耐碱性，形成如有机硅改性酚醛树脂、二甲苯改性酚醛树脂、聚乙烯醇缩醛改性酚醛树脂等。

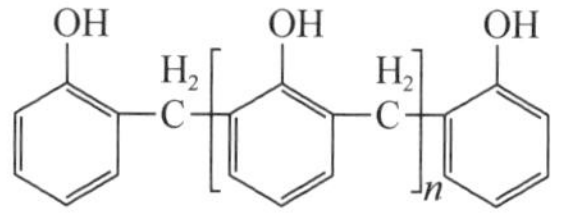

（a）

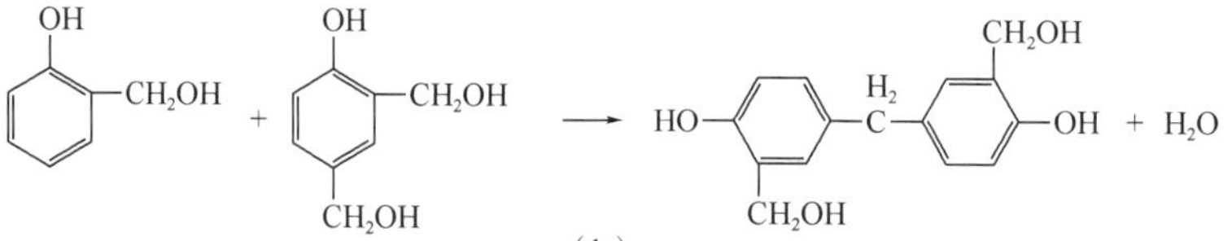

（b）

图 2-24 酚醛树脂结构类型

（a）热塑性酚醛树脂；（b）热固性酚醛树脂

2. 脲醛树脂

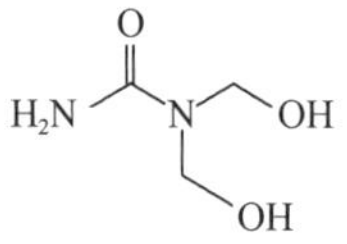

图 2-25 脲醛树脂的结构基元

与酚醛树脂类似，脲醛树脂是尿素与甲醛缩聚形成的树脂，其结构基元如图 2-25 所示。脲醛树脂胶黏剂是世界上用量最大的一种木材胶黏剂，其使用量占木材胶黏剂用量的 80% 以上。脲醛树脂相比于酚醛树脂、三聚氰胺树脂，其耐水性差，主要是由于脲醛树脂在固化后，结构中仍然存在亲水性的—CH_2OH、—OH 和易水解的—CONH—基团。目前国内外的改性研究主要是通过加入改性剂共聚、共混，改变树脂的耐水性能。

3. 环氧树脂

环氧树脂是一类具有良好黏接性、耐腐蚀、电气绝缘、高强度等性能的热固性高分子合成材料，已被广泛应用于多种金属与非金属的黏接、耐腐蚀涂料、电气绝缘材料、玻璃钢/复合材料等的制造，在电子、电气、机械制造、化工防腐、航空航天、船舶运输及其他工业领域中起到了重要的作用，已成为各工业领域中不可缺少的基础材料。

由两个碳原子与一个氧原子形成的环称为环氧环或环氧基，含这种三元环的化合物统称为环氧化合物。最简单的环氧化合物是环氧乙烷，环氧乙烷通过离子型聚合可得到热塑性的聚氧化乙烯树脂，这种树脂被称为环氧树脂。环氧树脂是指分子式中含有两个或两个以上环氧基团，并在适当的化学试剂存在下能形成三维交联网络状固化物的化合物总称。环氧树脂的种类很多，其分子量属低聚物范围，为区别于固化后的环氧树脂，有时也把它称为环氧低聚物。

环氧树脂在性能上具有以下优点：①工艺性好：室温操作、固化剂种类多，适用期、黏度与固化时间均可在很大范围内调节。②韧性好：固化后的韧性约为酚醛树脂的 7 倍。③良好的黏合性：—OH、—C—O—C—可以在分子结构内形成氢键等。④收缩性小：固化时无其他产物，收缩性一般小于 2%。⑤化学稳定性好：苯环与脂肪羟基不受酸碱的侵蚀。

环氧树脂由于其黏附力强、收缩低、力学性能优良、化学稳定性良好等特性，被认为是一种适用于复杂井况条件下优良的环空封隔材料，也是目前在油气井领域研究应用最多的方向。

各类热固树脂加工性能、力学性能、成型收缩率等各种性能如表 2-4 所示。

表 2-4　各类热固树脂的性能比较

项目	环氧树脂	酚醛树脂	脲醛树脂
加工性能	好	较好	好
力学性能	优秀	较好	好
储存时间/d	180	90	90
实验温度/℃	50～70	50～70	50～70
韧性	差—好	差	较好
成型收缩率	小	大	
固化可控性	差—好	差—好	差—好

热固性树脂胶凝材料本体固结后虽然具有良好的力学性能，但是在油气井高温高压环境下，本体固结后密度低且不易控制，固结成型较差，因此需增添骨架材料，使得胶凝材料密度可通过配浆材料的不同配比进行调整，并且增强固结体强度。

（二）合成树脂材料在石油工程中应用的优势

结合油气井胶凝材料的特点，优良的合成树脂胶凝材料在石油工程中应用的优势包括：①具有可调的固化时间，有利于保证安全施工。②固化后材料有优良的力学性能，包括高强度、良好的韧性，从而保证其在复杂井况条件下具有良好的封隔能力和抗破坏的能力。③固化后材料收缩小，界面胶结性能良好，可保证井筒的有效密封。④良好的化学稳定性，在井下高温、高压及腐蚀流体存在的条件下，可保持长期的性能稳定。⑤维护要求不高，便于现场施工操作。⑥满足环境保护的要求。

二、合成树脂材料与石油工程融合应用

（一）钻井堵漏剂

图 2-26　热激活树脂的外观形态

挪威 Wellcem 公司和沙特阿美公司联合研发了一种热激活树脂堵漏材料，是新型聚合物基树脂，其外观形态如图 2-26 所示，可在地层温度下快速固化封堵，具有较好的抗压抗拉力学性质，可用于窄密度窗口下的井筒强化作业。热激活树脂克服了传统水泥的诸多问题，树脂流体的重量和黏度可调，固结温度在 20 ～ 150℃，抗温 480℃，黏度为 0 ～ 2000cP，密度 0.75 ～ 2.5g/cm³ 可调[73]。

热激活树脂堵漏浆的特点：不含固体颗粒，能与大多数流体和水泥兼容，具有良好的抗污染性能；能形成高强度、高韧性的固化物，不容易因为形变而发生破裂；密度可通过加重剂或减轻剂来调节；固化反应可以在设定的地层温度下发生，固化反应速度快，可在 10 ～ 20min 完成。

热激活树脂的添加剂包括以下部分：固化引发剂，通过不同的加量确定固化时间，引发的催化反应可加速低温下的固化反应；反应加速剂，通常在低温下加速固化过程；反应抑制剂，需要时减慢固化过程发生的时间，防止提前固化导致井下事故；增黏剂，增加黏度，以便能够悬浮重物材料，并提供所需的流变性；加重剂，加入到热激活树脂，以获得相应的密度；热激活树脂清洁剂，用于清洗热激活树脂的化学剂，可清洗混合器、泵、管线等；热激活树脂溶剂，用于溶解和清除树脂，可以应用于地面或井下。

热激活树脂与传统水泥性能对比如表 2-5 所示。

表 2-5　热激活树脂与传统的水泥性能

参数	热激活树脂	传统的水泥
渗透率/mD	＜ 0.5	1600
抗压强度/MPa	77	58
抗弯强度/MPa	43	10
极限弯曲形变/%	1.9	0.32
弹性模量/MPa	2240	3700
抗张强度/MPa	60	1
密度/（g/cm³）	0.75 ～ 2.5	＞ 1.5
直角稠化	是	不是

热激活树脂堵漏剂在沙特阿拉伯进行了成功的试验应用。该井的漏层为 Sudair 地层，钻井液密度 2.43g/cm³，地层温度 90℃。采用 12 1/2in 的钻头钻至 3257m 时发生严重井漏，漏速达到 300bbl/h，采用桥堵和水泥浆堵漏多次无效，后采用热激活树脂堵漏技术，配制了堵漏浆 50bbl（配方为热激活树脂加量 4500L，加重剂 14500kg，增稠剂 60kg，反应加速剂 166L），循环搅拌后以 4～4.5bbl/min 的泵速泵入井内，替浆后使堵漏材料静止，5～10min 后树脂开始固化，漏速逐渐减小，直至循环完全返浆，该井恢复钻进后没有发生漏失。图 2-27 为热激活树脂堵漏过程。

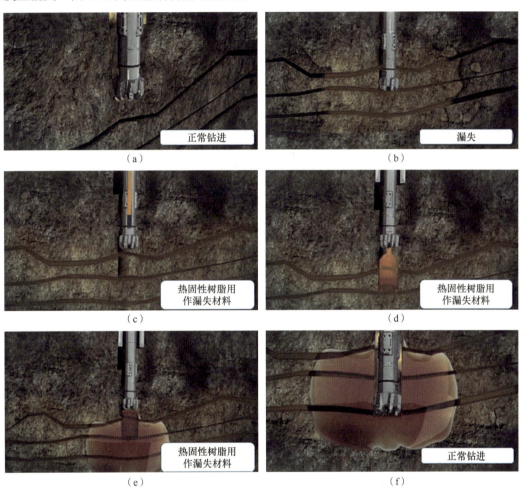

图 2-27　热激活树脂堵漏过程示意图

（二）固井水泥浆

套管-水泥-地层的环空带压一直是困扰油气勘探开发的难题。多数情况下，由于固井水泥环胶结差导致储层中流体沿着微环隙上窜至地面。哈里伯顿公司研发了一种可用来进行套管固井作业的新型聚合物，新合成树脂被称为 WellLock 树脂，如图 2-28 所示。与水泥体系不同的是，WellLock 树脂采用无固相配方，具有高渗透力，是一个完全的液体系统。由于水泥浆中存在颗粒，普通水泥浆难以进入那些非常细的通道。WellLock 树脂的黏度较低，可以穿透微米级孔隙，能够通过挤注到达常规水泥或者超细水泥都无法到达的致密孔隙区域。适用的井底循环温度为 16 ～ 93℃，能承受的最高井底静止温度约为 121℃，体系的兼容性强，抗污染能力强，耐压能力高达 334MPa，而且耐酸、碱、盐及烃类等腐蚀，能同时增加水泥石的强度与弹塑性，可以显著提高其与地层、套管两个交界面的附着力。

WellLock 树脂具有良好的弹塑性，剪切黏附强度超过 7MPa。在 334MPa 的压力下，树脂试块的尺寸可压缩至初始状态的 30%，而在压力撤去后即恢复至初始形态，能够承受油气井生产过程中的地层压力波动、温度变化等。其他的物理性能如密度、延伸性、强度等，均能够满足井筒的使用条件，可以用于封堵环空流动通道，提高地层的承压能力。将其与前置液配合使用，可以提高水泥剪切黏附强度达 6 倍，而且树脂在环空中凝固后，能够发挥管外封隔器的作用 [74-76]。

图 2-28　WellLock 树脂

WellLock 树脂在从液态向固态的转换过程中，通过交联反应形成化学胶结而产生黏度，在转换点开始形成无孔的三维网络结构，树脂也能继续向地层传递静液柱压力，直到树脂固化后形成非渗透性的隔离层，0.3m 高度的树脂可以抵抗 7MPa 的压力降。WellLock 树脂的固化反应形成交联结构化合物，以及在凝固期间持续地传递静液柱压力，这些都有助于抵抗井下流体窜槽。

WellLock 树脂体系在使用时可以充当套管与井壁、技术套管与油层套管之间的辅助胶结界面，对固井水泥环起到辅助密封作用。应用领域包括：

（1）提供层间封隔。WellLock 树脂在环空中凝固后，能够起到管外封隔器的作用，从而节省了安装管外封隔器的费用和时间，且封隔长度不受工具高度的限制。

（2）强化固井效果。WellLock 树脂具有良好的弹塑性，能够适应水力压裂过程中高度集中且不断增加的压力。其他的物理性能如密度、延伸性、强度等，均适合于提高地层的承压能力、强化固井效果。

（3）挤水泥作业。WellLock 同样适用于挤水泥作业，尤其适用于需要超细水泥或无固相材料的情况。该树脂可以封堵传统大颗粒液体无法实现的情况，如微型套管泄漏、微裂缝、串槽和微环空等。

（4）封堵和弃井。WellLock 树脂还可用于封堵和弃井作业，具有高黏结强度、可以承受高压差的特点。中东一口井在 9 5/8in 和 13 3/8in 套管间环空存在压力，在该环空充满清水时，套管间环空压力从 4.14MPa 降低至 1.03MPa，但即使井口反复卸压，压力始终降低不到 0。现场作业利用热固树脂将套管环空的清水替换出来，并尽可能地挤入更多树脂，以密封水泥环的微间隙。共挤入树脂 360L，施工压力 6.89MPa，在 1.5h 后，环空压力降到 0。

（三）压裂支撑剂

Hexion 公司研发了一种新型的树脂覆膜砂支撑剂 AquaBond，可用于油气行业的压裂施工，还可以在不妨碍油气流动的条件下抑制地层产水。该支撑剂将树脂附着在砂上，从而增加了支撑剂的强度。若压力过大，可能会压碎砂粒，而树脂涂层则可以帮助砂粒维持其原有的形态。图 2-29 为高压条件下 AquaBond 支撑剂与传统支撑剂破碎过程对比图[77,78]。

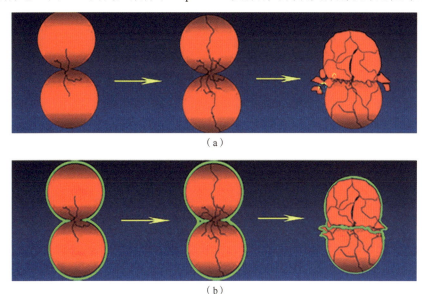

（a）

（b）

图 2-29　高压条件下 AquaBond 支撑剂与传统支撑剂破碎过程对比图
（a）高压条件下传统支撑剂破碎过程；（b）高压条件下树脂覆膜砂支撑剂破碎过程

AquaBond 树脂覆膜砂支撑剂可选择的尺寸有 20/40 目、30/50 目和 40/70 目三种规格。AquaBond 支撑剂利用树脂独特的化学性质，通过改变支撑剂填充层中水的相对渗透率，达到减少地层产水、维持油气产量的目的。与传统的树脂覆膜砂不同，在实验室测试中 AquaBond 支撑剂可以减少 92% 的产水量，且不妨碍油气流动，降低了废水储存和处理的费用，增加了油气井的效益。AquaBond 支撑剂具有以下技术优势：减少地层水产出，保持油气生产；减少支撑剂颗粒破碎的产生和运移；支撑剂嵌入最小化，防止支撑剂返排；与压裂液、破胶剂良好的配伍性。AquaBond 树脂覆膜砂支撑剂技术参数见表 2-6 所示。

表 2-6　AquaBond 树脂覆膜砂支撑剂技术参数

技术参数	参数性能
规格尺寸/目	20/40、30/50、40/70
相对比重	2.56、2.55、2.59
体积密度/（g/cm³）	1.60、1.51、1.46
充填系数/（cm³/g）	0.625、0.662、0.685
粒度中值/mm	0.6538、0.4396、0.3154
浊度/NTU（FTU）	≤ 250
溶解度/%	不溶于水、盐水和 HCl 溶液，不溶于油
配伍性	与大多数常见的水基和油基压裂液完全配伍

AquaBond 支撑剂对压裂液、破胶剂均有良好的配伍性，在东得克萨斯州、北路易斯安那州、二叠盆地、伊格福特盆地、落基山等都得到了成功应用。

三、应用关键与发展展望

合成树脂胶凝材料作为一种全新油气井胶凝材料，具有很多优异的性能，应加大开发的力度，逐渐完善其各方面的性能。今后油气井用合成树脂胶凝材料应加强以下几个方面的研究[79]：

（1）结合油气井井况，加强合成树脂施工性能的研究，从而满足不同井况需求。一是开发或优选新型树脂原料和固化剂，精准控制合成树脂在不同温度下的固化时间，保证施工安全。二是研究树脂的流变性控制方法与常规油气井用材料与设备的相容性与适应性，保证施工质量。

（2）加强对合成树脂在复杂井况条件下长期耐久性的研究，保证合成树脂在高温、高压及腐蚀流体条件下的长期稳定性。

（3）开发环保型合成树脂胶凝材料。常规油性环氧树脂含有较多有机溶剂或可挥发性有机化合物，对环境造成污染，从而限制其应用。针对此问题可开发无溶剂和水性环保合成树脂胶凝材料。

（4）借鉴合成树脂在涂料、胶黏剂与塑料等领域的研究方法，将其引入到油气井领域，比如增加合成树脂韧性、耐高温性能等的方法。

（5）开发低成本的合成树脂胶凝体系。合成树脂的成本较高，限制了其推广应用。从降本增效出发，应加强低成本体系的研究，使其更具有市场竞争力。

第六节　自愈合材料

自愈合材料（self healing material）也称自修复材料，是一类拥有结构上自愈合能力的智能材料，这种能力能修复长期使用造成的损伤，其灵感来自受伤后能自我修复的生物系统。自愈合材料的概念由美国军方在 20 世纪 80 年代中期首先提出，2002 年美国把军用装备的自愈合、自愈合材料研究列为提升装备性能的关键技术之一。目前，自愈合材料已经成为国内外材料研究的热点，并在航空航天、建筑等领域发挥了巨大的作用。在石油工程领域，自愈合材料的研究主要集中在固井水泥浆领域。

一、自愈合材料及其在石油工程中应用的优势

（一）自愈合材料及其愈合机理

自愈合材料指能对外界环境变化因素产生感知，自动做出适应、灵敏和恰当的响应，并具有自我诊断、自我调节、自我修复等功能的智能材料，自愈合的概念源于生物学中

的自愈合能力。构成生物体的材料是一个伴随着生物进化而逐步优化的功能系统，其最突出的特性之一是受到外界损伤之后具有自愈合能力和再生功能。生物体从分子水平（如 DNA 修复）到宏观水平（如皮肤小伤口的愈合）均存在自愈合现象，该现象涉及细胞、组织的修复和再生，与生物体的繁殖、功能维持以及抵御外界侵害能力密切相关。水泥石自愈合材料按机理可分为四大类，即以原生自愈合为基础的自愈合方式、吸水/吸油膨胀性材料进行裂缝填堵的自愈合方式、核壳/胶囊包覆自愈合剂进行裂缝填堵的自愈合方式以及微生物代谢产物进行裂缝填堵的自愈合方式[80-82]。

1. 原生自愈合

水泥石原生自愈合利用了天然气、流体进入水泥石断裂面与部分未反应完全的水化产物发生二次水化，引起水化胶凝基质的膨胀，所生成的 C-S-H 凝胶和 $CaCO_3$ 晶体则能对裂缝进行有效填堵，抑或是通过外掺粉煤灰、矿渣等活性物质在受到水化产物 $Ca(OH)_2$ 激发下发生二次水化反应，实现自愈合。但单凭水泥石的二次水化作用往往成效甚微，仅针对裂缝间隙极小的水泥石能起到一定的自愈合作用，通常还需要结合纤维这类成本相对较低的物理外掺填料协同使用。

2. 遇水/遇油气膨胀自愈合

为避免油气井筒环空受到增产措施（射孔、压裂等）影响时产生微裂缝，可通过在水泥浆配浆过程中掺入一定的遇油、遇水膨胀型材料进行裂缝填堵。这类材料通常有着较高的吸油、吸水倍率，在受到地层流体的刺激作用时，体积急剧增加。通过结合地层和套管壁对水泥环的空间限制作用，从而实现对水泥环微裂缝的有效充填，其中常用的溶胀材料有橡胶、聚合物、吸水树脂（SAP）等。

3. 核壳/胶囊包覆自愈合

不同于遇水/遇油膨胀型材料的物理溶胀作用，通过加入反应型化学自愈合剂的方式也能实现水泥石微裂缝自愈合。但直接将自愈合剂掺入水泥浆体系中会造成自愈合剂过早反应，因而还需要进行反应物包覆处理。该方法通过在水泥浆制备过程中外掺含自愈合剂的直径为 200μm 的微胶囊/核壳包聚体，当水泥石由外加应力作用破裂时，壳体也会相应破裂，内部自愈合化学物质则会同水泥配浆环节所加入的催化剂微粒反应形成相应的填充物，反应过程如图 2-30 所示[83-85]。其中常用的反应型自愈合剂有硝酸钙、环氧树脂、聚氨酯等。

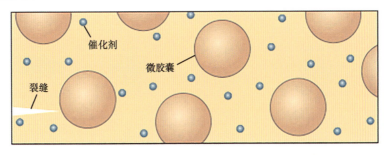

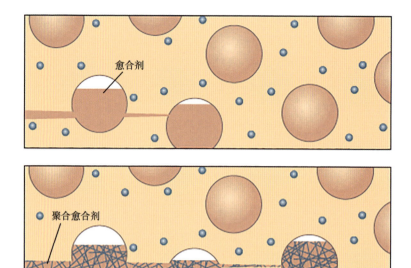

图 2-30 自愈合材料内嵌有微胶囊和聚合催化剂微粒

4. 微生物代谢产物自愈合方式

利用微生物实现水泥自愈合通常是指在水泥配浆期间掺入装载有活性微生物细菌及养分供给原料的封装体（硅胶、聚氨酯或者多孔的黏土颗粒），当水泥石裂缝产生后，载体破裂，活性微生物细菌则会于断裂面大量繁殖并形成代谢产物，诱导 $CaCO_3$ 沉淀的产生，最终将裂缝生成面完全填堵。目前所使用的菌种主要有黄色黏球菌、孢球藻、巴氏杆菌、奇异变形杆菌、甲基孢囊菌、芽孢杆菌等。

（二）自愈合材料在石油工程中应用的优势

自愈合材料在材料科学与工程领域已有较长的研究与应用历史，采用模仿动物在组织受到伤害后可以自身愈合伤害的仿生学原理，来解决材料的内部微观损伤问题。自愈合材料一般是通过对外界环境条件的变化进行响应，响应结果是完全恢复或部分恢复材料的内部微观损伤。

在石油工程领域，无论是在陆上还是海洋，由于勘探开发环境的复杂性、特殊性与多变性，对井筒完整性产生了极大的负面影响，很多常规作业已无法实现长期保持油气开采的顺利进行。对固井水泥浆进行适当优化，运用自愈合材料可以及时应对材料破损及裂缝的产生，可有效解决固井水泥石的长期密封性问题，延长油气井生产寿命。

二、自愈合材料与石油工程融合应用

（一）原生自愈合修复材料

在油气井的开发过程中，钻井、完井、增产与生产等各阶段的作业都可能对固井水泥环与环空密封造成损伤，导致未知的溢流与套管带压。为解决因油气井固井水泥环损伤而产生的层间封隔质量和耐久性下降的技术难题，西安石油大学杨振杰教授等开发了

·类渗透性结晶型水泥基自修复剂，将这类修复剂添加入固井液前置液，在具备常规的冲洗隔离功能的同时，对固井水泥环微间隙和微裂缝还具有自修复能力。一般的自愈合材料都是作为油井水泥外加剂使用，井下的自愈合组分将与侵入水泥环的流体发生反应，进而有效地封固流体路径。而这类自修复固井前置液通过渗透结晶和多次水化反应机理对水泥环的微裂缝和微间隙进行修复，抗窜强度的恢复能力明显高于清水的养护环境。如果这类自修复固井前置液应用于现场，在固井施工完成后，环空水泥环顶部存在自修复固井前置液，只要水泥环出现窜气通道，自修复前置液能够及时渗透到孔道中，通过上述特定的自修复机理实现对固井水泥环微裂缝或微间隙的动态持续自修复。韩国全南大学研究了掺有碱矿渣基聚乙烯纤维的水泥石的自愈合性能。实验发现，碱矿渣基聚乙烯纤维外掺水泥石的裂缝恢复率高于碱激活的矿渣基水泥石，其中碳酸钙是主要愈合产物。同时还发现，尽管碱矿渣基聚乙烯纤维水泥石的抗压强度比相同水灰比的空白样低，但矿渣基水泥石的抗拉强度和拉伸应变能力较空白样高出两倍。此外，矿渣基水泥石的初始缝宽和裂缝数量较少，这也是助成其实现自愈合的主要原因之一[86]。

基于原生二次水化的作用效果往往受水泥石原始缝宽及断面的初次水化程度决定，多适用于缝宽在 50μm 以下且存在二次水化条件的裂缝环境，同时也需考虑纤维自身的拉伸及收缩程度，自愈合效果较差，应用较少。

（二）油气/水触发膨胀修复型自愈合材料

油气/水触发膨胀修复型自愈合材料是指与油气/水流体接触后体积产生膨胀的自愈合材料，将其加入水泥后，当水泥环产生微裂缝和微间隙时，油气/水会沿微裂缝或微间隙窜流而激活自愈合材料，自愈合材料的体积膨胀，体积膨胀后的材料可以对微裂缝进行堵塞，从而实现了固井水泥环微裂缝的自愈合。

斯伦贝谢公司开发的 FUTUR 自愈合水泥浆体系能保证油气井完整性，该体系是将自愈合材料加入水泥浆，水泥环出现微裂缝、微环隙时碳氢化合物激活自愈合材料，材料膨胀密封微裂缝与微环隙。FUTUR 自愈合水泥体系密度 1.44 ～ 1.92g/cm³，温度为 20 ～ 138℃。研究显示，当原油流入 100μm 的微裂隙，FUTUR 自愈合水泥在几个小时后即对微裂缝成功修复，而传统常规水泥浆体系没有显著变化。在常温和 21MPa 条件下，采用氮气和天然气侵入水泥石微裂缝后，采用 FUTUR 自愈合水泥 30min 后，不再有气体流动，而采用传统常规水泥 5 天后效果不明显[87,88]。

通过油气膨胀材料实现水泥石自愈合的方式，严格意义上并非对水泥石裂缝面进行修复，而是在密闭压力空间条件下，利用膨胀材料进行裂缝填充的方式，该法原理上相对简单，仅利用了物理溶胀特性，成本较低，仅吸水膨胀材料需要进行壳体包覆。由于选用的多为高拉伸强度材料，在一定程度上还能提高水泥石的弹韧性，是目前石油工程领域所用最多的水泥环微裂缝自修复方式。

（三）核壳/胶囊包覆自愈合材料

卡塔尔大学研究了胶囊包覆硝酸钙外掺下对水泥石基体的影响情况，发现硝酸钙微胶囊的掺入虽然在一定程度上能提高水泥石的自愈合性，但对水泥石的力学性能影响较大，通过微观分析认为，这是未水化颗粒在微胶囊表面（壳）团聚所致。并最终确定要使硝酸钙微胶囊外掺水泥石的强度降低值小于或等于 10%，胶囊浓度应选为 0.75% ～ 1%[89]。西南石油大学以酒石酸钾钠为自愈剂，将其包覆在脲醛树脂微胶囊中进行微胶囊化，通过添加至油井水泥中进行裂缝修复实验发现，缝宽小于 86μm 的水泥石在进行 28 天的自修复后，其渗透率降低了 85%。利用交联法以改性聚乙烯醇（PVA）作为胶囊壳体，对自研油井水泥复合型自愈合剂 XK-1 进行了水泥石自愈合性测试实验。结果表明，改性 PVA 胶囊包覆 XK-1 具有一定抗搅拌能力，能减少制浆过程中自愈合剂的损失，有效提高自愈合剂的利用率，增强自愈合效果，其 12 周的渗透率降低率为 99%，抗压强度恢复率为 105%[90]。

尽管壳体包覆化学自愈合剂的方式有着较好的自愈合效果，但该法往往受壳体与水泥石基体界面的相容性、壳体是否处于断裂面及胶囊分布数量等因素的限制。此外，这种方法成本较高，广泛应用还需考虑一定的降本措施。

（四）生物修复自愈合材料

混凝土是世界上最普遍的建筑材料，无论多么细心地混合加固，最终都会产生裂缝，严重时会导致建筑物倒塌。荷兰代尔夫特理工大学研发了自动愈合的"生物混凝土"，能在一种产石灰石细菌的帮助下有效修复自身裂缝。混凝土就像岩石一样，非常干燥且碱性极强，"修复细菌"在被水激活之前，必须长年处于休眠状态。研究者最终选择了孢芽杆菌，因为它们非常适应碱性环境，产生的孢子在没有食物和氧气的情况下能存活几十年。细菌不仅要被激活，还要能产生修复材料——石灰石，这就意味着细菌必须有食物。糖是一种选择，但糖会让混凝土变软变脆弱，于是研究者选择了乳酸钙，将细菌和乳酸钙装进生物降解塑料做成的胶囊，混合到湿的混凝土中。

生物混凝土看起来和普通混凝土一样，只是添加了额外成分"愈合剂"。当混凝土出现裂缝时，水进入裂缝打开胶囊，细菌则开始发芽、增殖并食用乳酸钙，通过代谢把钙和碳酸离子结合，形成方解石或石灰石，逐渐弥合裂缝。图 2-31 为生物混凝土自愈合过程[91]。

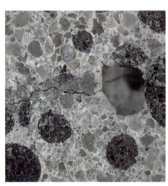

图 2-31　生物混凝土自愈合过程

利用微生物代谢实现水泥石自愈合的实际工程研究尚浅，多以室内模拟研究为主。这主要是由于微生物菌体的使用在工程应用中的成本过高，且技术尚不成熟。同时，微生物自愈合水泥也存在一定的使用限制，主要有以下几点：①水泥石的封固环境是碱性的，故而相对应的菌种必须是耐碱性的，同时温度、湿度及养料供给量也需要符合微生物的生长环境；②微生物底物的养料供给不能对水泥石的本体结构产生影响；③需结合地层破裂点的气体环境确定合适的菌种；④要求微生物的代谢副产物对水泥石无影响[92-94]。

三、应用关键与发展展望

水泥基材料微裂缝自修复的研究是一个非常新的领域，对于研究结构与智能一体化的水泥基材料，实现以较低成本提高水泥基材料的可靠性和耐久性有重要的意义。尽管油气井固井所处的环境与普通混凝土具有很大的差异，但都是水泥基材料。因此，在固井水泥环中，微间隙和微裂缝的自我修复机制是能够建立的，只是需要找出这种机制存在和发挥作用的环境和条件。为提高固井水泥环的胶结质量和耐久性，延长油井寿命，减少因固井水泥环封隔失效而进行补救作业的费用，对固井水泥环微裂缝与微间隙自修复机理和技术的研究显得十分重要[95]。

未来固井水泥环微裂缝与微间隙自修复机理和技术的研究方向：根据水泥基材料微裂缝结晶沉淀修复理论、渗透结晶修复理论和水泥水化反应理论，研究能够在油气井实际工况条件下形成和启动水泥基材料微裂缝自修复机制的物理化学干预机理与技术，通过固井液体系和施工工艺的改进形成启动自修复机制的必要环境和条件。

第七节　仿生材料

目前，仿生材料已成为材料学科与工程学的研究热点之一。石油工程所使用的破岩钻头、井下工具要求具有持续良好的机械性能，井下流体要求具有可控的流变特性和生物降解性等，而这些恰恰是生物材料所特有、合成材料无法比拟的特性。因此，结合某些特殊生物体本身及其器官的结构与性能，从材料学角度来研究天然生物材料的结构和性质，通过仿生设计，研发仿生材料，可为研究和开发高性能石油工程技术相关材料开辟一条崭新的途径。

一、仿生材料及其在石油工程中应用的优势

（一）仿生材料及其特性

仿生材料是指模仿生物的各种特点或特性而研制开发的材料。通常把仿照生命系统的运行模式和生物材料的结构规律而设计制造的人工材料称为仿生材料。仿生学在材料科学中的分支称为仿生材料学，它是指从分子水平上研究生物材料的结构特点、构效关系，进而研发出类似或优于原生物材料的一门新兴学科，是化学、材料学、生物学、物理学等学科的交叉。地球上所有生物体都是由无机和有机材料组合而成。由糖、蛋白质、矿物质、水等基本元素有机组合在一起，形成了具有特定功能的生物复合材料。仿生设计不仅要模拟生物对象的结构，更要模拟其功能。自然进化使得生物材料具有最合理、最优化的宏观、细观、微观结构，并且具有自适应性和自愈合能力。在比强度、比刚度与韧性等综合性能上都是最佳的。

（二）生物材料在石油工程中应用的优势

生物材料具有多种优良特征，如复合特征、功能适应性、自愈合与自我复制功能、合成技术、多功能性、防黏减阻与疏水功能等，因此仿生材料在石油工程应用优势明显。其主要的研究应用领域包括：①生物材料的物理和化学分析，以便更好地理解其结构的设计和性能。②直接模仿生物体进行的材料制备与开发。③在模仿过程中，以所得到的结构、化学等新概念，进行新型合成材料的设计。④在生物的结构力学分析指导下，对现有结构设计的优化。⑤分析生物材料及结构在进化过程中设计标准。⑥模仿生物体进行的某些系统的开发，如超灵敏度机械接收器等[96]。

二、仿生材料与石油工程融合应用

（一）非光滑表面仿生钻头

科学家发现许多生物体的表面结构是非光滑的，这种非光滑表面具有神奇的特性，像鲨鱼、蜥蜴、甲虫和蟑螂的非光滑性（长有鳞片和其他凸凹形态结构）微结构使之具有优异的减阻、抗黏附和抗磨损的能力。随着人类对油气资源需求量的持续增加，勘探工作量不断增加，而优质油气资源越来越稀缺，勘探开发的难度越来越大，钻井越来越深，钻进地层越来越复杂，对钻具的要求也越来越高。就目前的钻井施工而言，提高钻具的性能（包括钻头的寿命、钻杆和套管的强度和耐磨性等），将会大大降低钻井成本。吉林大学将仿生非光滑表面运用于金刚石仿生钻头，通过仿生钻头的现场试验，显示出了非光滑结构形态在岩石介质接触的界面系统中降阻、耐磨的优点，并且其效果更加明显。如在同样配方、同样加工流程、同样工艺烧结和同样钻进参数下，非光滑表面仿生钻头比普通钻头的钻进进尺提高接近一倍，机械钻速最大提高80%。研发的仿生钻头已从最初的单一功能仿生，发展到目前的耦合仿生，钻头性能也由单一的减黏脱附发展到减阻、耐磨、切削效率等指标的综合提升[97-99]，图2-32展示了一种仿生PDC钻头外形及其特殊的切削齿表面设计。仿生耦合PDC钻头借鉴了竹子中纤维素和木质素的分布方式，牙齿中有机/无机两种不同材料的梯度复合形式模仿树木的生长年轮排布，同时参考贝壳表面的非光滑形态及蝼蛄前足的快速挖掘特性等多种生物特性，并将他们进行耦合设计。

图2-32　仿生PDC钻头

（二）仿生钻井液

复杂井况下的井壁稳定问题一直是困扰国内外钻井界的难题，常规钻井液体系由于不能完全抑制泥页岩的水化膨胀或阻止自由水的滤失，只能在一定程度上减轻井壁失稳所造成的影响。为了从根本上避免井壁失稳引起的缩径卡钻、井壁坍塌等工程事故，钻井过程中阻止钻井液向地层渗入、提高井壁岩石的力学稳定性是近年来国内外学者井壁强化技术研究的重点。中国石油大学（北京）基于仿生技术，模仿海洋生物贻贝分泌的贻贝蛋白超强黏附性能的特点，在聚合物主链上接枝类似贻贝足丝蛋白中的一种关键基团，合成类似贻贝蛋白质的水溶性聚合物，合成了仿生固壁剂和仿生页岩抑制剂，并以这两种仿生处理剂为核心，研制了可有效加固井壁并维持井壁稳定的仿生钻井液体系。该体系能在井筒岩石表面自发固化形成致密且具有黏附性的"仿生壳"，起到维护井壁稳定的作用，其流变性、滤失造壁性及润滑性等满足钻井要求。室内实验表明，该仿生钻井液防塌抑制性强，泥页岩岩屑在该钻井液中的热滚回收率达 90.6%，岩心在该钻井液中热滚后抗压强度提高 10.8%。在现场试验中均没有发生泥岩段卡钻等复杂情况，并且机械钻速明显高于邻井[100,101]。此外，模仿细菌结构开发的含仿生绒囊的钻井液，有望在钻井过程中无须固相即可暂堵漏失储层，已在煤层气欠平衡钻井、空气钻井等方面初步应用。

　　模仿生物体尤其是海洋生物可以牢固附着在其他附体表面的机理和特性，可以开发智能仿生堵漏材料，仿生智能堵漏材料堵漏原理如图 2-33 所示[102]。中国石油集团石油工程技术研究院将仿生固壁理念与架桥封堵、自适应封堵等机制结合起来，采用智能仿生高分子材料、架桥封堵颗粒和智能自愈合凝胶粒子等，优化出一种结构一体化和功能多样化的新型仿生堵漏材料体系。

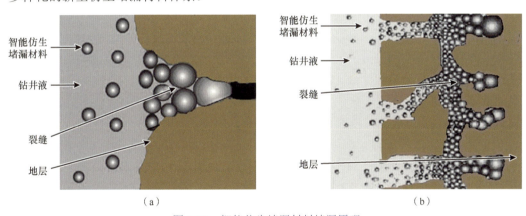

图 2-33　智能仿生堵漏材料堵漏原理
（a）智能仿生材料进入地层；（b）智能仿生材料封堵裂缝或孔隙

（三）表面仿生超疏水处理液

　　人们根据仿生学原理在各个领域研发了多种新型材料。自然界中的超疏水现象，是由荷叶"出淤泥而不染"的情景引发灵感而持续发展的。20 世纪 90 年代，德国植物学家 Barthlott 对于荷叶外表不沾水的独特现象展开了大量的实验，并根据荷叶的疏水性与自我洁净的关系，发现了"荷叶效应"。中国石油川庆钻探工程有限公司针对气体钻井作业过程中，钻遇出水地层以后泥页岩自吸水导致黏土水化引发的井壁失稳问题，根据荷叶或芋叶表面上的超疏水与自洁特性，提出了气体钻井泥页岩表面仿生处理工艺技术，研制了一种仿生泡沫处理液。泥页岩表面仿生处理技术利用溶胶–凝胶法原理，实现对泥页岩表面的疏水处理，室内综合性能评价表明，该仿生泡沫处理液具有良好的发泡性能，其抗盐、抗油、抗温、抗岩屑污染能力强，同时展现出强效、持久的泥页岩抑制能力。采用该仿生泡沫处理液处理后的泥页岩岩样，可将泥页岩表面的润湿性能由亲水性向疏水性转变，从而起到阻止地层水液相侵入泥页岩地层内部的目的，大幅度提高泥页岩在清水中的强度，达到维持泥页岩地层井壁稳定的目的。图 2-34 展示了经该处理液处理后，泥页岩表面形成了具有类似荷叶结构的微-纳米突起结构，泥页岩表面也由亲水转变为疏水[103,104]。

图 2-34　仿生处理前后泥页岩表面由亲水转为疏水

（四）仿生金属泡沫防砂工具

经过数十亿年的进化，自然界的生物展现出近乎完美的结构和功能。通过向大自然学习，人类现在能够利用仿生技术开发工程领域的多功能材料。中国石油勘探开发研究院开发了一种鸟骨结构的镍泡沫，具有密度低、强度高、孔隙率可控、防砂能力强、油水分离能力强等特点，并将仿生泡沫镍应用于井下防砂。该金属泡沫是一种渗透性很强的结构，其孔隙率和孔径可以在很大范围内变化，以满足防砂要求。图 2-35 为金属镍泡沫的三维结构图[105,106]。开孔泡沫镍被包裹在圆柱形基管上，砂体进入泡沫金属后会在泡沫金属内部沉淀，由于多孔结构的 3D 特征，孔隙不会堵塞。泡沫的层数量和孔径可以不同，以实现不同粒径砂的控制。室内试验表明，仿生金属泡沫与目前使用的井下防砂材料相比，具有优异的超疏水性、超亲油性、抗腐蚀性，在防砂和油水分离方面都具有良好的应用前景，可以提高油气开发效益。

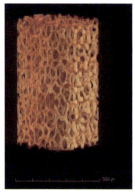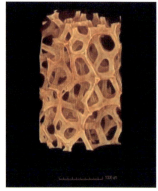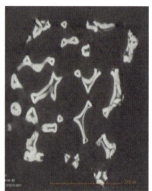

图 2-35　金属镍泡沫的三维结构图

（五）仿生井

沙特阿美提出了仿生井的概念，仿生井如同树一样，主井眼像树的主干，井下分支像树根。钻完主井眼后，仿生井的智能分支可以自动向含油层延伸，当该层油气开采完后可以关闭该分支，再向其他含油层延伸，如图 2-36 所示[107]。目前看实现仿生井似

（a）　　　　　　　（b）　　　　　　　（c）

（d）　　　　　　　（e）　　　　　　　（f）

图 2-36　仿生井和树根的生长类似，演变过程为：直井（a）—水平井（b）—多分支井（c）—具备关闭部分分支的能力（d）—具备分析井下流体并实现控制的能力（e）—智能分支（f）

乎比较遥远，但石油工程技术的不断进步正在逐渐向这一目标靠近，如：钻井技术已从直井到发展到定向井、水平井和多分支井，并以此为基础，发展了极大储层接触技术（MRC）和最大储层接触技术（ERC）；智能井下控制阀能以无线通信的方式选择性节流或关闭特定分支；智能流体能够改变自身流变性来控制油井分支的开启和关闭；井下监测技术和地面控制技术可以分析储层流体性质和预测见水时间。仿生井如何实现任意多分支的自动钻进是目前研发难点，目前智能连续管技术、超高压水射流钻完井增产一体化技术、激光钻井和獾式钻探成井等技术的发展，正在逐步向实现这一目标迈进。

三、应用关键与发展展望

仿生材料学综合了化学、材料学、生物学、信息学等多门学科，立足于天然生物的独特结构和优越的性能，制备出优于传统材料的新型材料。目前，仿生材料在石油工程中的研究无论在结构材料方面，还是功能材料方面，都取得了一定的成果。直接模仿生物体进行的材料制备与开发、在生物的结构力学分析指导下对现有结构设计的优化、模仿生物体对现有系统进行功能化和智能化开发，是仿生材料在石油工程领域应用研发的关键技术。

根据应用中存在的问题，近年来仿生材料学的研究，已经不断地向复合化、智能化、环境化和能动化的方向发展[108]。但由于石油工程作业过程和作业环境的复杂性，许多内容还处在探索阶段。在生物力学和工程力学的衔接点上，还需要进一步研究。从材料学的角度认识天然生物材料的结构和性能，进而抽象出更多的材料模型，这方面的工作还有待进一步的深入，而仿生材料的设计制备方法也是摆在面前的一个关键性的课题。随着仿生材料在石油工程中应用的不断成熟，将会为油气勘探开发降本增效提供重要技术手段，具有广阔的应用前景。

第八节　碳纤维及其复合材料

碳纤维是一种纤维状的无机碳素材料，含碳量通常超过 90%，依性能与含碳量分为普通碳纤维和石墨纤维。碳纤维具有高强度、高模量、低密度、低膨胀、耐腐蚀、耐高温、抗蠕变、抗疲劳和导电性好等优点，主要作为增强材料与树脂、金属、陶瓷及碳素等基体进行复合，组成复合材料，广泛应用于航空航天、石油化工、医疗器械、土木建筑、文体休闲以及汽车、电信等领域，被认为是高科技新型工业材料的典型代表，倍受世人瞩目。近年来，高性能碳纤维以其卓越的性价比吸引了国内很多油气企业开始涉足碳纤维材料的研发、生产与应用，碳纤维得到了迅猛的发展。

一、碳纤维复合材料及其在石油工程中应用的优势

（一）碳纤维复合材料及其特性

碳纤维是一种纤维状的碳材料，其碳含量在 90% 以上，是一种低密度高强度高模量

纤维，碳纤维复合材料具有轻质高强的优越性能，密度不到钢的 1/4，但拉伸强度是普通钢的 7 ～ 9 倍，且耐高温、耐腐蚀、易导电，是集优良的电学、热学和力学性能于一体的新型材料。碳纤维是在 1000℃ 以上的惰性气体中，利用高温分解法对有机纤维（聚丙烯腈、沥青等）进行烧制，去除纤维中除碳以外的其他元素得到的。碳纤维一般不单独使用，而是作为增强材料，添加到树脂、金属、陶瓷或者是混凝土当中构成复合材料，其中应用最多的是碳纤维增强树脂。

20 世纪 50 年代初应火箭、宇航及航空等尖端科学技术的需要，加之纤维炭化工艺的出现使得碳纤维工业化成为现实。随着尖端技术对新材料性能要求的日益苛刻，科技工作者在碳纤维生产技术开发上不断发力，80 年代初期以来，高性能及超高性能的碳纤维相继出现。目前由碳纤维作为增强材料在各种复合材料制备中得到广泛关注，尤其在航空航天、高端工程装备、重大基础建设结构工程、压力容器中应用广泛。目前，空客公司生产的 A350 客机复合材料占比已达到 52%。碳纤维复合材料在民用飞机上的用途不仅是作为飞机制造的基础材料，更重要的是作为结构件。以波音 787 为例，碳纤维复合材料用作装饰件的占比为 30%，用作结构件的占比为 70%，其使用涉及整个机身、机翼、垂尾、舱门等重要结构。碳纤维复合材料在我们的日常生活中也常常能够见到，比如体育休闲用品中的高尔夫球杆、网球拍等。

（二）碳纤维复合材料在石油工程中应用的优势

石油工程领域用到很多金属材料，如各类管柱、油气输送管线、大型装备等，随着井深的增加和输送距离的延伸，对高强度、轻量化的要求日益增加。从技术成熟程度与应用范围来看，碳纤维复合材料，尤其是树脂基碳纤维复合材料在石油工程中的应用前景较好，其主要性能优势有：①高比强度和比模量，相当于传统材料的 4 ～ 5 倍；②各向异性和可设计性良好；③抗疲劳特性良好；④由于层面吸能和夹层结构，减振性良好；⑤易于大面积整体成型。

二、碳纤维复合材料与石油工程融合应用

（一）连续管

连续管（也称连续油管）技术是利用连续管代替传统金属管柱进行钻井、修井等作业的一项技术，可以有效提高作业效率，降低井控风险，在老井侧钻、老井加深、修井、井下作业等油气井作业中应用广泛。早期的连续管由特殊的金属材料加工而成，近些年复合材料连续管不断出现。所采用的复合材料连续管基本结构由碳纤增强环氧树脂结构层和热塑性内衬构成，外部由无增强或玻璃纤维增强耐磨热塑性材料包覆。Fiberspar 公司以挤出工艺制造了直径 62 ～ 112mm 热塑性复合材料内衬管（通常为高密度聚乙烯或交联聚乙烯），内衬作为一个移动的制造芯模，通过纤维缠绕设备螺旋缠绕玻璃纤维或碳纤维，生产效率为 3m/min 或更多。为适应高卷绕应变和压力载荷，具体的纤维结构、缠绕角和结构层都进行了优化。目前商业应用的碳纤维复合管破裂压力能够达到 207MPa，满足超高压水射流作业要求，如图 2-37 所示 [109]。内压为 83MPa 的条件下，2in QT-1000

钢制连续管起下钻 16 次后即失效，Quality Tubing 公司的 Incoloy-625 钢制连续管的疲劳寿命为 70 次，而 Fiberspar Spoolable Products 公司的碳纤维复合连续管的疲劳寿命超过 2000 次。连续管钻井正朝着深井、超深井和超高压水射流钻井方向发展，常规连续管很难满足所需的承压及抗疲劳要求，因此碳纤维复合材料对于连续管钻井作业的发展具有重要意义。

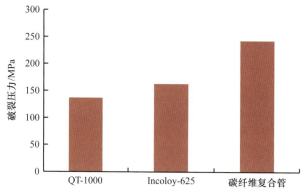

图 2-37　2in 不同材质连续管破裂压力对比

（二）抽油杆

在油气开采中，抽油杆是有杆采油系统的主要部件，传统的钢制抽油杆在柔韧性和抗腐蚀性方面存在不足，在开采"三高油气井（高温、高压、高含腐蚀性气体）"或超深井时损耗较大。碳纤维复合材料抽油杆兼具碳材料强抗拉力和纤维柔软可加工性强两大特点，使其在抽油杆采油领域取得良好的应用效果[110-112]。

碳纤维复合材料抽油杆的主要优点：①比传统钢制抽油杆机械强度高、耐腐蚀性强，适用性广泛，可用于高含腐蚀性流体油井的开采，且其良好的耐磨性能大大延长抽油杆的寿命；②密度比钢材料小，尤其对于深井油气资源开采，其在降低抽油杆总重量和阻力方面效果显著；③具有良好的柔韧性，便于抽油杆的运输和使用；④能够连续成型，最长碳纤维复合材料抽油杆可以达到 5000m，大大缩短了起下钻工作时长，既节约了能耗，又提高了直接经济效益。

碳纤维复合材料抽油杆已经在国内很多油田得到广泛应用，目前国内研制的碳纤维复合材料抽油杆主要分为三类：乙烯基酯树脂/碳纤维复合材料抽油杆、环氧树脂/碳纤维复合材料抽油杆和酚醛树脂/碳纤维复合材料抽油杆，中国石油大港油田、中国石化胜利油田等都开展了碳纤维抽油杆技术推广。2015 年，由中国石油集团钻井工程技术研究院江汉机械研究所研制开发的碳纤维连续抽油杆作业机在新疆油田完成首次下井试验，试验在位于新疆油田采油二厂五区 553 井区的克 503 井进行，该井深 2068m，设计使用碳纤维连续抽油杆 1080m，泵挂深度 1799.47m，下入抽油泵后反复循环抽水作为模拟抽油试验，证实可以显著降低抽油杆能耗和提高抽油效率。截至 2018 年底，中国石化碳纤维连续抽油杆技术在胜利油田、西北油田、中原油田等进行了 459 口井的试验，应用碳纤维连续抽油杆 76 万 m，累计增油 9.86 万 t，累计节电 1362 万 kWh，最长生产周期 1520d，含腐蚀性流体的井平均检泵周期延长 1.5 倍，实现直接经济效益 2.45 亿元。但目前我国国产的碳纤维抽油杆主要还是用于泵挂 3000m 以内的采油作业，在深井超深井中的应用依然存在一定的问题。井深增加后，相关配套技术需要改进，需要在专用超长冲程的抽油机和抽油泵、加重杆配置技术等方面进行进一步改进，且深井井下高温、腐蚀等问题进一步突显，对于基体树脂提出了更高的要求。因此，开发多种基体树脂、高性能树脂的碳纤维复合材料对于提高抽油杆的性能十分重要。

（三）海洋平台设备设施

油气勘探开发正在由陆地向海洋、由浅海逐渐向深海延伸。随着海洋石油开采作业难度的增加，特别是深海油气资源开发对平台的设施提出了更高的要求，碳纤维复合材料对于深水海洋平台的建设意义重大。在海上油气开发作业中，钻井平台系统的质量、费用和性能都对其经济性、安全性和可靠性起着关键作用。海洋环境复杂多变，海水含盐量很高，对设备设施具有极强的腐蚀性，在海洋平台上，很多设备设施都是以钢材料为主，建造成本和作业成本高，而碳纤维复合材料在预防海水腐蚀、减轻平台质量、提高系统安全性等方面优势显著[113,114]。

碳纤维复合材料在海洋油气钻井、开采平台装备上应用，可有效减轻平台负荷，良好的耐腐蚀性使其在海水复杂环境中比钢更耐用，延长了使用寿命和维护周期，并且在温度变化明显的海水中能够保持良好的热稳定性。

同时，在海洋油气开发中所使用的平台脐带缆、锚固缆绳和油井口连接到平台的立管、隔水管等都可以用碳纤维复合材料代替，有效降低平台的重量及所承受的压力，节约成本。以缆绳的应用为例，在一个 1500m 水深的深海作业平台中采用碳纤维复合材料的缆绳质量可以减小 1000 多吨，大大减小了深水海洋平台负荷。图 2-38 为高性能碳纤维材料的海洋柔性管和隔水管[115,116]。

图 2-38　高性能碳纤维材料的海洋柔性管和隔水管

（四）油气地面集输管线

复合材料管材在地面集输管线中的应用是其最大的应用领域，由于其具有柔韧性、易安装性、耐腐蚀性、可长距离使用的特点，使得其在海上和腐蚀性流体输送作业中具有很大的市场前景。复合材料集输管线具有如下优点：①耐腐蚀性能优越，使用寿命长，可用于输送强腐蚀性流体介质，如在普光气田大湾区块天然气开采过程中，采出物质高含硫化物、氯化物与矿质污水，具有很强的腐蚀性，且易结垢，采用复合材料管道进行输送优势明显，是新油田和老油田中安装成本最低的解决方案；②承压能力强，如污水处理后回注井管输管线压力高，线路段地形条件复杂等因素也使得复合材料管材可大大降低管线运行费用，减少了因污水管线泄漏带来的环境污染和安全问题；③管材柔韧性好，运输和铺设快速简单，可降低施工条件和时间。良好的柔韧性使得该管材易组装，可用机械加紧，端接配件简单且坚固，使其无论在陆上还是海上，都可以实现在管道的任意位置轻松组装；④导热系数小，可用于原油输送保温，有效预防因温度减低而导致的原油结蜡问题，其聚合物衬里光滑且内部完全黏合，可确保最佳的流动性[117]。

目前，受碳纤维复合材料成本限制，油气集输管线增强材料一般采用玻璃纤维、芳纶纤维或高性能热塑性聚合物。Airborne 公司研制的热塑性复合管（thermoplastic composite pipe，TCP）是一种黏合纤维增强管，如图 2-39 所示，在 2016 年海洋油气技术大会（OTC）亚洲会议上获得创新技术成果奖，在五项获奖项目中排名第一。TCP 管线和接头的内径尺寸范围为 1.5 ～ 7in，这种复合管采用单一材料设计理念，其内层、复合层和外部保护层都使用同一种聚合物热塑材料。采用凝固制造工艺，能使所有内外层熔融为高强度的硬固壁，从而使得 TCP 管具有坚固、可卷绕、重量轻和耐腐蚀的特点。马来西亚国家石油公司已经与 Airborne 公司签订首批内径 6in、压力 100bar 的柔性管合同，使用非金属 TCP 管代替金属钢管消除微生物引起的油管腐蚀，此外，TCP 管与传统钢管或传统柔性管相比还可以降低成本。

图 2-39　热塑性复合管

三、应用关键与发展展望

（一）应用关键

1. 关键基础材料研发

我国碳纤维技术起步较晚，加之国外碳纤维技术和设备严格保密，核心技术难以取得实质性突破。缺少核心技术的自主知识产权，已经成为制约碳纤维工业发展的决定性因素。目前国内生产的碳纤维主要是 T-300 单一品种，高端碳纤维如 T-700、T-800 等还处于不断完善阶段[118]。国外的碳纤维产业已然成熟，形成了完整的产业链，能够进行规模化批量生产。同时，国内碳纤维工业生产的原丝主要取材于民用腈纶原液，杂质含量较高，使得生产的碳纤维性能不够稳定，而且很多国内生产的碳纤维原丝未经过表面处理，降低了碳纤维材料的层间剪切强度。

2. 降低生产成本

由于国内碳纤维核心技术问题难以解决，导致国产的碳纤维相比国外进口的碳纤维价格明显偏高，这主要是国内生产碳纤维原料来源不好、技术不成熟、设备不配套，导致生产中损耗过大、产量低，难以实现规模降本。

3. 提升材料性能

碳纤维复合材料虽有众多优点，但仍存在剪切强度低、加工时需进行应力计算等缺点，且其加工过程损耗大，可以考虑添加其他纤维材料进行合成，达到中和部分缺点的目的。而玻璃纤维复合材料易吸水，在高含水地层及海洋油气资源勘探开发中受限明显，仍需改进。

（二）发展展望

碳纤维复合材料在石油工程领域具有广阔的应用前景，为了保证产业能够稳定健康发展，首先要打破日本、美国等技术先进国家的技术壁垒，进行产能升级，由低端产品向高端产品迈进。加大技术的研发投入，攻克制约国内碳纤维发展的生产技术瓶颈，提高产品质量和产量，降低生产成本，实现高端产品的自主研发生产。石油企业应与相关高校和科研院所加强合作，联合开展碳纤维复合材料的攻关研究。同时，国家应当加大对碳纤维行业的扶持力度，鼓励石油企业研发和生产碳纤维材料，提高企业的自主创新能力，使企业能够拥有自主技术和知识产权。

未来碳纤维复合材料在石油工程中的应用主要开展以下方面的研究：①碳纤维管材的制造和服役性能研究，包括乙烯基酯树脂和高温环氧的拉挤工艺和性能、碳纤维管材高温弹性特性与高温蠕变特性、碳纤维管材高温及腐蚀环境下的寿命、碳纤维管材的组织结构变化与服役性能的关系。②碳纤维管材生产质量监测与控制技术，包括碳纤维管材质量的检测与评价、碳纤维管材无损检测技术与仪器研发、碳纤维管材制备工艺及参数对产品质量的影响性评价、碳纤维管材生产线工艺及参数的调整及其改造。③碳纤维管材与石油工程的适应性评价研究，包括碳纤维管材优化设计与设备选配、井眼狗腿对碳纤维管材扭转的影响等。④高强度碳纤维海洋立管等的设计制造，借鉴现有立管、海底管线规范，对高强度碳纤维海洋立管等适用的复合材料、力学性能评价分析程序、制造工艺等进行研究攻关，制定相关规范，为产品设计、建造和施工等提供参考依据，有效推进在我国海洋油气钻采行业的应用。

参 考 文 献

[1] 袁野, 蔡记华, 王济君, 等. 纳米二氧化硅改善钻井液滤失性能的实验研究. 石油钻采工艺, 2013, 35(3): 30-33.

[2] 李龙, 孙金声, 刘勇, 等. 纳米材料在钻井完井流体和油气层保护中的应用研究进展. 油田化学, 2013, 30(1): 139-144.

[3] 彭宝亮, 罗健辉, 王平美. 纳米材料在油田堵水调剖中的应用进展. 油田化学, 2016, 33(3): 552-556.

[4] 刘合, 金旭, 丁彬. 纳米技术在石油勘探开发领域的应用. 石油勘探与开发, 2016, 43(6): 1014-1020.

[5] Al-Haj H, Al-Ajmi A, Gohain A K. Nanotechnology improves wellbore strengthening and minimizes differential sticking problems in highly depleted formations // The SPE Western Regional Meeting, Anchorage, 2016.

[6] Jung C M, Zhang R, Chenevert M, et al. High-performance water-based mud using nanoparticles for shale reservoirs // The SPE/AAPG/SEG Unconventional Resources Technology Conference, Denver, 2013.

[7] Rahman M K, Khan W A, Mahmoud M A, et al. MWCNT for enhancing mechanical and thixotropic properties of cement for HPHT applications // Offshore Technology Conference, Kuala Lumpur, 2016.

[8] Sengupta S, Kumar A. Nano-ceramic coatings-A means of enhancing bit life and reducing drill string trips // International Petroleum Technology Conference, Beijing, 2013.

[9] Kanj M Y, Harunar R M, Giannelis E P. Industry first field trial of reservoir nanoagents // SPE Middle East Oil and Gas Show and Conference, Manama, 2011.

[10] Li L M, Al-muntasheri G A, Liang F. Nanomaterials-enhanced high-temperature fracturing fluids prepared with untreated seawater // SPE Annual Technical Conference and Exhibition, Dubai, 2016.

[11] Kosynkin D, Alaskar M. Oil industry first interwell trial of reservoir nanoagent tracers // SPE Annual Technical Conference and Exhibition, Dubai, 2016.

[12] Ellis E S, Askar M N, Hotan M, et al. Successful filed test of real time inline sensing system for tracer detection at well head // SPE Kingdom of Saudi Arabia Annual Technical Symposium and Exhibition, Dammam, 2017.

[13] Johnson L M, Norton C A, Huffman N D. Nanocapsules for controlled release of waterflood agents for improved conformance // SPE Annual Technical Conference and Exhibition, Dubai, 2016.

[14] Mcelfresh P M, Holcomb D L, Ector D. Application of Nanofluid technology to improve recovery in oil and gas wells // SPE International Oilfield Nanotechnology Conference and Exhibition, Noordwijk, 2012.

[15] Novselov K S, Geim A K, Morozov S V, et al. Electric field effect in atomically thin carbon films . Science (New York), 2004, 306(5696): 666.

[16] Hoelscher K P, Stefano G D, Riley M, et al. Application of nanotechnology in drilling fluids // SPE International Oilfield Nanotechnology Conference and Exhibition, Noordwijk, 2012.

[17] 罗海燕, 周靖, 张燕娟, 等. 化工新型材料, 2019, 47(1): 172-176.

[18] Qin Z, Jung G S, Kang M J, et al. The mechanics and design of a lightweight three-dimensional graphene assembly . Science Advances, 2017, 3(1): e1601536.

[19] Dreyer D R, Park S J, Bielawski C W, et al. The chemistry of graphene oxide. Chemical Society Reviews, 2010, 39: 228-240.

[20] Craciun M F, Russo S, Yamamoto M, et al. Tuneable electronic properties in graphen. Nano Today, 2011, 6: 42-60.

[21] Neuberger N, Adidharma H, Fan M H. Graphene: A review of applications in the petroleum industry. Journal of Petroleum Science and Engineering, 2018, 167: 152-159.

[22] Bhongale S G, Gazda J, Samson E M. Graphene barriers on waveguides. WO/2016/068952. 2016-05-06.

[23] Li C, Gao X, Guo T T, et al. Analyzing the applicability of miniature ultra-high sensitivity Fabry-Perot acoustic sensor using a nano thick graphene diaphragm. Measurement Science and Technology, 2015, 26(8): 122-130.

[24] Ma J, Jin W, Ho H L. High-sensitivity fiber-tip pressure sensor with graphene diaphragm. Optics Letters, 2012, 37(13): 2493-2495.

[25] Ma J, Xuan H, Ho H L, et al. Fiber-optic fabry-perot acoustic sensor with multilayer graphene diaphragm. Photonics Technology Letters, 2013, 25(10): 932-935.

[26] Genorio B, Peng Z, Lu W, et al. Synthesis of dispersible ferromagnetic graphene nanoribbon stacks with

enhanced electrical percolation properties in a magnetic field. ACS Nano, 2012, 6(11): 10396-10404.

[27] Clarkraborty S, Digiovanni A A, Agrawal G, et al. Graphene-coated diamond particles and compositions and intermediate structures comprising same: US9103173B2. 2015-8-11.

[28] Keshavan M K, Zhang Y H, Shen Y L, et al. Polycrystalline diamond materials having improved abrasion resistance, thermal stability and impact resistance: US8309050B2. 2012-11-13.

[29] Ocsial Company. Drilling speed increased by 20%—yet another upgrade in the oil & gas sector made possible by graphene nanotubes . (2019-01-14) [2019-11-12]. https://ocsial. com/en/news/340/.

[30] Jamrozik A. Graphene and graphene oxide in the oil and gas industry. AGH Drilling, Oil, Gas, 2017, 34(3): 731-744.

[31] 宣扬, 蒋官澄, 黎凌, 等. 高性能纳米降滤失剂氧化石墨烯的研制与评价. 石油学报, 2013, 34(5): 1010-1016.

[32] 王琴, 王健, 吕春祥, 等. 氧化石墨烯水泥浆体流变性能的定量化研究. 新型炭材料, 2016, 31(6): 574-583.

[33] Aftab A, Ismail A R, Ibupoto Z H. Enhancing the rheological properties and shale inhibition behavior of water-based mud using nanosilica, multi-walled carbon nanotube, and graphene nanoplatelet . Egyptian Journal of Petroleum, 2017, 26: 291-299.

[34] 赵磊, 蔡振兵, 张祖川, 等. 石墨烯作为润滑油添加剂在青铜织构表面的摩擦磨损行为. 材料研究学报, 2016, 31(1): 57-62.

[35] Taha N M, Lee S. Nano graphene application improving drilling fluids performance // International Petroleum Technology Conference, Doha, 2015.

[36] Luo D, Wang F, Zhu J Y, et al. Nanofluid of graphene-based amphiphilic Janus nanosheets for tertiary or enhanced oil recovery: High performance at low concentration. PANS, 2016, 113(28): 7711-7716.

[37] 袁路路. 石墨烯负载镍、钴纳米复合材料的制备及其在稠油催化降黏中的应用研究. 郑州: 河南大学, 2017.

[38] Elshawaf M. Investigation of graphene oxide nanoparticles effect on heavy oil viscosity // SPE Annual Technical Conference and Exhibition, Dallas, 2018.

[39] 贾海鹏, 苏勋家, 侯根良, 等. 石墨烯基磁性纳米复合材料的制备与微波吸收性能研究进展. 材料工程, 2013, 5: 89-93.

[40] Yang S D, Chen L, Wang C C, et al. Surface roughness induced superhydrophobicity of graphene foam for oil-water separation. Journal of Colloid and Interface Science, 2017, 508: 254-262.

[41] 邱丽娟, 张颖, 刘帅卓, 等. 超疏水、高强度石墨烯油水分离材料的制备及应用. 高等学校化学学报, 2018, 39(12): 2758-2766.

[42] 王垚, 李春福, 林元华, 等. SMA 在石油工程中的应用研究进展. 材料导报, 2016, 30(28): 98-102.

[43] 朱光明, 魏坤, 王坤. 形状记忆聚合物及其在航空航天领域中的应用. 高分子材料科学与工程, 2010, 26(8): 168-171.

[44] 张新民. 智能材料研究进展. 玻璃钢/复合材料, 2013, (6): 57-63.

[45] 童征, 沈泽俊, 石白茹, 等. 基于形状记忆聚合物的封隔器研制. 石油机械, 2014, 42(6): 69-71.

[46] Lendlein A. Shape-memory ploymers. Advances in Polymer Science, 2010, 226: 1-6.

[47] Mansour A, Ezeakacha C A. Taleghani D, et al. Smart lost circulation materials for productive zones // SPE Annual Technical Conference and Exhibition, San Antonio, 2017.

[48] Mansour A K, Taleghani A D, Li G Q. Smart lost circulation materials for wellbore strengthening // 51st US rock mechanics/ Geomechanics symposium, San Francisco, 2017.

[49] Taleghani A D, Li G, Moayeri M. The use of temperature-triggered polymers to seal cement voids and fractures in wells // SPE Annual Technical Conference and Exhibition, Dubai, 2016.

[50] Santos L, Taleghani A D, Li G Q. Smart expandable proppants to achieve sustainable hydraulic fracturing

treatments // SPE Annual Technical Conference & Exhibition, Dubai, 2016.

[51] Santos L, Taleghani A D, Li G Q. Expandable diverting agents to improve efficiency of refracturing treatments // Unconventional Resources Technology Conference, Austin, 2017.

[52] Wang X L, Osunjaye G. Advancement in open hole sand control applications using shape memory polyer // SPE Annual Technical Conference and Exhibition, Dubai, 2016.

[53] Osunjaye G, Abdelfattah T. Open hole sand control optimization using shape memory polymer conformable screen with inflow control application // SPE Middle East Oil & Gas Show and Conference, Manama, 2017.

[54] Truong D Q, Ahn K K. MR fluid damper and its application to force sensorless damping control system. DOI: 10. 5772/51391, 2012.

[55] 姚黎明, 王竹轩, 顾玲, 等. 磁流变液及其工程应用. 液压与气动, 2009(7): 64-66.

[56] Mahmoud O, Nasr-EI-Din H A, Vryzas Z, et al. Effect of ferric oxide nanoparticles on the properties of filter cake formed by calcium bentonite-based drilling muds. SPE Drilling & Completion, 2017, 33(4): 363-376.

[57] Mahmoud O, Nasr-EI-Din H A. Nanoparticle-based drilling fluids for minimizing formation damage in HP/HT Applications. SPE Drilling & Completion, 2016, 33(1): 12-26.

[58] Vryzas Z, Mahmoud O, Nasr-EI-Din H A, et al. Development and testing of novel drilling fluids using Fe_2O_3 and SiO_2 nanoparticles for enhanced drilling operations // International Petroleum Technology Conference, Doha, 2015.

[59] Vryzas Z, Kelessdis V C, Bowman B J M. Smart magnetic drilling fluid with in-situ rheological controllability using Fe_3O_4 Nanoparticles // SPE Middle East Oil & Gas Show and Conference, Manama, 2017.

[60] Nair S D, Wu Q, Cowan M, et al. Cement displacement and pressure control using magneto-Rheological fluids // IADC Drilling Conference and Exhibition, London, 2015.

[61] Ermila M, Eustes A W, Mokhtari M. Using magneto-rheological fluids to improve mud displacement efficiency in eccentric annuli // SPE Eastern Regional Meeting, Lexington, 2012.

[62] Ermila M, Eustes A W, Mokhtari M. Improving cement placement in horizontal wells of unconventional reservoirs using magneto-rheological fluids // The SPE/AAPG/SEG Unconventional Resources Technology Conference, Denver, 2013.

[63] Sengupta S. An innovative approach to image fracture dimensions by injecting ferrofluids // International Petroleum Conference and Exhibition, Abu Dhabi, 2012.

[64] Aderibigbe A, Cheng K, Killough J. Detection of propping agents in fractures using magnetic susceptibility measurements enhanced by magnetic nanoparticles // SPE Annual Technical Conference and Exhibition, Amsterdam, 2014.

[65] 孙涛. 压裂裂缝监测用纳米磁流体制备与性能研究. 青岛: 中国石油大学 (华东), 2016.

[66] 罗明良, 孙涛, 温庆志, 等. 一种基于磁流变液的油气井暂堵剂及其制备方法与应用: CN103834375A. 2014-06-04.

[67] Sherkhawat D S, Agarwal A, Agarwal S, et al. Magnetic recovery-injecting newly designed magnetic fracturing fluid with applied magnetic field for EOR // SPE Asia Pacific Hydraulic Fracturing Conference, Beijing, 2016.

[68] 罗霄, 姚晓, 张亮, 等. 水乳树脂改善油井水泥石力学性能研究. 石油天然气学报 (江汉石油学院学报), 2010, 32(3): 285-289.

[69] 王伟. 环氧树脂固化技术及其固化剂研究进展. 热固性树脂, 2001, 16(3): 29-34.

[70] 卢海川, 李宗要, 高继超, 等. 油气井用合成树脂胶凝材料研究综述. 钻井液与完井液, 2018, 35(5): 1-7.

[71] 岳泉, 李峥, 张伟民. 高强度酚醛树脂覆膜砂的研究. 热固性树脂, 2020, 35(2): 26-29.

[72] 张伟民, 刘三琴, 崔彦立, 等. 树脂覆膜砂支持研究进展. 热固性树脂, 2011, 26(6): 55-59.

[73] Knudsen K, Leon G A, Sanabria A E. First application of thermal activated resin as unconventional LCM In the middle east // The International Petroleum Technology Conference, Kuala Lumpur, 2014.

[74] Halliburtion. WellLock® Resin provided well integrity to withstand forty-two fracturing stages(2020-08-03) [2020-09-04]. https://cdn. brandfolder. io/CKWP7PVX/at/z8h973nxjwtnghxbj6cw/ Well-Integrity-to-Withstand-Forty-Two-Fracturing-Stages_Welllock-Case_Study_H011271. pdf.

[75] Sanabria A E , Knudsen K, Leon G A. Thermal activated resin to repair casing leaks in the middle east // International Petroleum Exhibition & Conference, Abu Dhabi, 2016.

[76] Al-Ansari A A, Al-RefaiI M, Al-Beshri M H. Thermal activated resin to avoid pressure build-up in casing-casing annulus (CCA) // SPE Offshore Europe Conference and Exhibition, Aberdeen, 2015.

[77] Harper A K, Green J W, Dewendt A. Formation water reduction technology proves successful in the field. World Oil, 2018, (11): 65-67.

[78] Green J, Dewendt A, Terracina J. First propant designed to decrease water production // SPE Annual Technical Conference and Exhibition, Dallas, 2018.

[79] 卢海川, 李宗要, 高继超, 等. 油气井用合成树脂胶凝材料研究综述. 钻井液与完井液, 2018, 35(5): 1-7.

[80] 阚黎黎, 王明智, 史建武, 等. 超高韧性水泥基复合材料自愈合研究进展. 功能材料, 2015, 46(5): 5001-5006.

[81] 王胜翔, 张易航, 林枫, 等. 自愈合油井水泥研究进展. 硅酸盐通报, 2020, 39(5): 1377-1389.

[82] 杨振杰, 齐斌, 刘阿妮, 等. 水泥基材料微裂缝自修复机理研究进展. 石油钻探技术, 2009, 37(3): 124-128.

[83] Sozonov A S, Sukhachev V Y, Olennikova O V, et al. First implementation of self-healing cement systems in H_2S/CO_2 aggressive environment across pay-zone // SPE Russian Petroleum Technology Conference, Virtual, 2020.

[84] Roy-Delage S L, Comet A, Garnier A, et al. Self-healing cement system-a step forward in reducing long-term environmental impact // IADC/SPE Drilling Conference and Exhibition, New Orleans, 2010.

[85] Noshi C I, Schubert J J . Self-healing biocement and its potential applications in cementing and sand-consolidation jobs: A review targeted at the oil and gas industry //SPE Liquids-Rich Basins Conference-North America, Midland, 2018.

[86] Nguyen H, Choi J, Song K, et al. Self-healing properties of cement-based and alkali-activated slag-based fiber-reinforced composites. Construction and Building Materials, 2018, 165(3): 801-811.

[87] Shadravan A, Amani M. A decade of self-sealing cement technology application to ensure long-term well integrity // SPE Kuwait Oil and Gas Show and Conference, Mishref, 2015.

[88] Cavanagh P H, Johnson C R , Roy-Delage S L, et al. Self-healing cement-novel technology to achieve leak-free wells // SPE/IADC Drilling Conference, Amsterdam, 2007.

[89] Ansari M, Taqa A, Hassan M, et al. Performance of modified self-healing concrete with calcium nitrate microencapsulation. Construction and Building Materials, 2017, 149(9): 525-534.

[90] Peng Z, Yu C, Feng Q, et al. Preparation and application of microcapsule containing sodium potassium tartrate for self-healing of cement. Energy Sources, Part A: Recovery, Utilization, and Environmental Effects, 2019, 20(9): 2-13.

[91] 常丽君. "生物混凝土" 可修复裂缝. 科技日报, 2015-05-29(001).

[92] Chekroun K, Navarro C, Munoz M, et al. Precipitation and growth morphology of calcium carbonate induced by myxococcus xanthus: implications for recognition of bacterial carbonates. Journal of Sediment Research, 2004, 74(6): 868-876.

[93] Chen L, Shen Y, Xie A, et al. Bacteria-mediated synthesis of metal carbonate minerals with unusual morphologies and structures. Crystal Growth & Design, 2009, 9(2): 743-754.

[94] Ganendra G, Muynck W, Ho A, et al. Formate oxidation-driven calcium carbonate precipitation by methylocystis parvus OBBP. Applied and Environmental Microbiology, 2014, 80(15): 4659-4667.

[95] 杨振杰, 齐斌, 刘阿妮, 等. 水泥基材料微裂缝自修复机理研究进展. 石油钻探技术, 2009, 37(3): 124-128.

[96] 房岩, 孙刚, 丛茜, 等. 仿生材料学研究进展. 农业机械学报, 2006, 37(11): 163-167.

[97] 高科, 李梦, 董博, 等. 仿生耦合聚晶金刚石复合片钻头. 石油勘探与开发, 2014, 41(4): 485-489.

[98] 徐良, 孙友宏, 李治文, 等. 仿生孕镶金刚石钻头在山东玲珑金矿的试验. 地质与勘探, 2008, 44(4): 79-82.

[99] 徐良, 孙友宏, 高科. 仿生孕镶金刚石钻头高效碎岩机理. 吉林大学学报: 地球科学版, 2008, 38(6): 1015-1019.

[100] 宣扬, 蒋官澄, 李颖颖, 等. 基于仿生技术的强固壁型钻井液体系. 石油勘探与开发, 2013, 40(4): 497-501.

[101] 蒋官澄, 宣扬, 王金树, 等. 仿生固壁钻井液体系的研究与现场应用. 钻井液与完井液, 2014, 31(3): 1-5.

[102] 孙金声, 雷少飞, 白英睿, 等. 智能材料在钻井液堵漏领域研究进展和应用展望. 中国石油大学学报 (自然科学版), 2020, 44(4): 100-110.

[103] 舒小波, 万里平, 陈晔希. 气体钻井地层出水仿生处理技术研究. 西安石油大学学报 (自然科学版), 2017, 32(5): 73-77.

[104] 舒小波, 孟英峰, 李皋. 基于仿生技术的泥页岩井壁稳定处理液研究. 石油钻探技术, 2017, 45(3): 15-20.

[105] 刘合, 杨清海, 裴晓含, 等. 石油工程仿生学应用现状及展望. 石油学报, 2016, 37(2): 273-279.

[106] Jin X, Ding B, Chang L L, et al. Application of bionic metal foam with water control technology for sand control screen // SPE/IATMI Asia Pacific Oil & Gas Conference and Exhibition, Nusa Dua, 2015.

[107] Saggaf M M. A Vision for future upstream technologies. Journal of Petroleum Technology, 2008(3): 54-55, 94-98.

[108] 李瑶, 王雷, 赵金海, 等. 仿生材料的研究进展. 黑龙江科学, 2012, 3(1): 32-34.

[109] Maurer W C, Leitko C E, Hightower M. Coiled-tubing high-pressure jet drilling system. Houston: Report for project DE-FC26-97FT33063, 2004.

[110] 彭勇, 顾雪林, 常德友. 碳纤维连续抽油杆的应用现状及研究方向. 石油机械, 2005, (10): 76-78.

[111] 杨晓峰, 赵新刚, 王贤慧. 碳纤维复合材料抽油杆研究进展. 化工新型材料, 2011, 39(8): 11-14.

[112] 吴大飞, 李雪辉, 刘寿军, 等. 新型碳纤维连续抽油杆作业机的研制. 石油机械, 2018, 46(7): 84-88.

[113] 易明. 碳纤维复合材料在深海油气开发中的应用. 新材料产业, 2013(11): 31-36.

[114] 于柏峰, 苏峰. 碳纤维复合材料在深海油气开发中的新应用. 材料工程, 2008, 增刊: 176-179.

[115] 张冠军, 齐国权, 戚东涛. 非金属及复合材料在石油管领域应用现状及前景. 石油科技论坛, 2017, 36(2): 26-31.

[116] Gibson A G, Linden J M, Elder D, et al. Non-metallic pipe systems for use in oil and gas. Plastics, Rubber and Composites, 2011, 40(10): 465-480.

[117] Badeghaish W, Noui-Mehidi M, Salazar O. The future of nonmetallic composite materials in upstream applications // SPE Gas & Oil Technology Showcase and Conference, Dubai, 2019.

[118] 严彬涛. 碳纤维材料在石油行业中的应用. 金属世界, 2015(5): 8-10.

第三章

信息科学与石油工程跨界融合进展与展望

数字化作为新一轮产业变革和科技革命的新引擎和核心驱动力，已经成为引领未来发展的战略性新兴技术，正在对各行业产生深刻影响。国内外石油公司正在聚焦市场需求，加强自主创新，积极探索数字创新的前沿技术，推动信息科学与油气行业的深度融合，实现业务的数字化和企业的数字化转型。

第一节　工业物联网技术

国际石油公司在 20 世纪 80 年代将信息技术引入油气勘探生产领域，90 年代逐渐研究并建立起一套信息系统，包含数据采集、数据信息传输、井场信息数据库、工程设计、工程施工监测和现场施工生产指挥。通过将信息技术大量应用于企业的生产经营管理决策，提高了企业的创新能力、应变能力和综合竞争力。随着信息科学、管理科学和人工智能的发展，国际石油公司基本实现了生产数据实时采集、传输、处理、决策等信息化流程，利用信息技术加速业务决策，为业务流程优化、知识管理、部门或团队协作提供了强有力的工具和手段，从而优化了公司业务结构和经营方式，提高了核心竞争力，取得了巨大的经济效益。目前，工业物联网已经成为世界新一轮经济和科技发展的战略制高点之一，发展工业物联网对于提升和保持行业竞争力具有重要的现实意义。

一、工业物联网及其在石油工程中应用的优势

（一）工业物联网技术及其特点

物联网是物物相连的互联网，通过使用设备传感器和具备机器学习功能的数据分析系统，采集作业现场设备产生的海量数据，模拟这些设备的工作方式并解释影响其行为的因素，为减少意外停机、提高生产效率提供信息，实现对设备、人员及故障的有效管控。

工业物联网（industrial internet of things，IIoT）是集传感器、物联网、大数据、云计算于一身的新生事物，是工业现代化及数据与物质世界更深层次的融合。几十年来，工业产品的竞争主要体现在使用效果和使用寿命上，而今天已经变成先进机械与传感器、软件与分析的结合。通过这些结合，人们可以更加了解自己的工作，更加有效地管理资产和业务，从而最大化降低成本。和工业大数据一样，工业物联网也是工业 4.0 九大支

柱技术之一。不仅如此，IIoT 更可以说是工业 4.0 的核心基础。正是由于 IIoT 的进步，使得人们可以极低的成本获取大量数据，才使工业大数据、工业 4.0 成为可能 [1]。

IIoT 的主要特征：一是智能感知。通过声光电磁等各类传感器技术，直接获取产品从研发、生产、运输直到销售至终端用户使用的各个阶段信息数据。二是智能处理。利用云计算、云存储、模糊识别及神经网络等人工智能技术，对数据和信息进行分析处理，发现和挖掘数据的价值。三是互联互通。通过各类不同协议的专用网络和互联网相连，实现工业过程各个阶段、各类设备的信息实时、准确无误传递。四是自我迭代。通过将资源数据清洗、处理、分析和存储，形成可传承的知识库、模型库和资源库，不断迭代和自我优化，持续完善决策和控制能力，实现系统级的效率优化。

（二）工业物联网在石油工程中应用的优势

石油工程作业过程涉及的装备众多、流程复杂，利用工业物联网平台可以进行设备的故障预测、故障诊断和设备优化 [2-5]。

1. 故障预测

物联网技术可以监控与故障关联性强的重要参数以预测风险，并采取主动措施解决问题或者减少故障造成的损失。如，利用高级分析和机器学习技术对海量数据进行分析以快速识别异常所在；通过对设备传回的含有大量信息的连续信号进行分析，确定表征设备状态发生变化的微小信号，领域专家在此基础上对相关数据进行分析以确定是否需要对作业措施进行纠正。另外，物联网还可以统计每台设备在生命周期内发生错误或故障的情况，并结合影响设备发生故障的相关进程建立模型。这些模型可以用来确定设备状态、预测设备发生故障的可能性以及设备可能发生故障的时间，这将使维修人员在设备发生故障前做好相关准备，甚至提前开展设备预见性维护。

2. 故障诊断

物联网技术提供可直接用于识别故障产生原因的相关数据和模型，以及有助于更快修复故障所需的器件和操作流程，从而在降低服务成本的同时更快地获得回报。如在了解设备状态并接收到即将发生故障的警报时，操作员可以分析相关数据，以确定问题发生的原因、制定维修设备的最优化方法，进而将作业中断时间最小化。另外，物联网还可以高效利用环境条件、设备规格、维护记录等外部数据，有利于确定故障发生的根本原因，有助于快速确定需要进行维护的设备及其具体部件。进一步拓展外部数据，使其链接到企业的资产管理系统等其他信息资源，帮助实现库存管理自动化，并协助建立详细的维修计划，有利于提高首次维修成功率的可能性。

3. 设备优化

石油工程地面装备、井下工具仪器的运行状态与作业环境、地下温度等条件有关，当设备处于最佳运行状态时，有利于其延长工作时间、提高工作效率、降低故障发生概率、增加产出及减少能耗。物联网可以通过比较同类设备的相关数据，了解环境因素对其性能的影响，进而提出策略建议，如当泵性能下降时，物联网系统可以提示操作员修改增加转速的相关参数，以提升其性能且不会产生负面影响。当操作员对相关情况作出反应时，系统可以进行渐进式自主学习，以了解参数变化与操作员反应之间的关系，从而变得更加智能。另外，物联网还可以建立数字模型以规定优化的标准，通过将这些参数与现场设备参数进行对比，有助于更准确地识别潜在问题及准确确定相关解决方案，进而提高生产效率。

二、工业物联网与石油工程融合应用

近年来，随着电子器件制造成本降低和设备数字化转型的兴起，工业物联网技术得到了蓬勃的发展。在油气行业领域，工业物联网主要应用方向是生产与管理系统优化、设备运行状态监控与预见性维护、安全监管等方面。

（一）人工举升

数字化转型并非局限于单一技术的进步，而是通过对运营方式、业务模式、操作流程等各环节的重新定义，实现生产制造优化，是一项系统性工程。通过物联网设备采集井下和地面装备运行状态信息，监控评估人工举升过程运行状态，开展实时数据分析，及时优化调整操作，有效预防事故，提高举升效率。

威德福公司和英特尔公司通过跨界合作，研发了基于物联网和云计算的油气生产优化平台 ForeSite™，原理如图 3-1 所示[6]。ForeSite™ 是一款基于 Web 的应用软件，具有方便易用的界面和清晰的视觉提示。该平台采集各监测点的实时传感器数据，然后从储层、油气井、油田到地面井网进行全方位数据分析，通过将物理模型和先进的数据分析技术相结合，可以有效地增加储层、油井及地面设备的服役时间，提高工作效率，最终延长资产生命周期，提高油田整体效益。

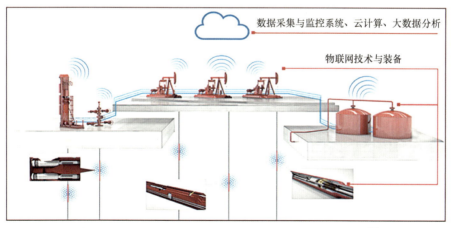

图 3-1　基于物联网和云计算的油气生产优化平台 ForeSite™

ForeSite™ 平台通过参照历史数据、实时监测数据和物理模型，形成直观可视化界面，借助数据分析提高生产效率。其主要功能包括：①实时监控数据，并且在检测到关键参数变化时发出智能预警，操作人员据此可以直接对油井发出操作指令，该预警可以通过移动设备传输。②通过完备的日常检查，可以有效延长平均故障间隔时间。平台利用预测分析工具，对油井工作现状进行追踪记录，操作人员在 PC 端可以轻易地看到历史故障及预测故障热点图，从而有效预测设备故障。③操作人员可以采用任何频率收集数据，从而满足数据分析需要，并且诊断分析油井性能随时间的变化情况，该系统可快速调用多张历史示功图。④平台基于实时数据以及历史数据，通过数据获取、建模、流体性质与 PVT 分析，结合流体动力学理论，可以有效地帮助作业者分析解决问题，并为油井全生命周期设计最佳的维护方案。⑤通过整合优化 Everitt-Jennings 算法与 Gibbs 方法，提供抽油杆负载情况分析，估算抽油杆受力情况，识别井下故障情况。

ForeSite™ 平台开放式的结构使其具有较好的扩展性，通过结合多种分析工具，可以实现从单井到全油田数据的高效分析，从而最大化提高油田产量以及资产收益率。威德福利用 ForeSite™ 平台完成了 150000 口井的人工举升优化，大大提高了油井的生产效率，降低了开采成本。

康菲公司圣胡安油田的柱塞举升优化系统 PLOT 中安装了比传统系统更多的传感器，加大了数据采集频率，通过进行 500 次以上的运算来决定最优设置和警报状态，还提供可视化工具并自动生成图表和报告。利用实时监控，通过计算压力、温度在不同井位的差异，可以迅速判断处于产量峰值的井和需要优化调节的井，还可以全方位监测设备运行状态，降低事故发生率。这套以物联网为基础的优化操作系统将 4500 口生产井的单井产量提高了 5% ～ 30%。

（二）多相流量计监测

艾默生电气公司研发了基于工业物联网的多相流量计监测系统，该系统利用云技术远程监测井口的流量计情况，为油气生产商提供了一种优化井口监测的方法，能够有效降低运营成本、提高作业安全性[7]。该系统使用了微软的 Azure 云服务和数据分析工具，可提供安全、具备扩展性的云环境，是艾默生 Plantweb 数字生态系统的重要组成部分。其应用范围包括：对工厂设备和作业过程进行远程连续评估、提供有助于提高效率和避免意外停机的信息、最大限度地提高运行状况的稳定性等。基于工业物联网的多相流量计监测服务，可对 Roxar 2600 多相流量计进行性能监控（Roxar 2600 是一种在油田应用广泛、应用时间超过 25 年的多相流量计，可精确测量油井生产能力），并将现场采集的多相流量计数据发送给艾默生电气公司专家进行远程分析，有利于优化设备性能，实现设备主动维护等，为试井、无人井口平台、生产计量、井口监测提供了新的解决方案。该系统充分利用艾默生电气公司的物联网技术，提高了关键设备的可靠性。通过使用安全连接体系，实现了数据从流量计到微软 Azure 云服务的安全传输，专家从 Azure 云服务中获取数据后，便可直接进行分析处理，无需派遣人员到现场，分析的结果可协助确定生产隐患、避免生产事故等。该系统的另一重要用途是提供定期性能报告、持续数据共享及仪表性能评估等，可帮助工作人员全面了解生产全过程，为规划现场生产活动、制定维护方案提供依据。

（三）设备监测与维护

传感器在设备端采集数据传输至仪器设备监控中心，控制平台根据实时数据进行评估分析，对设备维护时间和内容进行优化，确保设备正常运转。

2016 年，通用电气研发了全球第一个面向工业设备的 Predix 工业互联网平台，该平台借助系列特色传感器，利用云计算和人工智能技术，具备高效的数据采集、存储、分析和机器学习能力。Predix 附带的"数字孪生（digital twins）"项目可以对某个设备的整体或部分进行数字化模拟，分析未来运行情况，最大限度减少非作业时间，降低风险损失。Predix 操作平台打破了数据信息之间的壁垒，使此前应用于一个专业甚至一类设备的数据信息能够与其他全部信息进行真实地共同比对。Predix 操作平台的分析结果被迅速应用于设计改进和新品研发，通过数字技术连接"物理"与"分析"两个领域，实现信息世界与物理世界的双向互动，向着工业设备大规模定制化方向发展。按照云计算领域的产品服务分类，Predix 属于"平台即服务（PaaS）"类产品，包括开发或运行应用程序时可以使用的"应用程序的应用环境"和"事先准备好的软件产品"等[8]。斯伦贝谢公司的 DELFI 主要用于员工之间的工作协同，难以和 Predix 这种工业级别的数字化平台相比拟。

贝克休斯公司依托 Predix 平台开发各类数字化管理系统应用程序，覆盖运营、储层、设备、作业等重点领域[9]，如图 3-2 所示，包括：①油田开发与计划类应用程序，例如 Jewelsuite 系统采集地下各类数据信息，集成地质建模、地质力学、油藏模拟及可视化软件，提供油田开发计划优化方案，优化油井的人工举升过程、预测生产设备生命周期、优化注水管理。②生产与采收率优化类应用程序，例如 IntelliStream 生产优化系统采集设备、油藏、运营、维修和人员的各类数据，监测和分析油气井人工举升生产情况，预测设备运营状态，利用人工智能优化方案，提高采收率，减少非生产时间，降低作业成本，增加项目总体效益。③资产绩效管理类应用程序，例如 APM 系统监测分析各项设备运营情况，对潜在故障进行早期预警，预测诊断方案，形成设备资产管理和发展策略的通用方法；完整性监测功能助力企业全面检查，降低操作者风险的同时降低检查成本，并确保与固定资产相关的监管合规合法。2018 年，贝克休斯公司基于 APM 软件同全球最大的检测服务商 SGS 达成协议，共同打造了设备腐蚀预测管理系统。④基于人工智能和机器深度学习方法，可提供定制化的数字解决方案。

图 3-2　贝克休斯 Predix 工业互联网平台架构

Predix 平台可适用于云计算和边缘设备两种运行环境。在云计算运行环境中，Predix 平台可以在亚马逊 Amazon Web Service、微软 Microsoft Azure、谷歌云平台等提供服务器和存储的互联网公有云基础设施架构即服务（IaaS）上使用，也可以在客户的办公室、数据中心等局域网本地部署（On-Premise）上使用。在边缘设备运行环境中，客户依托定制的计算机和软件等边缘设备，在基础设施较为薄弱、无法连接互联网或局域网云计算服务的作业场所仍能够使用 Predix 平台。

（四）健康安全环保

现场人员配备智能穿戴设备，实时监测工作环境，及时发现事故隐患，保障生产和生命安全。马拉松石油公司的有害气体监测系统 Life Safety Solutions，将监测仪器安装在头盔上，可以对在有害气体超标环境中工作的操作者发出警告。这套安全解决方案还有一个意想不到的效果，即操作人员会更加严格遵守安全规范制度，因为若操作人员不配戴头盔，系统便会发出警告[10]。

壳牌石油公司旗下的研发公司 TechWorks 开发的物联网应用 Smart Torque System（STS）是一个集成的螺栓和法兰管理平台，它将支持蓝牙的数字扭矩扳手和平板电脑等移动设备相连接，并且将实时数据传入基于云的数据管理系统进行跟踪和记录，数据审查和质量保证成本降低多达 60%，系统泄漏测试通过率大于 99%，大大降低了设备停机的影响。

挪威康斯伯格集团与 BP 公司合作，开发出钻井作业早期预警和监测系统。采用 SiteCom 钻井软件，拥有一个类似仪表盘的屏幕，将收集到的信息汇聚成标准格式，用于监测钻井设施的运行状况，便于操作中信息的共享和钻井作业间的协作，系统的控制台为用户建立起一个适时的早期预警系统，提醒操作人员钻井时可能出现的问题，并跟踪钻井设备和作业状态，使得钻井操作更加安全规范化。

三、应用关键与发展展望

目前油气业的工业物联网应用处于起步阶段，在实际操作中还存在着不少挑战，涉及系统整合与标准统一、通信技术及网络安全保障等方面。然而作为工业数字化的主要内容，工业物联网将继续与各类新技术产品相结合，其发展趋势包括：

（1）结合工程计算和模拟技术，对井筒、钻机等物理实体进行数字映射、进行实时监测、分析及控制，建立"数字孪生"。

（2）结合自动导航和远程通信技术，利用空中无人机自动投掷地震数据采集节点，用于对难以进入的复杂陆地区域进行实时地质成像，如道达尔公司正在进行的 METIS 项目。

（3）结合芯片技术发展，增强物联网设备计算能力，采用边缘计算代替部分云端计算而节省时间和资源。

（4）结合正在发展的人工智能进行预测分析和区块链技术进行数据管理，形成新一代的物联网生态系统。

物联网推动的不仅仅是某个工业过程的改进或者某个行业的技术更新，更是新一代工业革命的进程。油气业数字化的趋势不可逆转，国外石油公司已经开始进行尝试性物联网应用项目，国内石油企业应借鉴国外技术和经验推进物联网在油气上游的应用，积极参与和推动石油工业数字化转型。

第二节 大 数 据

随着物联网、云计算的快速兴起及智能终端的快速普及，数据已经渗透到各个行业和领域，逐渐成为重要的生产因素，数据特性逐渐向更大、更快和更复杂的方向演变和发展，这催生了一个全新的概念——大数据。2011 年，麦肯锡发布《大数据——创新、竞争和生产力的下一个新领域》研究报告显示，大数据的关注程度达到历史新高度。油气行业正以比过去更快的速度获取更大的数据量及更加多样化的数据。油气勘探开发的工作对象是不可见的地下岩石和流体，因此石油工程对数据的依赖性更强，除了基于数以万计的传感器采集得到的数据外，还包含大量的半结构化和非结构化数据，从钻井、测井、录井和生产数据到日常写入的作业日志，都是可以快速增加至 TB 甚至 PB 级的信息。与传统信息技术相比，大数据技术对海量数据的分析和处理更为迅速和高效，可以提高决策的准确性、及时性和全面性，对油气的增储上产和降本增效起到至关重要的推动作用。

一、大数据及其在石油工程中应用的优势

（一）大数据及其特点

大数据技术目前并没有教科书式的明确定义，互联网数据中心（Internet Data Center，IDC）将其定义为基于高速的捕获、发现和分析技术，以经济的方式从超大规模数据中提取价值的一种全新的技术和构架。大数据的核心意义不在于掌握庞大的数据量，而在于从海量的结构化、非结构化数据中提取出有效数据，经过专业化处理获取有价值的信息，具有大体量（volume）、多样性（variety）、时效性（velocity）、准确性（veracity）和低密度价值（value）的 5V 特点。以数据为本质的大数据技术不仅是技术变革，更是理念、模式和应用实践的创新变革。

（二）大数据在石油工程中应用的优势

大数据的出现为各个行业提供了一种以经济、廉价的方式从超大容量、多样化数据中发现和提取价值的新途径。大数据技术的出现不仅改变了石油公司传统的思维模式和作业理念，还为石油行业的信息化发展提供了新的驱动力，具体表现在：①大数据技术可以帮助作业者快速、全面地实时分析、挖掘钻完井数据，快速做出正确的决策和预测，真正实现最大限度发现和开发剩余油。②大数据技术能够降低钻完井作业成本。利用大数据对海量历史、实时数据进行分析，可识别和洞察难以发现的潜在非生产时间，有效降低钻完井成本，提高作业效率。③大数据技术有助于降低数据治理成本。大数据高容

错性和强异构数据适应能力的特点，能够帮助石油公司在不使用统一的各级数据模型的情况下管理数据资产，提高数据应用收益[11-13]。

二、大数据与石油工程融合应用

利用大数据技术降低油气勘探开发成本和提高勘探开发效率已成为石油公司和油服公司发展的新突破点。随着油气勘探开发的深入和石油工程技术的发展，石油公司已经在勘探、地质、测录井、钻完井、开发等各个环节积累了海量数据，为大数据技术的应用奠定了良好的数据基础。相比互联网、航空、电子商务等行业，石油和天然气行业大数据研究、应用方面起步较晚。目前，国内外石油公司和油服公司正在尝试利用大数据技术实现生产运营的一体化和油藏地质工程技术的一体化。

（一）利用大数据平台促进多部门协同实现生产运营一体化

早期阶段，利用众多数据进行油气井动态分析时，通常需要花费数周的时间收集地层、钻完井、生产和财务等相关的数据。当作业者收集了来自不同钻机和不同油气井的数据集时，又很难充分利用这些数据进行深入有效的分析。康菲石油公司通过数年的攻关，研发的数据分析平台 IDW（Integrated Data Warehouses）可以避开这个耗时的数据收集、处理过程，同时能够对数据进行有效的挖掘分析，用于减少钻井时间、优化完井设计、提高地层的认识等。采用传统方法，康菲石油公司花费 80% ～ 90% 的时间来获取数据，数据整合、清洗和分析仅仅花费 10% ～ 20% 的时间。通过使用 IDW 平台后，可以将80% ～ 90% 的时间用于数据分析，数据采集的时间仅占 10% ～ 20%。

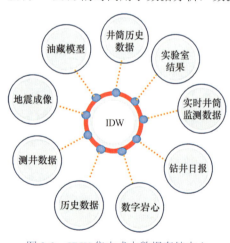

图 3-3　IDW 集中式大数据存储中心

IDW 是一个涉及多学科的集中式大数据存储中心，可存储分析包括地球科学、钻完井、油藏工程、生产、运营、财务等方面的数据，如图3-3 所示[14]。其精髓在于将具有不同功能的工作流程数据仓库整合起来，实现跨功能集成。不同业务部门的数据真正实现一体化存储、管理和分析，数据的体量、多样性、传输速度和质量均有了大幅提升，显著提高了获取有效信息的效率。此外，IDW 要求每个业务部门都采用一体化的运营方式来组建业务和信息技术多学科团队，建立了新的工作方式，力求实现业务知识与信息知识的融合。

康菲石油公司原有的理论模型正在通过新兴的数据分析方法得到扩充，如利用多变量分析和算法工具来开发优化模型，促使作业者可以不断调整优化完井设计，从而提高油气产量。在 Eagle Ford 页岩气开发中，采用 IDW 平台进行数据分析后，使每台钻机多钻 80% 的井，每口井多生产 20% 的产量。由于强大的数据分析能力，每口井的平均钻井周期从大约一个月缩短到 12 天，如图 3-4 所示。IDW 项目在 Eagle Ford 应用取得成效后，康菲石油公司推进 IDW 项目全球化战略，在加拿大、阿拉斯加以及其他 48 个业务部门采用了标准化的 IDW 项目架构和技术。

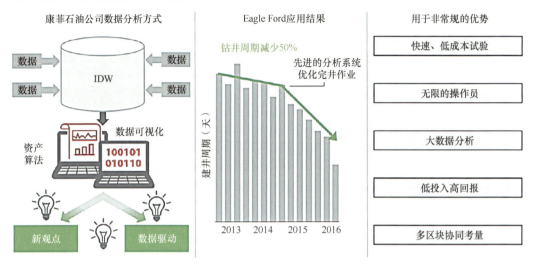

图 3-4　采用大数据分析后 Eagle Ford 页岩钻完井效果

（二）利用大数据平台增强多学科互通，实现技术一体化

在石油工程数字化转型过程中，斯伦贝谢在微软 Azure 云计算平台和 Azure Stack 混合云平台上开发了 DELFI 勘探开发信息平台，如图 3-5 所示[15]。该平台不仅改变了油气勘探开发的工作方式，还改变了工作模式，主要表现在：①利用大数据分析、机器学习、可视化呈现、高性能计算等数字化技术，帮助勘探开发所有参与者共同提高作业效率，最大限度优化生产，降低综合成本；②更大范围、更大程度增强地球物理、地质学、油藏工程、钻完井和生产领域之间的互通性，打破学科界限，真正实现技术一体化；③推

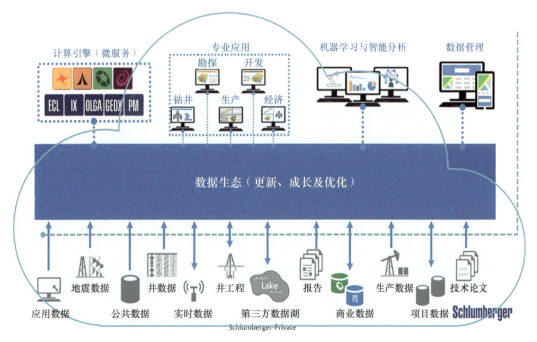

图 3-5　DELFI 勘探开发信息平台

动甲乙方加强作业协作，使勘探开发所有参与者能够在一个共同环境中制定计划，跟踪作业进展，及时获取所需的全部信息和专业技术指导，最大限度解决制约项目执行水平、影响工作效率的专业壁垒和沟通不畅；④实现系统开放共享，DELFI 平台核心组成部分通过开源处理为甲方和合作伙伴提供一个开放并可扩展的数字化生态系统，使其能在系统上开发或连接自己的专业软件，实现无障碍接入。

（三）利用大数据平台优化油气生产

计算单井和地层的产量分配耗时费力，是油气勘探风险价值评估中不可或缺的重要参考量。戴文能源公司的勘探部门在综合高级数据分析方法、地理信息系统（GIS）和信息技术（IT）的基础上，研发了适用于北美各地区的大数据分析平台。该平台可以根据复杂的油气井生产历史数据，快速计算和评估油气在产区中不同区域的生产情况，甚至精确到单一井筒各射孔层段的产量分配。地理信息系统制图工具可以为作业者提供分配产能数据界面，使用户可以直接在地图上做选择并使之数据化。大数据平台为用户创造了一个使用简单、交流通畅并且不需要任何编程知识就可以轻松完成的人机交互界面。

戴文公司大数据平台由四大板块构成：①Hadoop 系统，主要负责处理数据需求指令，目前历史和生产数据来自 IHS；② Hive 系统，主要负责数据筛选和智能结构化，优化后的数据将为运算节约高达 97% 的内存空间，有效地提高数据解释运行速率；③地理信息系统 GIS，主要负责绘制原始地理地质信息及数据解释后的视觉化油气藏各项指标地图；④ Impala 系统，是一项正在研制开发的记忆存储技术，未来会配合 GIS 系统为用户提供更高速的图像传播通道[16]。

将该平台应用于试验井 Parkins 22-20N-13W 的 Chester 目标产层，5min 内生成以目标井为中心、半径 12mi① 左右区域内油气累计产量分布图像。评估显示目标井周围 1mi² 区域内已生产约 87000bbl 当量油气，较高的已产油气量代表 Chester 层在该区域内存在较高的枯竭风险，可进一步指导接下来的布井开采计划和经济可行性分析。

（四）利用大数据平台预测钻井作业风险

当今世界 90% 的数据都是在过去几年产生的，并且增长速度还呈现出持续增加的趋势。石油与天然气行业也出现了这种趋势，如地震道数的持续增加，随钻测井和数字油田"智能井"信息的不断集成等，数据呈现出海量聚集爆发增长的新特征。以前的数据分析和解释局限于某一细分领域，如使用岩心数据来进行测井分析，或在地面地震解释中使用井筒声学测量，但极少同时使用岩心数据和地震数据。随着数据数量和种类的不断增加，传统数据分析手段已经无法有效分析利用这些大容量数据。

大数据技术不是简单地将不同类型和不同精度的数据进行累积叠加，而是利用很经济的方式，以高速地捕获、发现和分析数据，从各种超大规模的数据中提取价值。CGG公司利用大数据技术分析了英国大陆架钻井井段复杂情况，采用趋势分析和相关性分析方法来识别钻井风险，优化钻井参数[17]。利用 Teradata Aster 平台进行数据加载、质量控制和数据分析，输入了英国北海约 350 口井的钻井参数、测井资料、地质地层和井位数据，共 20000 个文件，数据格式包括 LAS、TXT、CSV、XLS 和 PDF 等。在数据质量控制方面，

---

① 1mi=1.609km。

数据管理专家解决了数据输入时遇到的各种问题，如 CAL、CALI、CAL1 和 C1 等同类测量数据的归一化处理，以及地层顶部被错误标记、数据列的丢失和错放等问题。加载所有类型的输入数据后，在钻井参数与井筒条件之间建立联系，考虑了钻压、机械钻速、扭矩和井径等钻井参数。通过单井、地层、地层地理位置，以及任何组合形式，可以将影响钻井质量的钻井参数显示出来。

在进行多口井数据分析时，使用传统方法非常耗时，且容易出现各种类型的错误。使用大数据分析钻井报告和其他文件在难易程度和速度上优势明显，应用前景广阔。

（五）利用大数据平台实现生产优化和降本增效

大数据技术已成为继互联网之后具有里程碑意义的革命性技术。目前石油行业面临的挑战之一是如何将传统石油业务与大数据分析相结合，更好地降本增效。通过降维、数据处理、运行状态诊断、预测和预警等技术，中石油大庆油田提出了一种基于大数据挖掘的油气生产解决方案，并初步建成了一套油气井生产大数据分析平台。该系统针对油气生产数据的尺度维度等特征，设计了一套整体架构如图 3-6 所示[18-20]，主要由以下几个部分组成：数据集成系统、存储系统、缓存系统、分布式计算系统、可视化系统、数据接口、油气井生产移动开发框架系统。

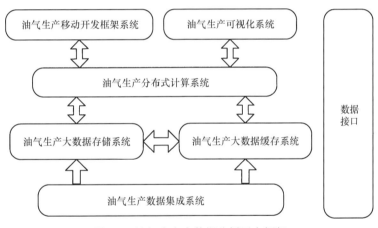

图 3-6 油气生产大数据分析平台框架

其中，油气井数据集成系统主要是通过转换和过滤处理，将油气井生产系统的各种常规数据源转化为适用于大数据存储和计算的数据形式；油气井生产大数据存储系统主要是将不同格式的数据存储到相应的存储系统中；缓存系统主要用于为需要频繁访问的数据提供存储；分布式计算系统以实现大规模快速实时计算为主要目标；可视化系统用于分析移动终端上的数据、绘制图表和演示地理信息；数据接口被设置为与数据源匹配、支持可视化处理及标准化数据封装和解析；移动开发框架为移动应用的开发提供了丰富的 API 和工具，在此基础上可以开发 Android 或 iOS 应用。

系统的底层库设计相对完善，内置了一套油气井生产的大数据基本分析算法库，如求和、求平均、最大或最小查找、排序、滤波和大规模矩阵运算等。同时还包括了一套高级算法库，该库基于 MLib 扩展实现，其中数据预处理被设计为一个独立的模块。高级算法库涵盖聚类、分类、相关分析和回归算法，也包括更复杂的深度学习算法库。系统顶层是应用计算模块，由油气井生产常用的功能组成，包括有杆泵、螺杆泵、潜水泵的产量预测、异常分析、生产要素关联分析、检泵周期分析、能耗分析、程序预测、实时预警、优化诊断等。开发人员可以直接调用这些应用模块，也可以对已创建的应用模块进行微调修改。

通过统一构建数据集成模型，结合大数据分析技术，该系统实现了生产诊断与维护管理等多方面的应用，主要包括基于 KNN（k-nearest neighbor）算法的油井生产状况诊断、基于多变量时间序列的抽油机生产性能分析与优化、基于模式挖掘的油井生产维护和增产处理性能分析与优化、基于模式识别的油井生产宏观管理等。

三、应用关键与发展展望

（一）应用关键

虽然大数据技术本身发展非常迅速，但目前石油工程领域的大数据技术还处于较低的发展水平，与我国当前大数据技术发展的政策要求存在较大差距。因此，还需要从大数据平台、数据采集、数据传输、数据分析等方面开展研究，快速推进大数据技术在石油工程中的推广应用。

（1）搭建大数据平台。统一的石油工程大数据平台是发展大数据技术的基础，只有加强石油工程各环节的数据共享，打破数据孤立分散、相互隔绝的局面，通过不同专业和部门之间信息数据共享，规范数据的采集、传输、存储、转换、集成和应用，提升数据一致性和可靠性，才可能真正实现一体化的数据融合。

（2）高频率、高精度的数据采集设备。实时数据采集是大数据技术应用于石油工程中最为基础和重要的环节。目前油田现场数据采集设备性能还无法达到采集速度快、精度高的标准。以起下钻过程中的卡钻事故为例，目前大钩载荷一般记录周期是 $3 \sim 5s$，这种周期只能粗略估计钻头遇阻情况，无法区分钻头与井壁正常碰撞、钻头携带岩屑堆积、钻头刮擦井壁泥饼等多种情况，因此无法判断钻头遇阻的原因和严重程度。如果将大钩载荷数据的采集周期降低到毫秒级，就有可能通过实时波形分析，区分不同的钻头遇阻情形，进而为操作决策提供参考，减少卡钻事故。因此，提高录井仪、MWD/LWD等数据采集设备的频率和精度是决定大数据技术能否成功应用于石油工程中的关键之一。

（3）高速、高可靠性、低成本的数据传输设备。目前石油工程常用的井下数据传输方式包括有线传输和无线传输两种。有线传输方式（电缆、钻杆）具有传输速度快、可双向传输等优点，但存在作业成本高、制造工艺复杂等缺陷。无线传输方式包括钻井液脉冲、电磁波、声波等，具有方法简单、成本较低等优点，但传输速率低、可靠性较差。随着实时分析解释技术的进步，更高的数据传输频次和可靠性才能为工程预警、工程分析提供更有价值的信息。

（4）大数据智能分析方法。石油工程大数据架构在分布式集群系统上，其核心是石油工程专业算法和业务数据处理算法，通过并行架构与数学分析模块，特别是机器学习与深度学习方式，实现针对专业化算法的智能升级，为石油工程专业算法的海量数据处理、并行计算等高性能处理提供基础。

（二）发展展望

大数据技术的发展不仅仅影响或改变了我们传统的思维方式，也给石油企业的信息化发展创造了前所未有的机遇。利用大数据技术优化石油工程作业、实现降本增效已成为各大石油公司的广泛共识。通过大数据挖掘，可以充分利用采集到的井下和地面信息，处理更大规模的数据，进而达到实时钻完井作业预测与决策、油田生产策略适时调整的目的。大数据技术在石油工程中将主要应用于以下两个方面：

（1）钻完井工程设计、施工与评估。其中钻井设计包括钻井设计、完井设计与压裂设计，钻完井施工包括钻井、录井、固井、完井、压裂等施工过程的监测与管理，钻完井评估包括钻井和压裂施工后评估。具体的应用场景包括钻速预测与钻井参数优化、钻头优选、地层三压力预测、钻头磨损监测、摩阻系数实时预测、井漏监测预警、井涌溢流监测预警、卡钻监测预警、钻井施工方案智能推荐、测井解释结果预测、压裂方案优化设计等。

（2）生产作业优化与设备预测性维护。生产作业优化包括通过大数据分析发现油气生产过程中指标的异常情况、油气产量的预测和分配、油气水井生产指标趋势变化预测、增产增注效果预测、生产成本控制优化等。设备预测性维护包括地面和井下设备运行状态监测、寿命预测、维修预警、故障排查等。

第三节　人工智能

人工智能（artificial intelligence，AI）是通过提高机器的计算力、感知力、认知力、推理能力等智能水平，使其具有判断、推理、证明、识别、感知、理解、沟通、规划和学习等思维活动，让机器能够自主判断和决策，完成原本要靠人类智能才能完成的工作。作为新一轮产业变革和科技革命的新引擎和核心驱动力，人工智能已经成为引领未来发展的战略性新兴技术，正在对各行业产生深刻影响。近年来，随着人工智能在油气勘探开发领域的不断应用，智能制造、智能井、智能油田等技术不断完善与丰富，正在对石油工程行业产生深刻影响。

一、人工智能及其在石油工程中应用的优势

（一）人工智能及其特点

人工智能是对人的意识、思维的信息过程的模拟，涉及认知科学、信息科学、思维科学、心理学、生物学等多个学科，目前已在自然语言处理、图像识别、智能机器人、模式识别等多个领域取得举世瞩目的成果，并形成了多元化的发展方向。从应用范围角度，人工智能可分为三类：弱人工智能、强人工智能、超人工智能。弱人工智能着重于模仿人类的推理过程，是现阶段技术水平可以达到的、专注于解决特定领域问题的人工智能。而强人工智能和超人工智能可以达到甚至超过人类感知、交互事物的能力，并且

可以通过自我学习的方式对所有领域的问题进行推理和解决，现阶段技术水平还无法实现。

人工智能诞生于 1956 年，历经三次发展浪潮，目前随着机器学习和深度学习的迅速发展，人工智能重新获得强大的发展动力，逐渐成为引领人类社会进入智能时代的核心驱动力，如图 3-7 所示。2013 年开始，美国、欧盟、中国、日本等世界主要大国开始对人工智能进行战略布局，而且不同国家的战略侧重点有所不同。美国偏重人工智能对国家安全、经济发展和科技引领的影响，日本期望利用人工智能推动智能社会的建设，欧盟国家重视人工智能带来的伦理、隐私、安全等方面的风险，而我国则聚焦于实现人工智能的产业化、规模化。

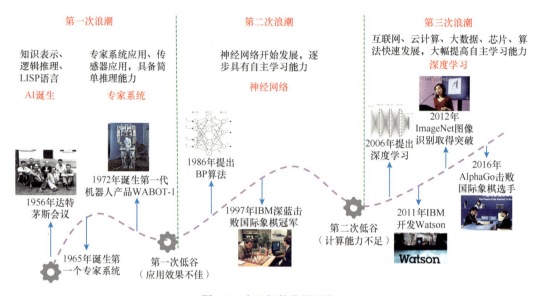

图 3-7　人工智能发展历程

经过 60 余年的发展，人工智能算法经历了从以"推理"为重点过渡到以"知识"为重点，最后发展到现在的以"学习"为重点，如图 3-8 所示，解决对象也从数学化、标准化的抽象问题过渡到现实复杂、不确定的问题。机器学习和深度学习的出现为机器从数据中自动获取规律并对未知数据进行预测提供了可能。按学习方式分类，机器学习包括监督学习、非监督学习、半监督学习和强化学习四类。深度学习是对人工神经网络的进一步发展，目的在于模拟人脑机制将低层特征进行组合得到抽象的高层特征来实现解释、分析和预测功能。典型的深度学习模型包括卷积神经网络和循环神经网络。

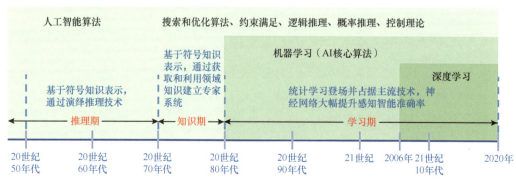

图 3-8　人工智能算法发展历程

人工智能技术的主要特点，一是通过计算和数据，为人类提供服务。即通过对数据的采集、加工、处理、分析和挖掘，形成有价值的信息流和知识模型，来为人类提供延伸人类能力的服务。二是对外界环境进行感知，与人交互互补。人工智能系统借助传感器等器件产生对外界环境（包括人类）进行感知的能力，对外界输入产生必要的反应，人与机器间可以产生交互与互动，使机器设备越来越"理解"人类乃至与人类共同协作、优势互补。三是拥有适应和学习特性，可以演化迭代。即具有一定的随环境、数据或任务变化而自适应调节参数或更新优化模型的能力，在此基础上通过与云、端、人、物越来越广泛深入数字化连接扩展，实现机器客体乃至人类主体的演化迭代，以使系统具有适应性、灵活性、扩展性，来应对不断变化的现实环境，从而使人工智能系统在各行各业产生丰富的应用。推动人工智能发展的驱动力主要有三个：数据、算法和算力。其中数据是基础，人工智能的价值蕴含在大数据中；算法是实现人工智能的根本途径，为数据挖掘提供有效技术支撑；算力则为人工智能提供了硬件的计算能力保障。

（二）人工智能在石油工程中应用的优势

与传统建模或数据分析方法相比，人工智能技术在钻井工程中应用主要具有以下优势：①能够在输入和输出变量之间无关系假设的情况下，对复杂的非线性过程进行建模；②计算结果比使用线性或非线性多元回归预测模型和经验模型更加准确；③能够通过分析大量数据，在不明确规则的情况下通过进行最终目标模型训练选取特征，具有自动学习特征的能力，并可以利用不完整或有噪声的数据；④成本效益较好，使用数据集进行系统训练，而不必编写程序，因此可能更具成本效益，也更易于应对变化；⑤降低了对算力的要求。以深度学习算法为例，通过采用多层调参、层层收敛的方式，保证参数的数量始终处于合理范围内，提高了模型的可计算性。

与其他工具一样，人工智能技术也有自身的局限性。如人工神经网络仅根据数据集训练反映输出和输入变量之间的关系，这使人们担忧其是否能较好地表征数据集。有人提出将多个算法组合成混合算法方案，或将人工智能算法与传统模型进行集成来解决黑盒子问题；使用遗传算法很难像使用数学编程方法那样真正发现问题和解决问题，为了深入发现问题，可能需要多次运行模型，评估解决方案对问题的各种假设和参数的敏感性，缺乏达到"最优"解决方案的能力。其他局限还包括处理时间较长、系统需要更大的计算资源并且有时会产生过度拟合等[21,22]。

二、人工智能与石油工程融合应用

在不断进步的数据采集、传输技术的协同下，人工智能技术可以在钻井设计、钻井实时优化、井筒完整性监控、风险识别、程序决策、压裂方案优化、预测性维护和生产优化等方面发挥积极作用，如图 3-9 所示，部分技术已经实现现场应用并取得良好效果，但整体还处于先期研发试验阶段。

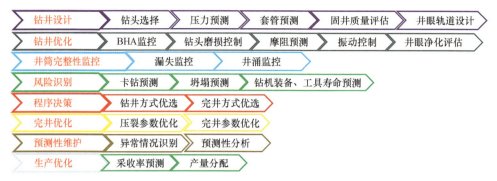

图 3-9　人工智能技术在石油工程中的应用

（一）钻井设计

钻井的优化设计是保证安全、高效和低成本的钻井作业的基础，人工智能技术可用于井眼轨道优化、钻头优选、地层破裂压力和漏失压力预测、套管下深优化、水泥浆性能预测等，可以提高钻井设计的准确性和可靠性。国民油井公司采用人工神经网络对钻头选择数据库的数据进行训练，数据库中包括钻头编码、岩石强度数据、地质力学、地层压实特征和对应于岩石的常规机械钻速值等信息，输入地理位置、地质特征、岩石力学数据后，即可输出选择的钻头类型、效果预测及使用指南，如图 3-10 所示[6]。科威特大学采用广义回归神经网络，输入深度、上覆地层压力梯度和泊松比等参数，即可预测破裂压力，精度在 1% 以内，比传统方法（Eaton 等方法）精确度更高[23]。卡尔加里大学采用反向传播神经网络，输入地理位置、深度、孔隙压力、套管腐蚀速率、套管强度等参数，预测套管失效的深度和概率，但该方法仍然需要进一步开展关键数据的提取，提高其预测结果的准确性[24]。斯伦贝谢公司采用人工神经网络（ANN），根据水泥的漫反射红外傅里叶变换光谱、粒度分布等来预测水泥浆性能[25]。

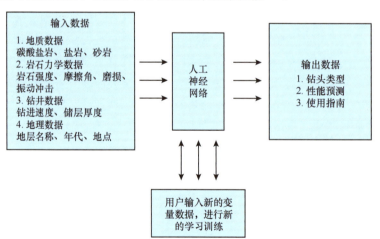

图 3-10　国民油井公司使用人工智能分析方法优选钻头

（二）钻井优化

钻井过程参数的优化主要通过对井下机械钻速、井底钻具组合响应特性、钻柱振动、钻头性能、钻遇地层特性等参数的监测，来降低钻井作业的不确定性，并提高预测的置信度。

钻井过程中经常会遇到不同的地质条件，如岩性的变化、地层压力的变化等，实时了解钻头周围岩石的物理及力学性质对于优化钻井参数非常重要。尽管随钻测井可以提供这些信息，但其传递到地面的信息与钻头实际性能之间存在深度滞后。俄克拉荷马大学以机器学习工作流程中的钻头与钻柱性能数据为基础，来随钻预测钻头处的岩性。工作流程如下：首先利用盒形图和交叉图对裸眼测井资料进行分析，并生成相关系数表，剔除异常值，并准备数据聚类。第二步对测井数据进行主成分分析，去除相关变量，用不相关主成分代替相关变量，利用 k-均值、自组织映射神经网络（self organizing maps，SOM）和层次聚类三种聚类技术对岩性变化进行分离。第三步通过观察三个岩群的测井数据和岩心特征，确定这些岩群（或岩相）的岩石物理意义。最后，利用已清理和准备好的 MWD 数据，采用随机森林、梯度增强和神经网络等技术，对不同岩性群进行预测，工作流程如图 3-11 所示[26]。该方法在挪威 Volve 油田现场进行了测试，岩性预测准确性达 75%。

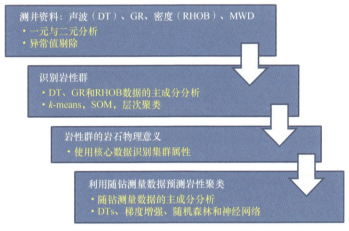

图 3-11　机器学习预测地层岩性

钻井机械钻速的预测对于优化钻井参数起着至关重要的作用，可用于检查钻井数据、优化钻机械钻速、降低机械比能、提高钻头寿命。基于传统线性统计的方法无法获得理想的钻速预测结果，需要采用非线性方法和先进的集成技术。得克萨斯 A&M 大学采用人工智能算法进行网络机械钻速的预测[27]，首先建立包括层间厚度、钻井液密度、钻压、转速、流量、钻进深度等参数的钻速特征集合。绘制不同特征参数随时间的变化值，检查是否有特定参数控制响应。利用不同参数之间的相关性对数据集合中的缺失值进行补全，同时剔除由于测量误差或者卡钻等事故造成的数据误差。利用主成分分析法对特征数量进行降维，以此来提升模型的预测精度及降低计算的复杂程度，继续通过特征分析推导出每个特种属性的相对权重和贡献。再选取支持向量回归模型、梯度增强模型、神经网络模型、k 最近邻模型、随机森林算法等五种人工智能预测模型，多种模型的训练有助于提高精度和减少误差，最终随机森林算法以 10% 的均方差成功预测和优化了钻井参数，钻速预测效果最好。

在地质导向和旋转导向施工过程中，需要经验丰富的专业人员做大量的决策，人工判断易出现错误与误差。利用人工智能技术，钻井井眼轨迹导向与控制完全可以离开人的干预，井下信息的测量、传输和控制指令的产生、执行完全可以自动进行。壳牌研发了智能定向钻井系统——Shell Geodesic™ [28]。该系统首先将收集的钻井参数通过筛选、过滤、归一化，再选择适当的参数用于构建和训练人工神经网络。人工神经网络利用强化学习方法来细化训练历史数据，通过自主学习模拟施工人员日常操作，训练后的人工神经网络可以最大限度地减小实钻井眼轨迹与预设值的偏差，提高吻合度，减少后期纠正井眼轨迹的工作量，提高机械钻速，降低作业成本。成熟的神经网络可以媲美一个定向钻井专家的决策能力，并保证决策失误率在 3% 以内。在美国二叠盆地，利用 14 口水平井定向钻井数据，通过当前工具面、钻压、泥浆排量、机械钻速、压差、旋转扭矩，预测未来压差和旋转扭矩等，经过 1800000 个训练步骤后，压差预测误差为 0.21%，扭矩预测误差为 2.72%。

（三）井筒完整性监控

在钻井过程中，特别是高温高压深井，会遇到井漏等各种井下复杂情况，增加非生产时间。以往，普遍通过电阻率测井、计算井筒温度剖面和循环当量密度等方式进行井漏预测。然而，这些方法在应用过程中由于成本或技术原因难以实施或者预测精度较差。法赫德国王石油与矿业大学采用支持向量机（support vector machine，SVM）的机器学习技术成功实现了井漏预测，该方法在三维特征空间中训练样本，在钻井漏失预测方面具有比人工神经网络和传统方法更高的精度，在钻进漏失层前，可帮助现场钻井工程师提前预测，从而及早调整钻井参数或堵漏方案。SVM 技术需要井漏记录数据和相关钻井参数。井漏数据包括出口流量、漏失井深；输入的钻井参数包括井深、大钩载荷、大钩高度、机械钻速、转速、立压、扭矩、钻压等。再对数据进行处理，去除无效值，并进行过滤和平滑后，将单井的钻井参数分成两组，一组用来机器学习和训练，另一组用来测试预测结果的精度，最终达到钻井漏失预测的目标。利用 SVM 技术和基于径向基的神经网络技术（radial basis function，RBF）对钻井漏失情况进行了预测，75% 的数据用于训练，25% 的数据用于测试和修正相关模型。结果显示，RBF 技术的预测相关系数 0.981，均方根误差 0.097，而 SVM 预测漏失相关度为 1，均方根误差为 0，具有更高的预测精度[29]。

密苏里科学技术大学采用机器学习的方法，准确预测伊拉克 Rumaila 油田 Dammam 地层钻井过程中的钻井液漏失体积、当量循环密度（equivalent circulating density，ECD）和机械钻速（rate of penetration，ROP）等参数，与传统方法相比，该方法预测精度与实际情况更吻合[30]。该方法的步骤如下：①从钻井技术日报中收集 500 口井的关键钻井数据。②利用最小二乘法回归方法创建 ECD、ROP 和钻井液漏失模型。③对所有参数进行测试，找出模型中需要的重要参数。该过程采用变量投影重要性（variable importance in projection，VIP）来测试关键参数，假设 VIP 阈值为 0.8，如果关键钻井参数的 VIP 值超过 0.8，则在模型中需要考虑。过滤掉低相关系数的钻井参数后，模型中各钻井参数的相关性系数将重新计算。④对影响钻井液漏失、ECD 和 ROP 的参数进行敏感性分析。敏感性分析的目的是测试哪些参数对模型影响最大。该技术应用于伊拉克油田现场，在分析钻井液漏失特性和评价漏失技术的有效性方面取得了较好效果。

（四）钻井风险预测

意外的溢流和井涌对钻井作业构成重大风险。常用的溢漏报警系统采用固定的判断界限，误报率高，可靠性低。Pason 公司提出了一种适用于循环系统监测的机器学习算法框架，通过为循环出口流量和泥浆池增量提供预期的安全操作范围，使其保持非常低的误报率。该算法可以用图 3-12 中的流程图来描述，棕黄色框表示功能，蓝色框表示可能的用户输入，绿色框表示基于司钻的输入参数（入口流量和钻头运动），使用在线自适应机器学习明确估计出口流量和泥浆池增量的期望值[31]。自适应机器学习算法用于自动和自适应地更新预期的操作范围，预测指标与预期操作范围的直接比较用于生成警告信号，并可将这些警告信号组合起来生成警报。通过使用大量标记的溢流和漏失来评估其研发的系统，结果表明，与现有的溢流和漏失监测的固定范围方法相比，新方法在降低虚报警率、增强监测概率、减少预警时间等方面有显著改进。经典机器学习算法提供了强大的功能，但是这些方法的内部工作是不透明的，不满足实际动态应用需求。Pason 公司提出了溢漏监测机器学习框架，通过提供明确的安全操作界限和用户驱动的模型重置，将数据动态分析功能紧密集成到钻井作业人员中，使得钻井作业人员能够将其专业知识与可解释的机器学习提供的信息结合起来，增强了溢流监测的可靠性与灵活性。

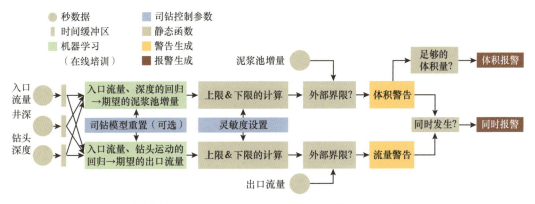

图 3-12　使用预测变量进行溢漏监测的机器学习示例

钻井过程中套管下入复杂井眼中时，管柱在井内有时会受阻遇卡，导致钻井延迟。BP 公司运用人工智能技术进行套管卡管预测，让司钻在卡管发生前校正管柱下入的参数。该方法建立相关数学算法概率模型（如决策树、神经网络等），再从大量历史数据中识别出过去发生的与静摩擦事件相关的 230 个属性特征，基于历史模式、预测模型，可在 5s 内对静摩擦事件进行识别。应用该方法后，预测卡管精确度达到 85%，大大减少了卡管造成的损失。得克萨斯大学奥斯汀分校采用自主学习（active learning method，ALM），通过上千口井的钻井数据，使用反向传播学习规则，分析输入测深、钻井液参数、钻压、转速等，实时监测可能发生的卡钻情况，预测精度达到 100%，实施流如图 3-13 所示[32]。

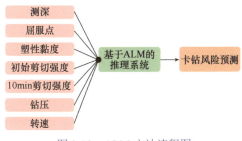

图 3-13　ALM 方法流程图

（五）完井优化

斯伦贝谢公司提出利用云计算进行裂缝和储层并行模拟，结合数据分析和人工智能算法，建立代理模型以实现快速、有效的完井设计。建立代理模型的目的是采用简单的工作流程提供直接、即时的完井策略。模型中完井参数包括井距、压裂段数、簇数、泵注顺序（流体类型、支撑剂类型、支撑剂尺寸）、泵注速度、支撑剂数量和井底压力。建立代理模型的过程主要包括数据创建和数据分析两部分，如图 3-14 所示 [33]。

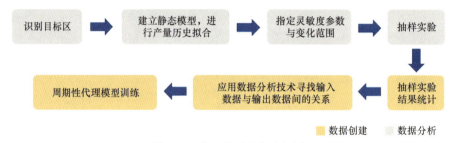

图 3-14　代理模型建立流程图

数据创建主要包括以下步骤：①确定目标区域，建立静态地球数值模型。首先利用微地震和压力历史拟合确定水力裂缝形状并根据测井成像数据表征天然裂缝位置和形状；再利用建立的产能预测模型与历史产量进行拟合；通过调整储层渗透率、相对渗透率、裂缝渗透率的值，使得模型计算结果与历史产能较好地拟合。②指定灵敏度参数与变化范围。利用标准抽样方法（如拉丁超立方抽样）对参数空间内的灵敏度参数（井距、压裂段数、簇数等）进行随机抽样，计算对应参数下的产能。随机试验数量取决于不同灵敏度参数的变化尺度。通过对多个参数的排列–组合可以同时得到多个参数的影响。随机试验结果可以制成包括输入数据（灵敏度参数）和输出数据（某一时间段内的最优产能）的表格。之后进入数据分析阶段。

数据分析主要包括以下步骤：①应用数据分析技术寻找输入数据和输出数据间的关系。利用随机森林、梯度提升、线性回归、决策树等预测分析技术寻找输入数据与输出数据之间最好的拟合关系，建立代理模型。②代理模型训练。利用钻完井过程中获得的新数据对代理模型进行训练，使其预测结果更加准确。

建立的代理模型是一个综合的预测工具，可以在几分钟内帮助工程师完成完井设计敏感性分析。如果新区块的地质和油层物理参数与老区块的特征类似，代理模型不需修正即可使用；如果新区块地质参数与老区块完全不同，则需要重新建立代理模型。上述代理模型不但可以用来评价未来的完井设计效果，而且当完井设计参数发生变化时可以预测对产能的影响。油田现场工程师采用上述方法可以更快、更有效地对完井参数（压裂级数、簇数、缝长等）进行优化，从而获得最高产能。

（六）预测性维护

贝克休斯公司与 C3.ai 公司联合研发了 BHC3 Reliability 应用程序。该程序集成了深度学习预测模型、机器视觉、自然语言处理等先进技术，利用收集到的全系统历史和实时数据，能够快速识别导致设备故障和流程混乱的异常情况。应用该程序后的结果表明，通过预测分析和流程优化，能耗成本降低了 15% ~ 30%，故障预测准确率超过 80%。

挪威国家石油公司将人工智能技术应用于设备维护作业系统，基于采集到的设备运行实时数据，利用智能算法得到设备的最佳维保周期，优化维保停机计划，达到设备维保周期最大化的目的。此外，基于历史数据建立了设备的失效模型并对设备检测策略和方案进行优化，利用人工智能技术实时监测设备运转，一旦设备运行至方案预设的条件，系统将预警并给出维护建议，从而避免了设备故障造成的停机大修事故。

壳牌公司利用机器学习算法分析大量的历史生产数据、自动化监测数据、故障维修日志、测试数据等，建立了电潜泵故障预测模型，结合采油专家经验，对预测模型进行实时修正，识别因传感器等故障导致的伪劣数据，进一步提高了预测精度（超过 80%），大大减少了故障停机次数。

（七）生产优化

为了提高决策质量和管理水平，石油公司纷纷启动数字油田项目，如壳牌公司的智能油田、BP 公司的未来油田项目等，还有的公司起名为智慧油田、未来智能油田、e-油田、一体化数字油田等，其基本路径都是以数据采集和存储为基础，在数据应用层形成了互相支撑的协同研究平台、生产管理平台、经营管理平台和决策支持平台，以优化工作流程、提高工作效率和决策质量。对各个环节实时监测数据的智能分析、一体化协同和可视化展示是这些项目成功的关键，而以数据降维、结构化、分类、聚类、可视化为主要特征的 AI 技术是这些项目最核心的支撑。科威特国家石油公司的数字油田（KwIDF）建设启动于 2010 年初，经过数次升级完善，现已形成地上地下一体化的智能工作流。科威特国家石油公司的数字油田内部结构可分为 4 个层次：第一层是分析及数字化工具，主要用来记录生产历史，使用的方法主要包括节点分析、递减曲线分析、虚拟计量和数值模拟等；第二层是统计工具，主要用来监测实时生产现状，应用的方法主要包括线性回归、蒙特卡洛等；第三层主要利用智能代理进行短期预测，主要方法包括模型识别、神经网络、模糊逻辑等；第四层主要是应用数值模拟方法进行中长期产量预测，如图 3-15 所示。科威特国家石油公司第一代的数字油田主要侧重于生产工程工作流上的共享和优化，包括关键性能指标检测、井筒性能评价等 9 个主要功能，随着基础设施的逐渐完备，又增加了地下模型更新及重新计算、地下注水优化和一体化生产优化的功能，升级为地面系统和地下系统集成的高级智慧工作流，如图 3-16 所示。该系统在油田现场应用，提高了油气产量，支撑了科威特石油公司至 2030 年每天产油 400 万 bbl 的战略目标[34]。

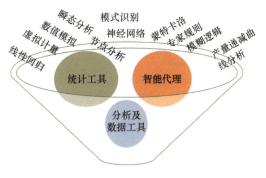

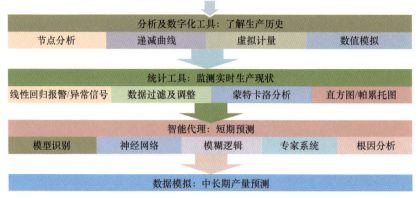

图 3-15 科威特数字油田（KwIDF）工作流结构

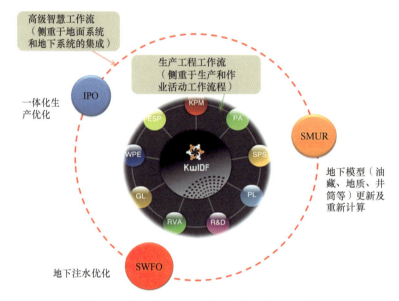

图 3-16 第二代 KwIDF 自动工作流的主要功能

KPM：关键性能监测；WPE：井筒性能评价；SPS：智慧生产监控；PL：生产损失分析；RVA：油藏可视化及分析；ESP：电潜泵诊断及优化；PA：生产分配；GL：气举优化；R&D：汇报及分布

三、应用关键与发展展望

（一）应用关键

在 20 世纪八九十年代，油气领域开始探索引入人工智能技术，由于数据、算力等原因并没有达到预期的效果，投入削减，研究进度放缓。2010 年以来，随着互联网、云计算、大数据、芯片、算法快速发展，国外石油公司、研究机构在人工智能应用于石油工程方面开展了大量探索，部分技术进行了现场试验，取得了较好的应用效果，但整体还处于研发试验阶段。从应用情况来看，石油工程数据的实时共享、人工智能算法的优选、人工智能内在逻辑规律的解释和云计算与边缘计算的协同发展对于石油工程人工智能的成功应用起着至关重要的作用。

1. 数据的实时共享

人工智能技术的应用和发展离不开数据基础的支撑，需要石油公司、油田服务公司、科研机构的共同参与，加速大数据平台的建设，打破"数据孤岛"，加强石油工程各环节的数据共享，规范数据的采集、传输、存储、转换、集成和应用，提升数据一致性和可靠性，协同推动石油工程人工智能技术和产品的研发，通过系统集成实现产业化。

2. 人工智能算法的优选

人工智能应用于石油工程的场景包含钻井设计、钻井参数优化、钻井井眼轨迹控制、风险预测、压裂优化等多个作业环节，不同应用场景对人工智能算法的适应性差别较大，因此针对石油工程不同应用场景特点对不同的人工智能算法进行比较、优选或组合，对提高人工智能模型的准确性和计算速度非常重要。

3. 人工智能内在逻辑规律的解释

人工智能模型根据数据集训练反映输出和输入变量之间的关系，内在逻辑规律无法解释，未来人工智能的发展需要将"黑匣子"的分析逐步转化为"透明匣子"的展示，即让人工智能技术与石油工程的理论、技术深度融合，充分解释物理、力学、化学机理互相融合产生的各种逻辑规律[35,36]。

4. 云计算与边缘计算的协同发展

人工智能技术在石油工程中的发展离不开强大算力的支持，常规的油田基地服务器越来越难以支撑大规模数据的计算需求，云计算虽然具有强大的计算能力，但无法满足石油工程中近实时、低延时的应用需求，这就需要利用边缘计算形成高效的分布式协调机制和决策模型，以实现石油工程作业效率的最大化。

（二）发展展望

人工智能技术强大、迅速的数据处理能力将大幅提升石油工程的预测能力，提高钻完井、生产作业效率，优化管理效能，促进石油工程行业的降本、提质和增效。未来人工智能技术在石油工程中将主要应用于以下方面：

（1）钻井、生产机器人。自动化的勘探、钻井、生产机器人将逐步促进石油工程生产的少人化、无人化，不仅提高作业效率和安全性，还能减少非生产时间、降低作业成本。

（2）智能钻完井闭环控制。人工智能的应用将使地面和井下形成一个智能化的有机整体，通过智能分析及时发现钻完井作业中可能出现的问题，对钻完井作业进行优化，将钻完井过程进行智能操控，降低成本、提高效益。

（3）智能油田一体化协同。油田生产过程产生大量数据信息，利用聚类、人工神经网络等智能算法进行单井的精准预测、实时诊断与优化，全面感知油田动态、自动操控油田作业、预测油田生产变化趋势、优化油田管理、辅助油田决策，推进"数字油田"向"智能油田"的快速转型。

第四节　云计算技术

随着物联网、大数据、人工智能等信息技术高速发展，2006 年谷歌、亚马逊等公司提出了云计算的构想，该构想的核心就是实现各种终端设备之间的互联互通，用户享受的所有资源、所有应用程序全部都由一个存储和运算能力超强的云端后台来提供。当前，石油工程涉及的众多专业软件主要采用独立部署的模式，存在数据分散、应用效率低等问题。为此，利用云计算技术整合资源，实现智能的资源共享与分配，将对推动石油工程一体化起到重要作用。

一、云计算及其在石油工程中应用的优势

（一）云计算及其特点

云计算（cloud computing）是分布式计算的一种，指的是通过网络"云"将巨大的数据计算处理程序分解成无数个小程序，然后，通过多部服务器组成的系统处理和分析这些小程序得到结果并返回给用户。通过这项技术，可以在很短的时间内（几秒钟）完成对数以万计的数据处理，从而提供强大的网络服务。云计算与传统计算模式相比，具有支持虚拟化、动态可伸缩、按需动态定制、强大的计算和存储能力、高可靠性和安全性、经济性等特点。云计算从应用角度分可为三种服务模式：以基础设施作为服务的 IaaS（Infrastructure as a Service）、以开发平台作为服务的 PaaS（Platform as a Service）以及以软件应用作为服务的 SaaS（Software as a Service）[37]。

IaaS 含义为基础设施作为服务，其中的虚拟化技术对 IaaS 的成熟起到了核心作用。虚拟化技术可以将计算机服务器计算资源、存储资源、网络资源统一虚拟化为虚拟资源池中的计算资源，这些计算资源可以被用户订购并打包提供给用户，从而实现基础设施的按需配给服务。代表性产品有 Amazon EC2、IBM Blue Cloud 等。

PaaS 含义为平台作为服务，为用户提供类似操作系统和开发工具的功能。美国国家标准与技术研究院（NIST）认为，PaaS 是面向应用的核心平台，类似于 PC 时代的软件开发模式，程序员可在一台装有 Windows 或 Linux 操作系统的 PC 机上使用开发工具开发并部署应用软件。随着 PaaS 技术的高速发展，企业级私有 PaaS 平台为解决大型企业信息孤岛问题提供了统一开发、统一管理和统一运营的平台。代表性产品有微软公司的 Windows Azure 和谷歌公司的 GAE 等。在企业级应用中，基于面向服务的架构（service-oriented architecture，SOA）的 PaaS 更适合解决信息孤岛问题和消除部门壁垒；基于微服务架构的 PaaS 能够更有效地利用计算资源，其应用更快且更容易更新。

SaaS 含义为软件作为服务，是一种通过互联网提供软件应用的服务模式。在这种模式下，用户只需要支付一定的租赁费用，就可以通过互联网享受到软件应用的服务。

（二）云计算在石油工程中应用的优势

伴随云计算技术在各行各业的广泛应用与推广，油气行业发展也受到了云计算技术

的积极影响，其在石油工程中的应用优势主要包括[38]：

（1）数据存储能力大为增强。传统工程数据储存需要耗费大量的存储设备及管理人力，企业必须拥有容量极大的服务器或存储器。用户在进行数据资料查询使用时，需要逐个进行方能得到所需资料。如果要将相关资料进行数据计算、分析，则需要花费更多的时间、耗费更大的精力，引入云计算技术后，只需要将所有云端的子设备进行统一划分，各部门将自己的数据资料做好记录与储存，然后制作好目录并在云端进行公布，用户就能够通过与云端相连的任一设备进行资料数据的查询与计算，其应用的便捷、快速、简易由此可见一斑。云计算技术服务能够将软件等基础设施运行与优质服务融为一体，能够将网络平台与运算服务提升进行有效结合，真正实现技术服务于生产的目标。

（2）数据运算功能更加强大。石油工程技术密集的同时产生了数据资料信息的密集，这些生产数据信息需要得到快速高效的分析，才能发挥其研究和应用价值。在传统的数据分析计算过程中，通常按照建立模型—运算分析—得出结论的工作流程进行，这需要耗费大量的人力物力才能得到所需运算结果。采用云计算技术运算方法后，由于云端保存着大量的数据模型，用户可以根据自己的实际需求快速查询、选择到合适的模型结构，充分利用云计算技术对庞大数据的收集、整理、存储功能，调用其中的相关变量和逻辑关系稍加改变就能得到自己所需的数据分析结果。有效避免企业在对海量数据信息深加工方面的落后和不足，充分发挥出数据信息的积极影响作用，从而获得最大的经济效益。

（3）资源配置更合理、作业更高效。油气行业产业结构复杂，分子公司数量众多、分布广泛。要想促使石油工程实现统一化、高效化管理，就必须不断完善和创新管理结构，引进先进技术手段，云计算技术能为此提供技术支持和保障，为企业构建起功能强大、结构完善的信息管理平台，将各级分子公司串联为一个有机的网络系统，从而实现信息传达畅通、反馈及时、调用便利、互通有无的良好发展局面。能够加强各个分子公司之间的联系与合作，对企业资源的合理配置与使用起到良好的保障作用。这种统一、高效的信息管理机制实现了管理软件和操作系统的有效共享，使得配置资源更加合理，作业更加高效。

二、云计算与石油工程融合应用

（一）勘探开发一体化云平台

近年来，越来越多的国内外石油企业开始利用云计算技术整合科研资源，建立企业级云平台支撑油田的业务研究和生产。斯伦贝谢公司推出高性能计算基础架构解决方案，主要使用 LiveQuest 技术实现从任意类型的桌面计算机以协同工作的方式访问跨平台的专业软件。哈里伯顿公司提出油气田全生命周期资产解决方案，推出勘探开发软件即服务的 DecisionSpace® 365 云平台产品。国内石油企业也逐步开展了企业专业软件云化的探索和尝试。

斯伦贝谢公司在微软 Azure 云计算平台和 Azure Stack 混合云平台上推出了 DELFI 勘探开发认知环境（DELFI Cognitive E&P Environment），整合各类计划和作业程序，存储全部历史数据，为勘探开发项目中的甲乙方全体管理人员、作业队伍提供入口，为各类专业操作系统和程序提供接口，打造统一的信息平台系统，并将全部业务实现数字化转换。

图 3-17　DELFI 总体业务架构体系

图 3-17 是基于云架构的 DELFI 体系。主要组成包括：①最底层数据源。来源于各种基础数据库、物联网系统、专业应用系统，以及各个管理流程、研究流程产生的数据，都被统一纳入数据采集汇总的渠道并存储。②数据生态系统及其共享服务。基于开放地下数据空间（open subsurface data universe，OSDU）的全领域数据整合方案，实现了将数据存储与数据应用的分离，这种分离是通过云计算和大数据平台（或数据湖等技术）而实现，数据被纳入存储后，提供规范统一的数据标准，进而提供完整、一致的数据共享。③面向研究层面的专业软件。包含 Omega、PetrelMod、GEOX、Petrel、Techlog、Avocet、OFM、IAM、Eclips 等传统专业软件，这些从地学到开发、钻完井的专业软件通过基于云计算的虚拟化技术而实现了云端共享。④面向研究层的专业计算模拟服务。由于这些专业软件具有海量数据处理、计算和模拟等功能，通过云端提供的虚拟设施和巨大算力，可以极大地提升工作效率。⑤面向大数据和 AI 的油气研究新模式。斯伦贝谢结合 Data IKU 平台构建了基于机器学习的智能平台，通过该平台提供数据分析、智能化建模与部署等工作流程，可以快速整合多个学科和多种因素下的数据成果，从而面对复杂的、不确定的问题，实现对于解决方案的快速探索。⑥面向管理决策的云原生应用。在云计算技术和云平台技术的支撑下，云原生的应用架构获得了极大的发展。这种基于云端的应用软件开发体系，可以提供更容易融合的软件模块和跨平台（多种 PC、移动）部署。这种应用架构对于管理流程和决策分析重协同、轻交互的软件功能具有极好的适配性，因此，当前油气行业的很多软件公司开启了从单体应用向云原生应用升级的热潮。相对于专业研究的应用，这些云原生应用更加适合于管理和决策软件的研发。目前 DELFI 中基于云原生技术研发的软件包括 DrillPlan、ExplorePlan、FDPlan 及 DrillOps、ProdOps 等，他们分别定位于钻完井工程、勘探与油藏开发、采油生产等设计与决策领域。

随着数字化进程加速，哈里伯顿公司制定了 4.0 数字化战略，该战略涵盖勘探 4.0、建井 4.0、开发 4.0 和企业平台 4.0 四大支柱，并推出了行业首个勘探开发企业平台

DecisionSpace®365，使得在油田现场获得的大数据流可通过物联网实时获取，同时通过应用深度学习模型，实现钻井和油气生产优化，降低作业成本。DecisionSpace®365 的云应用包括地球建模、资产模拟、数据基础和实时控制边缘。地球建模是一种高保真、快速的地球建模解决方案，利用所有可用的数据，无需升级，即可在所有分辨率范围内查询岩石属性。能对盆地到井筒的地下环境有一个全面的了解，能够在几秒钟内测试多种环境。资产模拟执行多个完全耦合的地下/地面场景，以帮助制定最优的油田开发计划。应用程序根据模型的复杂性调整计算基础设施的大小，提供更快的模拟，提高准确性，并降低成本。通过全集成本地云计算，来自油田的地质、油藏、生产等各种数据可以被有效存储与利用，各种数据之间可以实现快速传输与更新，从而确保了油藏模型的快速更新，以及油藏模拟结果的高效准确性。DecisionSpace®365 平台允许地质、地球物理、工程设计和施工等跨领域团队一起创建共享地球模型，然后设计单井、救援井、多分支井或油田开发方案。跨领域团队能够在统一的三维可视化环境下整合相关领域的所有数据，根据成本参数、风险、不确定性及作业难度来优化设计方案，有效地协作可最大限度地减少复杂设计周期和代价高昂的失误。在钻井和油藏改造时，若实时作业数据未能达到预期效果，可根据实时数据在短时间内修改地下模型，快速更新钻井设计和开发方案[39]。

中国石油研发了勘探开发梦想云平台，整个平台依托数据湖和 PaaS 云平台技术，建设统一勘探开发数据湖和统一云平台，搭建了通用的协同研究环境，实现勘探开发生产管理、协同研究、经营管理及决策的一体化运营，支撑勘探开发业务的数字化、自动化、可视化、智能化转型发展[40]。统一的数据湖集中管理了过去几十年积累的勘探开发、生产经营等 6 大领域，物探、钻井等 15 个专业，结构化、非结构化等 8 类数据，数据总量达到 1.7PB，实现了数据入湖、治理、共享、分析等功能。云平台融合了国际最新 IT 技术，在上游业务领域率先建成了具有自主知识产权的 PaaS 私有云平台，具备敏捷开发、应用集成、专业软件共享、智能创新、业务协同五大能力，有效支持油气勘探、开发生产、协同研究、经营管理、安全环保五大业务应用。云平台原生协同研究环境得到全面应用，1300 多个研究项目线上运行，综合研究数据准备时间效率提升 60 多倍，在线协同的效率提升超过 20%，研究工作效率提高 20% 以上，节约硬件成本 50% 以上，软件采购成本降低 60% 以上。

中国石化研发了勘探开发云平台（EPCP），实现了专业软件许可资源的集中部署和共享应用，实现了处理资源的远程管理和异地共享，主要为中国石化油田板块油气田分公司、直属研究院提供专业软件许可和处理资源的共享服务。平台基于同一业务工作流程，实现了资源动态发布、使用监控、计量计费和统计分析等功能，可以为用户提供软件许可和处理资源的一站式、自助化共享服务，目前已经在油田板块全面应用。截至 2019 年，已发布地震处理、综合解释、正演反演、地质建模、动态分析、采油工程和钻测录等 7 大勘探开发专业软件 34 个，部署了逆时偏移、深度偏移等共享处理资源服务 6 个。未来，EPCP 平台将开展二级部署和分级管理功能建设，实现软硬件资源分公司、集团两级资源的横向和纵向共享，为全面开展勘探开发专业软硬件资源的集中部署、统一管理和共享应用提供了基础。

（二）智能钻井云平台

油气公司针对智能钻井作业也建立一些专业化服务系统云平台[41-43]，斯伦贝谢公司2009年提出了作业支持中心（OSC），提供一个支持平台，将成熟技术用在远程监测、模拟和控制过程中，以提高作业安全性、降低风险。贝克休斯公司研发的 WellLink 远程钻井咨询系统，可通过对比数据库中的相似钻井案例，分析钻井数据，提前发现钻井过程中的潜在问题，避免卡钻、井漏、井涌等事故的发生，起到预警作用。内伯斯（Nabors）公司搭建了基于钻机的云平台，钻机实时采集现场数据，现场工程师通过钻机云平台应用软件执行钻井计划，技术人员在现场基于云平台进行实时数据分析，远程作业中心通过云平台进行决策管理，形成了统一的协同作业环境。

根据云计算的技术特点，结合智能钻井等先进石油工程技术，中国石化石油工程技术研究院提出了云钻井的概念：云钻井是一种基于网络和云计算的服务平台，按照钻井需求构建网上钻井数据资源（钻井数据云），提供用户定制化钻井服务的一种网络化钻井新模式[44]。云钻井技术将现有的随钻系统、钻井远程实时系统和服务技术与云计算、云安全、高性能计算、物联网等技术融合在一起，实现钻井（钻井设计、钻井装备、模型、储层、信息、专家、知识、数据、传输等）统一、集中的智能化管理，提供更智能、更安全、更高效的全周期钻井服务。

云钻井采用分散资源集中使用的思想，服务模式"多对一"。同一集团下各个钻井公司的海量钻井数据通过云端平台共享，平台会对所有钻井数据进行批处理，提供优化解决方案。同时更强调"多对多"，即汇聚分散资源进行管理，同时为多个用户提供定制化服务。

通过云平台建立面向复杂钻井研发设计能力的服务平台，从企业内部整合钻井技术经验、设备制造、软件研发、现场服务等一体化科研力量。尤其针对大型石油公司和油服公司各个研发机构分散的情况，利用云技术建立统一的研发平台，充分利用各方资源。

中小油服公司可以付费使用大型油服公司的云端数据，利用平台解决钻井过程中出现的复杂问题，处理出现问题的钻井数据，少走弯路，高效地找出最相近、最优化的解决方案，从而可以更好地解决中小油服公司钻井服务费用成本问题。

1. 云钻井系统

面向多用户，基于钻井服务，能商业化运行的云钻井系统由云提供端（提供者）、云请求者（使用者）和云钻井服务平台（中间）组成。云提供端通过云平台提供相应服务；云请求端通过云平台提出服务请求；云钻井服务平台通过用户的需求提供钻井技术、安全、管理等服务，为用户提供按需服务。

2. 云钻井体系架构

云钻井系统体系构架借鉴云计算架构也可分为物理资源层、服务层和应用层三个层次。物理资源层（P-Layer）通过物联网技术、嵌入式技术等将钻井设备各个物理资源数据接入到网络中，实现钻井信息数据、设备数据全面互联，为云端提供输入接口支持。服务层（S-Layer）将接入到网络的各类数据资源进行虚拟化、云端处理计算等各类服务等。应用层（U-Layer）或者称终端层，面向钻井服务应用层面，通过各类终端系统访问或应用，如通过各类自动机械装置、计算机、移动设施等，一般需要安装相应的云操作系统以实现终端层面的应用。

3. 云钻井服务模式

借鉴云计算平台的操作系统、平台软件和云应用软件三个技术层次，云钻井服务模式可分为云基础设施服务、云平台服务、云软件服务三种服务模式。

（1）云基础设施服务：为云平台用户提供计算、存储、网络和操作系统等基础资源，用户通过网络在平台上部署或运行各种软件，包括相关操作系统和应用业务等，服务模式方便快捷，该服务面向所有用户。

（2）云平台服务：由构建在云基础之上，云计算平台供应商将业务软件的开发环境、运行环境作为一种服务，通过互联提供给用户。用户可以在云基础资源的基础上根据自己的需求拓展业务应用，实现对资源的高度整合。该服务面向各大石油公司和油服公司。

（3）云软件服务：通过云平台向用户提供软件服务。将应用软件统一部署在云服务器上，用户根据自己实际需求，通过租赁模式定购所需的应用软件服务，按定购的服务量和所有时间向平台支付费用。该服务具有灵活性好、资源可扩展性强等优点。该服务面向中小油服公司。

4. 云钻井管理模式

借鉴云计算平台的管理模式，云钻井也可采用公有云、私有云和混合云三种模式。

（1）公有云：即公共云钻井服务平台，主要由大型石油公司、大型油服公司或相关协会机构出资运营并建立公有云服务平台，可以联合或者独立出资，面向中小石油公司或者油服公司免费使用。公有云主要以提供钻井公共服务为主，如提供相关钻井标准、钻井参数、设备参数、工具服务、招投标等公共资源信息，可为各个大公司和小公司提供基本信息服务。

（2）私有云：即私有云钻井服务平台，主要由公司自己独立运营，适合小型石油公司或小型油服公司，由公司独立控制各个业务并使用各种虚拟化资源和自动服务方式，比如集成钻井相关软件、公司各个井的相关数据、公司管理数据等。同时，私有云对安全性提出了较高要求。

（3）混合云：即混合云钻井服务平台，是以私有云为基础，同时结合了公有云服务的优势，是未来云平台重点发展的方向，可以成为大多数企业管理数据中心平台。混合云平台不仅提供公有公开的服务信息及收据，还可以集成和管理公司内部信息服务等。另外，混合云还可以采用租赁模式来运营，针对中小公司定制相应的服务并收取费用，节约其运营成本。

5. 云钻井主要特征

物联化：充分利用物联网把传感器、控制器、工具设备、人员和物资等通过云平台联在一起，为钻井提供全生命周期活动的组织、管理和技术的集成与优化服务。

虚拟化：为钻井提供逻辑和抽象的展示与管理服务，不受各种具体物理限制的约束，能够更加有效地进行管理，节约成本。

服务标准化：为钻井提供全方位的服务，建立统一的服务标准，如钻井轨迹设计服务、钻井仿真服务、随钻优化设计、现场管理服务等。其目的是为用户提供优质廉价、按需使用的服务。

协同化：通过建立云平台，将内部资源和外部资源整合协同起来，进行协调和统一，并将管理信息系统融入云平台，形成彼此间可优化、灵活、互联、互操作的模块。

智能化：云钻井的另一特征是实现全系统、全生命周期和全方位深入的智能化。通过模拟仿真和智能化钻井，适时应变能力强，可确保钻井的精度和准确性。

6. 云钻井应用基础

利用云钻井平台可以提供钻井服务的远程支持决策系统，实现智能控制钻井，通过对现场数据、施工数据等实时传输，建立实时信息传输及预警分析功能，为远程决策提供信息技术支持。例如，在深海等比较复杂的区域，可以利用云钻井平台建立钻井模型，通过大数据比对相似钻井案例，对钻井进行优化设计，然后通过智能控制进行自动化钻井，实时进行钻井修正，并通过云平台进行远程决策，充分有效地利用资源。

中国石油化工集团公司目前正在开发的钻井远程决策支持系统、钻井作业风险控制系统等就是云平台的初步应用，可将石油工程专家决策、井场现场监控与控制、钻井生产数据分析、石油工程装备研发、新技术研发等在云平台上进行综合一体化研究应用[45]。钻井服务云平台建立后，可极大地集成现有资源，大量节约人力和资金成本，有效提高设计与现场作业效率。

三、应用关键与发展展望

（一）应用关键

1. 信息化管理云计算架构设计

石油工程领域是较早应用各类信息系统解决生产及管理问题的行业。信息与软件系统发展经过了较长时间的积累后形成了不同的系统。同时，在数字化转型过程中，各类数字化信息系统也在大量投入生产运行。而这些系统具有不同的架构体系，在接口标准、数据体系等方面并不一致，因此系统之间的兼容性和交互性较差，从而形成了不同系统之间的信息孤立问题。由于系统存在重复建设，不同的系统之间的功能也有重合，导致业务系统的功能较为臃肿。需要设计信息化管理云计算架构，为所有的应用系统提供底层的解决方案，统一数据的标准及交互接口标准，打破组织在不同地域的边界，整合信息资源，提高系统的开发及运行效率。

2. 数据库逻辑结构设计

数据库是整个软件系统的后台核心，设计一套简单、完整的数据库表是数据库设计的关键工作。而数据库设计中要将整个石油工程中的业务流程抽取出来，加以分析，再对数据进行分类与整合，最终抽象成一张张的数据库表。石油工程数据管理系统由众多模块组成，包括用户管理、井基本数据管理、井身结构数据管理、井口装置数据管理、钻具组合数据管理、钻井液设计数据管理、设备选型以及查询全部工程数据等，需要开展数据库逻辑结构设计，使得多个模块间的功能实现紧密联系。

3. 建立软硬件资源服务化功能

在当前的信息化应用系统上，海量的异源异构的石油数据分散存储在不同的计算节点上，计算资源之间没有一定的联系、相对独立，业务需求数据也分散在不同的应用系统中，使得上层决策层很难准确、及时地获得石油企业的数据资源。为此，需要在基础设施云平台的基础上，完成软硬件资源服务化的功能，建立为各种类型的数据进行访问的服务，将数据资源转变为一种服务，提高数据资源的利用效率。

（二）发展展望

云计算在石油工程中的应用前景广阔，基于目前的基础设施环境，可逐步完善云平台的建立。

一是建立基于研发设计的云基础设施服务。整合公司内部现有的石油工程数据资源、软件资源、知识库资源，建立面向研发设计的服务平台，为公司内部各下属企业提供软件应用和数据服务，支持多学科技术优化、性能分析、虚拟验证等产品研制活动，提升产品创新设计能力。

二是建立基于石油装备制造和服务的云平台服务。未来全方位服务将成为装备企业利润的主要来源，建立装备一体化服务支持平台，让企业从单一的工具供应商向整体解决方案提供商及系统集成商转变，提供装备研发、服务、监测、诊断、维护和维修等一体化服务，促进企业走向产业价值链高端。

三是建立石油工程服务智能化解决方案云软件服务。整合云计算、大数据、物联网等技术，建立石油工程技术服务云端，共享企业钻井数据信息，实时对比分析数据，进行地层分析、随钻优化、设备故障预测等，优化钻井运维方案，减少钻井时长、降低设备维修次数等，提高生产运营效率，为平台生产运营创造更加安全的作业环境。

第五节　数字孪生技术

制造行业最早提出并成功应用数字孪生技术以来，工业界大多启动了本行业的数字孪生技术研究，且被作为德国工业 4.0 的核心要素。数字孪生技术概念来源于制造业，是智能制造的核心技术之一，石油工程行业的数字孪生技术应用仍处于起步阶段，尽管有些企业认为自己的系统是数字孪生，但大多数也只是实现了部分物理资产的三维可视化、部分实时信息展现，只能说与数字孪生的概念相对更接近一些，还远未达到真正的数字孪生技术目标。

一、数字孪生技术及其在石油工程中应用的优势

（一）数字孪生技术及其特点

美国佛罗里达理工学院的 Grieves 博士在 2002 年的一次关于产品生命周期的演讲中，提出了一些数字孪生技术的核心思想，即基于一种关于物理系统的数字信息结构思想 [46]。该思想旨在构建一个包含有关物理系统所有信息的新虚拟系统，物理系统和虚拟系统之间存在镜像或孪生关系，其内涵包括真实空间、虚拟空间、数据从真实空间流向虚拟空间的链接、信息从虚拟空间流向真实空间的链接及虚拟子空间。2010 年，NASA 在一份技术报告中正式提出了数字孪生（digital twin）一词，将其纳入 NASA 未来技术规划。NASA 将数字孪生定义为基于模拟的系统工程，主要用于飞行器正式发射之前的试飞模拟、飞行器正式飞行过程中的实时镜像、潜在风险诊断、参数改变的模拟与决策等四个方面 [47]。

Grieves 将数字孪生按照产品的生命周期分为四个阶段：创建（create）、生产制造（build）、使用维护（use/sustain）、退役（dispose） [48]。其中，创建阶段主要进行产品的原型设计以及在虚拟空间进行验证和试验，进而优选出最终方案；生产阶段构建物理系统，物理构建的数据被发送到虚拟空间；维持阶段物理系统和虚拟系统之间的联系是双向的，虚拟系统可监测并预测物理系统的性能和故障；物理系统退役时，虚拟系统的许多信息被留下来形成知识。

人们对于数字孪生有着不同的阐释或定义，诸如：来自真实世界事物的数字表示、有形或无形物体的计算机辅助模型、产品的数字化（3D）复制等。德国 Deuter 认为数字孪生很难有个普适性的定义，而是在不同的场景下有着不同的阐释，在德国工业 4.0 中，数字孪生在进行产品全生命周期、多层级资产等多维度建模中起到重要作用 [49]。综合起来，数字孪生应该包括物理资产的高精度虚拟化（包括结构、属性、状态等）、在任何阶段的物理资产与数字孪生系统之间的双向实时一致性及其互操作能力，高级的数字孪生系统还应具备智能化分析与决策控制功能。

数字孪生最初基于机械制造提出，因此大众理解其含义受到一定局限，有的将数字孪生同设备的 3D 模型等同起来，其实远不止如此。数字孪生还代表了动态的、跨领域的数字化模型，反映了物理资产或流程在整个生命周期（从设计、工程、施工、调试，最后到运行）中的性能和操作，其具备许多独特的优势，很多是在传统模式下是不可能做到的，包括运行风险分析、健康评估和实时假设场景的能力；在 3D 沉浸式、无风险的环境中培训人员的能力；在达到控制极限之前及早发现故障的能力。

Gartner 于 2018 年将数字孪生列为未来十大战略技术之一，认为数字孪生是产品生命周期管理的关键元素，有可能节省数十亿欧元 [50]。

（二）数字孪生在石油工程中应用的优势

数字孪生技术是充分利用物理模型、传感器更新、运行历史等数据，集成多学科、多物理量、多尺度、多概率的仿真过程，在虚拟空间中完成映射，从而反映相对应的实体装备的全生命周期过程。在石油工程中应用具有以下优势：

（1）更便捷，更适合创新。数字孪生通过设计工具、仿真工具、物联网、虚拟现实等各种数字化的手段，将物理设备的各种属性映射到虚拟空间中，形成可拆解、可复制、可转移、可修改、可删除、可重复操作的数字镜像，这极大地加速操作人员对物理实体的了解，可以让很多原来由于物理条件限制、必须依赖于真实的物理实体来完成的操作，如模拟仿真、批量复制、虚拟装配等，成为触手可及的工具，更能激发人们去探索新的途径来优化设计、制造和服务。

（2）更全面地测量。传统的测量方法，必须依赖于价格不菲的物理测量工具，如传感器、采集系统、检测系统等，才能得到有效的测量结果，而这无疑会限制测量覆盖的范围，对于很多无法直接采集到测量值的指标，往往无能为力。而数字孪生技术可以借助物联网和大数据技术，通过采集有限的物理传感器指标的直接数据，并借助大样本库，通过机器学习推测出一些原本无法直接测量的指标。

（3）更全面的分析和预测能力。数字孪生可以结合物联网的数据采集、大数据的处理和人工智能的建模分析，实现对当前状态的评估、对过去发生问题的诊断，以及对未来趋势的预测，并给予分析的结果，模拟各种可能性，提供更全面的决策支持。

（4）经验的数字化。在传统的工业设计、制造和服务领域，经验往往是一种模糊而很难把握的形态，很难将其作为精准判决的依据。而数字孪生的一大关键进步，是可以通过数字化的手段，将原来无法保存的专家经验进行数字化，并提供保存、复制、修改和转移的能力。例如，针对大型设备运行过程中出现的各种故障特征，可以将传感器的历史数据通过机器学习训练出针对不同故障现象的数字化特征模型，并结合专家处理的记录，形成未来对设备故障状态进行精准判决的依据，并可针对不同的新形态的故障进行特征库的丰富和更新，最终形成自治化的智能诊断和判别。

二、数字孪生技术与石油工程融合应用

（一）数字化虚拟钻机

2018年，贝克休斯（当时属于GE集团）和美国诺布尔钻井公司（Nobel Corporation）联合研发了世界上第一艘数字钻井船，目的是通过数字化设备减少20%的运营成本，提高钻探效率。该数字化钻井船舶解决方案由GE的Predix工业物联网（IIoT）平台提供支持，目前部署在Noble Globetrotter I钻井船上，并成功和所有预定控制系统相连接，包括钻探控制网络、动力管理系统和动力定位系统。通过集中在钻井船舶上的单个传感器和控制系统收集数据，然后实时发送到贝克休斯的工业性能和可靠性中心（Industrial Performance and Reliability Center）进行预测分析。数字化钻井船和Predix SeaStream已经捕获了多次异常情况，并且在事件发生两个月前发出警报，通知潜在的故障。贝克休斯为马士基钻探公司10部钻机的顶驱、绞车、推进器、主发动机等关键部件提供了基于数字孪生体的性能管理方案。目前，贝克休斯公司已经为5000多个装备仪器建立数字孪生体，正在研究建设井的数字孪生体，通过安装在井筒内的传感器，获取井筒内的工具和设备信息及储层状态信息，可将井的状态、设备的运行状态与井的生产状态结合在一起。

埃尼与塞班公司合作开发钻井的虚拟环境，经过两年的开发，完成了一个半潜式钻井平台的全部虚拟化，形成了虚拟钻井环境（virtual drilling environment，VDE），如图 3-18 所示。虚拟钻井环境的主要功能包括：在虚拟钻井平台上穿行、作业过程重现、安全互动虚拟体验、油气井操作模拟[51]。

图 3-18　钻机的虚拟图（左）和实际图（右）

（1）在虚拟钻井平台上穿行。使用者可在数字钻机上进行真实的沉浸式体验。可以轻松快速地提高对真实钻机环境的认识。"穿行"不是被动观看体验，而是提高对钻井现场真实环境的认识，并根据最佳实践采取行动。在穿行过程中，允许用户在整个虚拟设备中无限制地移动，可以查询感兴趣的部分，并且可以通过链接到公司数据库随时获得技术规范、安全表单和功能描述等多个文档。通过访问包含钻机地图的弹出菜单，可以跳转到预先设定的位置，以缩短穿行时间。

（2）作业过程重现。提供了对约 300 口井泥浆录井数据的交互式数据库的访问，根据钻井类型、作业类型、钻井事件等分组，可以通过强大的查询功能获取这些数据，并可以自动导入到虚拟环境中进行回放和查看。这样就可以比较各种钻井事件，并对不同钻井模式有更快更深入的了解。在虚拟作业的再现过程中，遇到的主要困难是录井数据并不总是包含钻机设备相关操作的所有信息。需要合成大量数据重新创建钻机的整体状态和操作，再与录井数据同步。此外，通过对钻井现场拍摄的视频进行视觉分析和计时，与合成数据相匹配以提升重现的准确性。

（3）安全互动虚拟体验。可以完成钻井现场安全入职培训、钻井现场安全演习、钻井现场作业期间的相关事件应对。安全互动虚拟体验从直升机离开甲板开始，到钻井现场，包括钻机安全入门视频、个人防护装备穿戴、救援船区域巡演等。另外，根据各种警报（火灾、气体泄露、人员落水、弃船等），可以体验钻机现场安全演习。最后，可以在虚拟环境中进行一系列事件演示，并通过访问事件文档、描述和经验教训进行分析。

（4）油气井操作模拟。通过定义一个合适的油气井数字孪生体来增强模拟，可用于支持油气井设计、操作准备、跟进、事后分析和培训。在设计过程中，为了优化设计，可以分析可能会发生复杂钻井事件的特定井段，而在后续操作过程中，可以尽早发现实际操作与模拟操作之间的变化，并尽可能做到最好。在钻井作业过程中，如果软件校准丢失，可以激活诊断过程进行适当咨询。在培训应用程序时，教师利用 3D 技术介绍钻机布置、设备功能、钻机工作场所、安全指引、钻井作业、事故事件分析等。

（二）优化钻井

钻井数字孪生是该技术在油气行业应用中的一个研究热点。钻井数字孪生是真实钻井过程的数字化展现，可应用在设计、准备、培训、实时预测等环节，提升钻井效率。eDrilling 钻井管理中心（DMC）应用数字孪生技术，构建形成了一套钻井数字孪生系统。DMC 成立于 2015 年，主要目标是提高钻井效率、减少非生产时间。每年 DMC 负责对大约 150 口井进行 $7\times24\text{h}$ 的不间断支持，其中每个工程师要负责 $3 \sim 5$ 口井。该系统的应用提升了 DMC 的工作效率[52,53]。

该数字孪生系统基于物理基础模型，使用地面和井下实时钻井数据，进行实时建模，以监督和优化钻井过程。其主要组成部分如下：①一套中央数据采集可视化系统，使用 WITSML 标准格式接收来自现场的实时数据；②钻井数据质量检查和自动校正组件，以保证数据满足计算机模型要求；③钻井过程实时监测算法，将基于时间的钻井数据和实时建模数据结果相结合；④钻井状态诊断算法；⑤一个集成了瞬时水力模型、热力学模型和机械模型的钻井模拟器，其对不同钻井子过程进行动态建模，子过程之间的相互作用也是实时的，这个模拟器自动进行前探（forward-looking）和即时重新规划（what-if）；⑥井下过程动态可视化 3D 可视化组件（虚拟井筒），设计数据、实时数据及其他相关数据被用于实时钻井状态的可视化；⑦数据流和计算机基础设施。

该系统包括两大物理模型：①集成式井筒多相流热水力模型，解决了钻井系统的质量、动量和能量守恒方程。它包括一维流动模型和二维热力学模型，水力计算中考虑了动态质量运移。摩擦压力损失是通过流变性数据拟合到一个三参数流变模型来计算，此外考虑了层流、过渡流和湍流、旋转、环空岩屑堆积和运移、地层温度等因素。②摩阻扭矩模型，在软杆（soft-string）模型上进行若干扩展。

DMC 为俄罗斯 GazPromNeft 公司服务过程中应用了此套系统，公司在西伯利亚接收来自钻井平台所有实时钻井数据，为其钻井过程管理、运营效率提升起到很大作用。该数字孪生系统可以在不稳定地层控制起下钻速度和管理当量循环钻井液密度（equivalent circulating density，ECD）。数字孪生系统使用之前建立好的地质力学模型配置 ECD 限制条件，为某井给出了一个很窄的从 $1.5 \sim 1.59\text{g/cm}^3$ 的泥浆密度安全窗口。钻井过程中，不断监测 ROP，并进行调整以达到最佳的 ECD。数字孪生系统还可以在起下钻时计算抽汲/激动压力，根据计算结果，下钻速度超过 400m/h 会引起抽汲效应。数字孪生系统监测井眼清洁过程的界面，可以显示出沿深度的岩屑比率和 ECD 曲线，这些数据有助于判断改变机械钻速时是否会堆积形成岩屑床。数字孪生系统还可以自动监测大钩负荷。通过系统提供的"扫帚图（broomstick plot）"可以监测起钻、下钻、旋转提离井底等时期的大钩负载。实时支持工程师无需手动计算，只需要查看实际值与模型计算值是否匹配，必要时进行干预即可。摩阻扭矩使用了同样的算法帮助工程师进行决策，避免遇阻。

综合来看，DMC 这套数字孪生系统集成了大量的物理模型，综合应用了数据远传处理、实时计算与可视化技术，既可在准备阶段用计算机进行虚拟钻井模拟，也可在实钻阶段进行前向问题探查和即时重新规划模拟解决方案。在这套系统帮助下，DMC 可同时高效安全地控制许多口井。

（三）生产优化

西门子公司的 Okhuijsen 认为数字孪生是下一代油气实时生产监控和优化系统的核心，智能油气田的数字孪生将从项目的早期设计阶段开始，并与实物资产的建造同步进行[54]。哈里伯顿公司也提出构建油气数字孪生概念，如图 3-19 所示，并将其用在了 Decision Space 365 云平台之中，该平台中的建井工程 4.0 套件，实现了井位设计、钻井工程设计、建井施工管理全过程的一体化和数字化，进而实现油气井交付过程的持续高效优化。该建井数字孪生是一个利用设计和模拟手段复制的虚拟井、钻机、井下部件及模型操作场景，是数学模型、软件算法和数据模型的组合，包括井下和地面两部分，井下主要包括井轨迹、钻柱、钻井液及压力控制、油藏及井筒完整性，地面钻机包括起升系统、泥浆泵、顶驱、转盘、方钻杆和绞车等[55,56]。

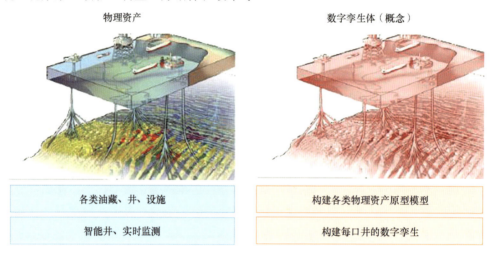

物理资产   数字孪生体（概念）

| 各类油藏、井、设施 | 构建各类物理资产原型模型 |
| 智能井、实时监测 | 构建每口井的数字孪生 |

图 3-19　哈里伯顿公司的油气数字孪生概念

三、应用关键与发展展望

（一）应用关键

石油工程作为油气勘探开发的一个重要专业分支，其数字孪生系统也属于油田数字孪生的一部分。借鉴数字孪生的核心概念，石油工程数字孪生系统应包括井下和地面两大部分，其中井下孪生系统主要目的是井筒构建过程的专业分析，地面孪生系统主要目的是钻机设备的虚拟操控和生命周期管理，二者以井口为纽带实现信息的串联和同步。

1. 井筒数字孪生技术

1）井筒孪生体信息模型

井筒是钻井数字孪生的核心基础组成部分，即"物理资产的虚拟化"或称为实体对象的虚拟仿真。钻井阶段的井筒"实体"包括井身结构、钻柱、井内流体，要做好全面描述还必须包括井轨迹等信息，如图 3-20 所示。既然是"实体"，井筒信息模型非常适合使用面向对象的方法进行描述，每个信息对象可根据业务逻辑关系挂接到其父对象上，具体方法可参考井场信息传递标准标记语言（wellsite information transfer standard markup language，WITSML）[57]。

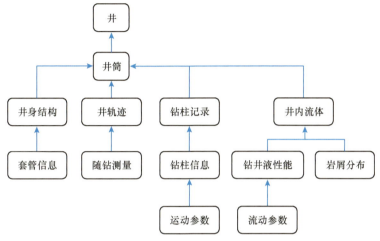

图 3-20　井筒数字孪生体信息模型

上述信息以"父子"关系形式进行数据对象的挂接和存取，确保井筒实体描述信息的完整性、唯一性和高效率。

2）井筒数字孪生体高保真几何模型

井筒数字孪生体高保真几何模型是实现钻井数字孪生的基础，主要包括实体的物理形状、结构、属性及其三维可视化。上述信息模型中的井身结构（或称为井筒结构，包括裸眼段和固井段）、钻柱、井内流体数据物理实体，首先要根据实物进行高精度 3D 建模。

对于井身结构、钻柱等通过"制造"得到的物理部件，一般采用专业的三维建模工具，根据管柱部件（如钻头、测量短节、钻铤、加重钻杆、钻杆、扶正器、接头等）、井眼等实际结构和尺寸进行精确 3D 建模；流体一般指钻井液、地层返井流体或岩屑，其没有固定形状和尺寸，只能根据给定的浓度、分布等进行流体建模，业界较常使用的是 Unity3D 等开发引擎实现。

针对钻井实例，上述高保真模型部件必须根据钻井实况进行"组装"，形成系统级 3D 模型，便于用户在逼真场景下，利用虚拟现实等方式进行井下"观测和操作"。其关键技术包括两个方面：一是以剖切方式真实展现井眼、套管、钻柱、流体之间的空间关系，符合钻井过程中井下各部件之间的准确运动逻辑；二是所有部件必须与井眼轨道（迹）高度吻合。

3）井筒数字孪生体的生命周期

井筒孪生体可分为静态部分和动态部分，其中静态部分是指井筒的结构形态以及井筒周缘地层构造，该部分的生命周期从钻井设计开始，经过钻井施工、完井，直至生产、报废的全过程。动态部分是指钻柱、流体，仅在钻井设计模拟、钻井施工阶段有效。

2. 地质环境数字孪生技术

地质环境是钻井工程操作的主体对象，地质环境数字孪生是钻井数字孪生技术的基本前提。地质环境数字孪生体要尽量包括已有的数据资料，以尽可能提高对实际地质情况的映射程度，通常这些数据资料有：①地震资料和解释结果，包括地震层位、断层、地震相、岩石类型、岩石属性等；②测井/岩心资料和解释结果，包括连井剖面、岩性、岩相、岩石物性、渗透率、油气水界面，各种分布图，比如直方图、散点图、空间连续性等；③概念模型资料，包括沉积相模型、沉积体叠置关系、泥岩分布特征、沉积体的大小等。地质环境孪生主要是建立构造模型（又称地层框架模型，由地层界面模型、断层模型组成）和属性模型（如地震参数、储层参数、岩石参数、地应力等）。

3. 钻机数字孪生技术

钻机数字孪生主要指钻机及相关设备的数字虚拟化，也称数字仿真钻机，包括钻机八大系统所有设备及零部件的等比例 3D 建模，并附加每个部件的自身状态参数、运行参数，在大屏幕或其他虚拟现实环境中能提供沉浸式操作体验，且与现场实际工况保持完全一致。该技术国内外都已开展大量研究，技术细节不再赘述。需要特别指出的是，钻井地面数字孪生系统不同于目前成熟的仿真培训系统，一是要求建立高保真、可互操作的 3D 模型，不能用简易、示意模型替代，二是必须具备与现场实际设备的互联、互操作属性与接口。

4. 钻井井下动态过程仿真

1）实时数据驱动的可视化模型集成

钻井井下动态过程仿真，是在井筒数字孪生体基础上，赋以钻井过程的动态描述信息，以时间轴实现井下状态的真三维、高保真动态呈现，即基于数据驱动的模型集成，如表 3-1 所示。

表 3-1　实时数据驱动的仿真模型集成

动态仿真分类	被驱动的实体模型	驱动数据	驱动机理
井筒结构 3D 动态仿真	井身结构、地层	预测或解释的地层属性；井眼轨迹；井径、井底位置、下套管状态；套管属性；注水泥状态	依据实时获取的驱动数据改变井筒结构及相关属性至最新状态
钻柱 3D 动态仿真	钻柱	钻柱组成及属性；钻头位置、起下速度、转速、涡动参数、伸长量	依据实时获取的驱动参数，改变钻柱组成部件至最新，并实时更新其运动状态
井筒流体 3D 动态仿真	钻井液、岩屑、地层侵入流体	流体性能、排量、流速、岩屑浓度及分布	依据实时获取的驱动参数，实时表征钻柱内及环空中的流体及岩屑分布及运动状态
井下故障复杂 3D 动态仿真	井身结构、钻柱、井筒流体等	井漏位置及速度、地层破裂位置及形态、气侵位置及侵入量、钻具失效位置、卡钻位置	在上述三类仿真的基础上，融合井漏、井涌、卡钻、钻具实效等故障复杂实时状态
系统集成 3D 动态仿真	上述全部	上述全部	按物理位置关系和相互作用关系实现上述所有模型及状态的一体化表征

2）钻井工程机理仿真模型集成

上述驱动数据中，一部分是输入量（设计或实钻设定），另一部分则需要根据专业模型或人工智能模型进行实时分析计算得到。这些模型也可称为钻井数字孪生的机理仿真模型，包括岩性解释模型、岩石物性解释模型、岩石力学计算模型、地层压力计算模型、钻柱摩阻扭矩计算模型、钻柱强度校核模型、流体力学模型、井下故障复杂识别诊断模型、机械钻速预测模型、待钻轨道预测模型、潜在风险预测模型等。需要说明的是，这些模型区别于钻井设计时用的静态计算模型，而必须是瞬态计算模型，单次计算响应时间应达到秒级。此外，这些计算都是并行的，可采用云计算手段提高并行、协同计算效率。

5. 物理-数字孪生体实时交互技术

1）井场物联网及智能测控技术

基于井下井上各类传感器及物联网，实现井场物理设备设施的动态属性、运行状态参数及施工参数的自动采集、远程传输并实时更新数字模型，确保数字端（又称虚拟空间）与物理端（又称物理空间）保持实时高度一致。与此同时，通过数字端的实时计算、智能分析，由人工或系统自动做出优化决策，通过高速可靠网络将设备操作指令传输给物理端，利用现场设备、井下工具的智能控制机构自动执行相应改变，确保物理端实时响应数字端的改变，确保二者同步。

2）人机交互技术

进入数字孪生时代，数字孪生系统可提供全三维高仿真的沉浸式操作环境，那么对于钻井软件的操作不能再局限于鼠标键盘下的 HMI 界面或者游戏杆等初级的交互手段，而是要综合利用最新的人机交互技术提高用户体验效果、操控的精准性和操控效率。这些技术包括：

虚拟现实技术（VR）及增强现实技术（AR）：可将真实的钻井场景信息和虚拟仿真信息"无缝"集成，在屏幕上进行钻井过程的三维逼真呈现，并进行人机互动。

智能语音交互技术：通过专门建模训练，实现钻井专业语言的智能识别与自动响应，帮助操作者实现信息快速获取、操作指令的快速传递。

智能视觉交互技术：通过对视网膜显示器、仿生隐形眼镜及眼动追踪技术的综合运用，实现更加奇妙的人机交互，便于简化钻井现场人员的穿戴设备，提高交互效率。

智能可穿戴设备：可将上述技术分别集成在安全头盔、手套、工衣、工鞋之上，完成语音、视觉、触觉、体态的感知、呈现与交互，与云端远程作业支持中心（RTOC）实时连接，大大提升钻井现场人员的操作能力和协同效率。

（二）应用场景设计与难点

1. 应用场景设计

1）钻前模拟预测与优化

基于钻前预测的井下地质环境数据及钻井工程设计方案，建立高精度井下虚拟模型，针对全井或某个特定井段，设定不同的参数组合进行钻井各种工况的仿真模拟，通过专业计算模型或智能模型对钻进速度及钻进、起下钻等各种工况下可能出现的井下风险进行预测，进而制定施工应对方案，或者优化优选设计方案。还可在钻进过程中，基于最新的数据对待钻井段进行模拟预测及优化。

2）疑难井施工团队协作预演

叠加地面钻机的数字孪生系统及 AR 技术，在疑难井开钻之前组织施工各方，基于数字虚拟空间进行钻井操作演练，提高施工人员对井下各种可能状况的直观预知，同时提高各岗位、各团队人员之间的协同配合效率。

3）随钻预警与决策

基于设计阶段构建的高精度井下数字孪生模型，利用物联网、传感器采集的数据对孪生模型进行实时更新，利用集成的智能模型对异常工况进行自动识别预警；此外，基于内置的多场景模拟功能，可进一步对钻井参数进行智能优化，做出最优决策，以提高机械钻速、避免井下故障的发生。

4）钻井远程控制

随着钻井传感器和物联网技术的成熟和普及，现场物理系统与后方虚拟系统之间会趋于高度一致，在钻井数字孪生系统中再叠加反馈控制功能，可将虚拟空间的操作指令低延时地发送到现场，控制钻井设备或工具的制动执行，如同在现场一样真实高效。

5）钻井设备维护

从钻井设备的设计制造开始即建立高精度孪生模型，附加设备关键部件的性能、运行参数，通过传感器测量相关参数，形成设备全生命周期的数据库，基于大数据及人工智能技术对设备寿命进行预测，对设备运行参数异常进行诊断，自动制定出维修保养计划，从而减少"例行"检修次数，并主动避免被动停机，达到降本增效的目的。

6）钻井实训

钻井数字孪生的建立，将大大增强现有仿真培训系统的精确度和实操性，可将钻井培训与实钻案例完全融合起来，让学员在真正的"实钻"中学习知识，提高操作能力。

2. 应用难点

1）地质环境模型的实时更新技术

钻井工程数字孪生面临着一个在制造业数字孪生中很少见到的具体挑战：环境的不确定性。因为地质目标的构造和特性主要是根据相关信息推测的，带有误差成分，地质环境的不确定性体现在地层压力、岩石力学特性、应力非均质性、地层状态构造和岩性、地层分层深度等方面，其严重影响钻井设计施工的科学性、钻井技术措施的针对性和有效性，从而增加了井身结构优化、井眼稳定、井眼轨迹控制、机械钻速的提高、井下复杂情况及事故的预防和处理的难度。

数字孪生中的一项基本原则是数字孪生模型对物理世界的实时忠实映射，而地质环境模型的不确定性破坏了这一原则，影响了后续各项模型计算的准确性，导致最终的分析决策结果与物理钻井出现偏颇，钻井数字孪生的技术难度因此急剧增加。

因此，钻井数字孪生的首要问题是尽可能降低或者解决地质环境模型的不确定性。而随钻地震技术、随钻测井前探技术的发展则为此提供了可行性。钻井过程中将随钻测得的地震数据、测井前探数据实时传输至后方，对地质数字孪生体进行同步更新，实现地质环境的忠实映射，建立钻井数字孪生中最基础的环境要素。在此过程中要解决的关键技术主要是随钻地震、测井数据的高效准确地处理解释以及地质孪生体数据的动态更新应用。

2）数据驱动模型的研究应用

钻井工程中众多的机理模型通常是对现实进行简化，如此便带来模型的不确定性问题，很多模型虽然通过调参可以模拟得很好，但是对于未来的预测或者对于新数据的解释往往会出现偏差，例如钻井风险计算预测模型，对于风险案例的吻合较好，但是受限于地域性经验参数影响，普适性较差。

在过去的几十年中，钻井工程已经累积了海量的地质、工程数据，以此为基础，利用新兴的大数据与人工智能算法建立数据驱动的模型（统计模型，或者机器学习），可以弥补传统机理模型的不足。数据驱动模型在预测性维护、风险预测等方面已证明其可替代并超越传统机理模型，而在特定参数计算、参数优化等方面可以与传统机理模型融合应用，进一步提高计算分析结果的可信度。数据驱动模型的研发应用是钻井数字孪生与传统钻井模拟的显著差别。

3）模型修正与融合技术

钻井数字孪生研发过程中第三项重要技术是模型的修正与融合，其中，模型修正主要解决有限元模型修正、在线学习、增量学习等问题，进而改进完善模型，提高模型计算、分析、预测的准确性；而模型融合主要解决多物理尺度建模、多学科联合仿真、机理模型与数据模型融合应用等问题，进而建立与实际钻井工程相符合的数字演化进程。

钻井数字孪生的核心是模型，主要包括传统机理模型及数据模型。机理主要解决的是定性的问题，数据是要解决定量的问题。然而钻井工程涉及的传统机理模型（岩石力学、水力学、管柱力学等）自身存在较多的经验系数，面对不同地区地质差异性时需要在应用过程中进行修正，包括但不限于所建立物理模型修正、模型参数修正等内容；另一方面，基于近年来兴起应用的大数据、人工智能算法等建立的数据模型，在应用过程中需要利用不断采集的海量实时数据进行学习修正，如此可进一步提高其普适性和准确性。

钻井数字孪生同时还具有多尺度多学科的特点，因而在研发应用中需要解决模型融合问题，包括多物理尺度融合、多学科融合及机理/数据模型的融合。多物理尺度融合是指地质、井筒、工具等大尺度模型与地层裂缝扩展、孔隙流体流动、热化学反应等微观尺寸模型的同步应用与结合；多学科融合则是指岩石力学、水力学、热化学、管柱力学之间的相互作用；机理/数据模型的融合则是指基于机理的传统数学模型与基于数据的智能模型相互间的补充、印证。

（三）发展展望

国内中石油部分油田开发了三维数字化井场，进行钻井设备的虚拟拆装与虚拟操作。中石化开展了钻井井筒数字仿真技术研究，构建了基于数字井筒的钻前模拟仿真系统雏形，初步实现了融合地质与工程的钻井过程三维动态仿真、参数同步表征和部分工程计算分析等。

钻井数字孪生技术是建立在钻井数字化基础上的，因此建立高精度的数字仿真模型是最重要的基础。在钻前模拟阶段，利用设计数据可构建井筒工程的几何、工程数字仿真模型，但构建井筒周缘的岩体数字仿真模型难度更大，需要紧密结合地质综合研究、岩石力学实验成果开展深入研究。钻井数字孪生技术的应用场景涵盖钻井设计、钻井施工到钻后分析全过程，对于施工过程，还需加强物联网、人工智能、VR/AR技术研究与应用，建立人机一体的实时高仿真虚拟空间，向远程控制的智能化钻井发展。加强钻井设备、工具的数字化交付，直接共享设备生产厂家的三维设计图，将大大提高数字孪生体几何模型的构建速度和精度。

第六节　虚拟现实/增强现实

虚拟现实/增强现实是20世纪末兴起的一门综合性信息技术，以心理学、控制学、计算机图形学、数据库设计、实时分布系统及电子学等诸多学科为基础，融合了可视化技术、数字图像处理技术、多媒体技术、传感器技术等多个信息技术分支，利用头盔显示器、三维立体显示器、立体眼镜、数据手套、三维鼠标、操纵杆等传感装置，将操作者与计算机生成的三维虚拟环境联系在一起。操作者可以沉浸于虚拟环境中，通过传感装置与虚拟环境进行实时交互，获得视觉、听觉、触觉等多种感知。作为新一代人机交互平台，虚拟现实/增强现实聚焦身临其境的沉浸体验，强调用户连接交互深度。随着技术和产业生态的持续发展，虚拟现实/增强现实技术在建筑工业、航空和宇航工业、电子商务和互联网产业、娱乐业、医学、制造业等多个行业已有广泛应用，并在油藏模型建立、钻井轨迹设计、油藏开发方案制定、海上平台设计等石油工程领域应用，提高了工作效率。

一、虚拟现实/增强现实及其在石油工程中应用的优势

（一）虚拟现实/增强现实技术及其特点

虚拟现实是把虚拟的世界呈现到你眼前，采用以计算机技术为核心的技术，生成逼真的视、听、触觉等一体化的虚拟环境，用户借助必要的设备以自然的方式与虚拟世界中的物体进行交互，相互影响，从而产生亲临真实环境的感受和体验。典型的VR系统主要由计算机、应用软件系统、输入输出设备、用户和数据库等组成。计算机负责虚拟世界的生成和人机交互的实现；输入输出设备负责识别用户各种形式的输入并实时生成

相应的反馈信息；应用软件系统负责虚拟世界中物体的几何模型、物理模型、行为模型的建立，三维虚拟立体声的生成，模型管理及实时显示等；数据库主要用于存放整个虚拟世界中所有物体的各个方面的信息。根据 VR 技术对沉浸程度的高低和交互程度的不同，将 VR 系统划分了 4 种类型：沉浸式 VR 系统、桌面式 VR 系统、增强式 VR 系统、分布式 VR 系统。

增强现实（augmented reality，AR）是把虚拟世界叠加到现实世界，同时让用户还能够看到现实的世界。增强现实的设备会以某种方式，将数据、3D 物品和视频叠加到用户的视觉当中，他们不需要戴庞大的头盔就可以查看到对应的提示或者数据，在人们看来，这些数据悬浮在眼前，这也就是增强现实的强大之处，通过额外的数据支持来对用户的现实体验有所增强。一个 AR 系统主要由显示技术、跟踪和定位技术、界面和可视化技术、标定技术构成。跟踪和定位技术与标定技术共同完成对位置与方位的检测，并将数据报告给 AR 系统，实现被跟踪对象在真实世界里的坐标与虚拟世界中的坐标统一，达到让虚拟物体与用户环境无缝结合的目标。为了生成准确定位，AR 系统需要进行大量的标定，测量值包括摄像机参数、视域范围、传感器的偏移、对象定位以及变形等。

在 VR 和 AR 兴起的基础上出现了混合现实（MR）的概念，相对于 AR 把虚拟的东西叠加到真实世界，混合现实则是把真实的东西叠加到虚拟世界里，是合并现实和虚拟世界而产生的新的可视化环境，在新的可视化环境里物理和数字对象共存，并实时互动，可以把它视为 AR 的增强版[58-62]。

虚拟现实/增强现实技术的发展是以可视化（visualization）技术为基础的，具有 3 个显著特点，即实时性（real time）、沉浸性（immersion）和交互性（interactivity）。实时性是指能按用户当前的视点位置和视线方向，实时地改变呈现在用户眼前的虚拟环境画面，并在用户耳边和手上实时产生符合当前情景的听觉和触觉响应。沉浸性是指用户所感知的虚拟环境是三维的、立体的场景，其感知的信息是多通道的，从而使用户产生身临其境的逼真感觉。交互性是指用户可采取现实生活中习以为常的方式来操纵虚拟场景中的对象，并改变其方位、属性或当前的运动状态。

（二）虚拟现实/增强现实在石油工程中应用的优势

应用虚拟现实/增强现实技术能全面显示三维环境。基于三维可视化技术对多种数据实施一体化展示，这是虚拟现实/增强现实技术最显著的优势，从而使石油勘探开发中不同专业的工程技术人员能在共同的环境里分析数据，形成整体性的、宏观的认识。虚拟现实/增强现实技术应用于石油工程，打破了传统工作模式耗时耗力的弊端，降低了特殊作业的高危性和不安全性，为工作效率提升和可持续发展奠定了基础。

多学科知识成果的一体化显示，实现多学科协同。虚拟现实/增强现实系统为地震、地质、岩石物理及钻井等不同学科工程技术人员的共同工作提供了协同式环境。这种协同工作环境，彻底打破了对地下资源及油气认识的分割独立的传统顺序研究过程，以及孤立的专业领域研究流程，实现了勘探研究和决策过程中不同学科人员经验、认识等智力资源的共享，不仅可以提高效率、缩短周期，还能得到更精确的勘探成果，做出最经济、全面的决策。油气勘探开发所面临的地质结构越复杂、油藏开发程度越高和钻井轨迹设计难度越大，此项技术的协同式工作效果就会越显著[63-65]。

二、虚拟现实/增强现实与石油工程融合应用

（一）钻井井场部署与优化

采用 VR 技术进行井场或钻井平台的设计，实现石油钻井平台的虚拟再现、浏览，甚至可以观测平台结构的每个细微之处，可以在平台建造之前就检测并解决设计中存在的问题，降低工程风险。2018 年，在得克萨斯州卡梅隆附近的一个试验台上使用了空间布局和可视化程序，在 8h 内扫描所有试验台空间，生成完全沉浸式 VR-ready 模型，成功地扫描和建模了固相控制套件、钻台、钻井固废处理系统、动力装置、泥浆系统、固体排放、防喷器和钻台地面基础设施，利用虚拟现实技术进行了配置优化。优化的系统设计可以提高效率，改进流程，节省大量的时间。例如，拉丁美洲近海的一个钻井项目，由于采用了消耗空间的岩屑处理装置配置，非生产时间高。在对钻机进行详细审计后，工程团队开发了一个优化的分离系统，提高了空间利用率和处理能力。改进后的设计不再在钻机上一次只能放置一个岩屑箱，而是允许存储和同时处理多达 6 个岩屑箱。因为多余的储存允许在从钻机上卸下岩屑箱的同时继续钻井，显著提高了钻速。

（二）钻井设计与轨迹跟踪决策

虚拟现实技术能在同一个虚拟的立体空间同时显示钻井轨迹、钻井数据，进行钻探跟踪决策。具体包括：沿井眼轨迹所在的剖面或多井任意连线的剖面将地震数据剖面显示出来，相互验证钻井效果，解释地质模型；基于精确三维可视化解释、储层识别，优选钻探靶点，并按照钻探的地质目标实施三维井眼轨道的论证设计，或修正已有井眼轨道设计；地质人员与钻井人员在虚拟现实平台协同工作，地质设计的同时优化设计定向钻井工程；在钻探环节持续使用最新的钻井数据，并及时对原有地质认识模型进行修正，反过来指导后续的钻井作业，科学调整方案决策；结合网络、井场实时监控软件与分析设备，及时向虚拟现实系统传输钻井数据，使工作人员实时监控钻井过程，尤其是虚拟现实技术中的实时随钻决策系统[66-68]。

在油气钻井中，通过卫星将钻井数据实时传送给虚拟中心，再基于虚拟现实系统三维立体化显示钻井的地质构造特征、正在进行的钻井轨迹及其数据体，之后把石油勘探的专家聚集起来，实时监控钻井轨迹情况，进行随钻调整、及时优化轨迹。例如：在某油田的某井钻进过程中，当开发井已经打到 1500m 时，在其三开钻进环节钻到 110m 处，物性好的油层只有 50m。于是多专业决策小组就在三维可视化中心进行了实时随钻分析研究，认为该水平段还处于石油储层的顶部。基于三维可视化综合显示，和邻井进行对比分析，认为水平段下部是物性较好的石油储层，而垂向上距离油水界面较大，约 30m，拥有加深侧钻的条件。所以随钻项目组决定侧钻，最终的侧钻效果很明显，有良好物性的石油储层钻遇率达到 85%。通过应用虚拟现实技术，钻井调整效率大大高于传统方式。

在挪威海德鲁（Norsk Hydro）公司 Troll 油田的一口水平井钻进中，在距离设计的总深度 250m 的地方，根据地质模型，钻头位于低渗透的砂层中，没有钻遇到高质量的储层。在使用 CAVE 虚拟现实系统审查状态时，井队发现了地震数据和地质模型之间的不匹配。基于这一观察，对一些关键地震层位进行了快速的重新解释，并更新了井周围

的地质模型，依据更新后的模型改变井筒轨迹，在井的最后一段钻遇了175m的额外储层。

（三）海洋工程

1. 海洋设备维修

海洋工程设备在运转工作期间，不可避免地会受到风、浪、流，甚至冰、地震等载荷的联合作用。这些破坏性载荷长期作用，必然会对海洋工程设备的性能产生影响。目前，大多数海洋工程设备的维护通常都是请专家来现场指导或请专业技术人员进行保养或维修，其维修费用较高，操作使用人员参与程度较低。随着虚拟现实技术的逐渐成熟，为维修性"可视化"分析技术的发展提供了有力的技术支撑。利用虚拟现实技术进行海洋工程设备维修性分析与评价，改变了维修性设计、试制、维修性试验与分析、修改设计、定型、生产的传统模式，可以在设备研制阶段做出前瞻性的决策与优化实施方案，避免由于前期维修性设计存在问题而引起后期更改，增强了设计与研制过程中关于维修性的各级决策与控制能力，确保了维修性分析工作的时间性和确实性，有效地提高了海洋工程设备的维修水平[69]。

虚拟现实技术通过构建一个虚拟的维修环境向维修者传输相关信息，包括设备的结构、零部件的位置、维修动作及维修流程等。由于在实际维修中海洋工程设备的特殊性，虚拟维修技术必须考虑海上风、浪、涌、流等的影响。海洋工程设备虚拟维修的关键环节包括海洋场景的建立、海洋工程设备模型的建立、运动建模、虚拟拆装、交互作用过程的控制和故障诊断等。目前，国外虚拟现实技术在设备维修方面的研究已进入实用阶段，虽还不完善，但其研究与发展状况已表明了实施虚拟维修的可行性，将虚拟现实技术应用于海洋工程设备的维修过程中，不仅可有效提高工程技术人员的维修技能，在陆地上即可模拟海上情景实现对海洋工程设备故障维修，极大地缩短了海洋工程设备实际维修时间。

2. 海底机器人控制

最新开发的AR技术使用先进的3D引擎精确建模海底设施，并使用地理信息系统（GIS）精确确定设施的相对位置，从而创建海底设施的虚拟3D可视化环境。通过将虚拟环境叠加到海底机器人引导摄像头的实时馈送上，可以增强海底机器人操作精度。将实时摄像机图像与AR及其他数据流合并可以提高可视性、提高安全性、提高效率并降低总体成本。目前，基于AR技术的海底机器人遥控系统由一家软件供应商开发，并与海上船舶和海底机器人、卫星通信等基础设施提供商，以及油田作业者一起实施。自2015年以来，该解决方案已在几个近海盆地的深水应用中得到验证。在挪威，该系统已广泛应用于Troll油田。

（四）远程决策

BP公司将AR眼镜用于智能巡检，操作人员进行巡检时，可以通过AR眼镜的透镜读取传感器的信息，并且与身处控制中心的技术专家实时沟通。通过使用这一设备，专家可以在技术人员处理设备问题时，在其视野中叠加指导。

AR 耳机可以通过远程决策支持来帮助快速修复关键系统问题，从而大幅减少停机时间。通过小区域服务或低地球轨道卫星，AR 耳机能保证现场操作人员与专家的随时沟通联系。瑞欧威尔（RealWear）公司的 AR 耳机语音控制依赖于配置的四个麦克风，其可用于音频三角测量，准确度更高。此外，该设备还具有噪声消除功能，两个功能相结合意味着用户在 95dB 的工作场所仍然可以向设备发出命令。之所以选择 95dB 作为标准，是由于这恰好高于许多典型油田系统的声级，例如泵和压缩机。虽然其他 AR 头戴式耳机要求用户在其界面上进行手势操作，但 RealWear 的 AR 耳机具有强大的语音识别功能，可以消除任何可能会降低工人态势感知能力的方面。NOV 基于 AR 耳机开发了新产品——NOVOS，NOVOS 是一款自动钻机控制系统，已经在测试中取得了成功，各操作单元已经应用于平台上运行的钻机，可以实现远程交流；贝克休斯也基于 RealWear AR 耳机技术开发了 SmARt-Helmet 产品，主要应用于设备的维护，特点是能够保持与贝克休斯公司的休斯敦、吉隆坡和佛罗伦萨专家基地的实时通信 [70]。

（五）员工培训

在钻井施工作业中，操作的不规范往往会造成极大的安全隐患，也是事故发生的主要原因之一。因此，施工作业的标准化操作是减少事故发生的关键因素。对作业人员进行培训是增强标准化安全作业的必要手段，然而大量的文字培训资料枯燥无味，不直观形象，无法引起培训人员的学习兴趣，尤其是新上岗人员对实际操作没有直观的印象，直接进行文字资料的培训会更加显得空洞，从而造成学习培训效率低下，为实际操作埋下了安全隐患。采用现场培训不但受到时间、环境空间的限制，而且现场环境复杂，会增加培训人员的危险。随着时间的推移，如果更新了设备，必须重新进行现场培训，浪费大量的人力、物力，大大增加了培训的成本。随着虚拟现实技术的发展，国内外出现了许多利用虚拟现实技术开发模拟训练系统进行培训的应用研究，可以有效解决上述问题，而且消除了现场培训潜在的危险，降低了培训成本，通过直观、形象、逼真的虚拟环境使培训人员达到"身临其境"的感觉，增强学习兴趣，实现快速掌握培训内容的目的，从而预防钻井事故的发生。

数字虚拟现实技术为石油工程新技术培训、练习和推广提供了新途径。斯伦贝谢公司、哈里伯顿公司等将 AR/VR 技术应用到新技术应用的培训，哈里伯顿公司将 AR 培训功能集成到 DceisionSpace 平台中。斯伦贝谢公司应用 VR 系统进行固井培训。Altus Intervention 公司推出了新型多点便携式井筒干预培训模拟器 MultiSIM，用于培训海上人员的多井干预作业，包括连续油管和电缆。给培训人员提供操作中遇到的各种可能情况的解决方案，使受训者提升操作信心与能力，为提高施工安全和效率提供支撑。

三、应用关键与发展展望

（一）应用关键

虚拟现实/增强现实技术作为一种可视化的研究设计、数据分析和协作决策的平台，在井位决策、钻井轨迹设计、钻探跟踪决策、设备维护等方面发挥出重要作用，涉及的关键技术包括超级计算机等硬件技术、协同分布式虚拟现实/增强现实技术、信息可视化技术和多感知能力。

1. 超级计算机等硬件技术

虚拟现实/增强现实对图像显示有很高的实时和动态要求，必然要求超级计算、图形图像处理、图像投影及交互等虚拟环境构建硬件技术的支撑。

2. 协同分布式虚拟现实/增强现实技术

虚拟现实/增强现实技术以在互联网上构建可共享及可交换的虚拟环境为基础，不同的单用户虚拟现实系统通过网络构造大范围的虚拟环境，支持分布在不同地域的用户同时进入虚拟环境并与之交互，共享相同的虚拟环境是发展的趋势。

3. 信息可视化技术

信息可视化是在科学计算可视化基础上发展起来的，主要用于表现系统中信息的种类、结构、流程及相互间的关系。信息可视化能够有效揭示复杂系统内部的规律，并解决无法定量而定性又很难准确表达的问题。

4. 多感知能力

未来理想的虚拟现实/增强现实系统将提供给人类所具有的一切感知能力，包括视觉、听觉、触觉，甚至味觉和嗅觉。人们可以沉浸在更逼真的虚拟环境中评价、分析数据，做出决策。

（二）发展展望

虚拟现实/增强现实技术作为战略性新兴产业的重要前沿方向，成为连接人、社会与信息空间、物理空间关系的下一代信息系统的计算平台。未来石油工业将面临更为庞大数据的可视化分析，不同专业人员之间密切合作，共享数据，并从不同方面进行研究，从而更加有效地实现专业间的互补，提高决策的科学性和前沿性，降低业务成本和业务风险。石油工程技术人员之间的密切协同工作，对数据体全面理解和有效利用开发非常关键。虚拟现实/增强现实系统作为一种理想的数据分析展示、协同工作、决策支持工具，必将随着技术的日趋完善，在石油工程中发挥越来越重要的作用。

随着软硬件技术不断发展，虚拟现实/增强现实系统的成本将越来越低，石油工程也将逐步普及应用虚拟现实/增强现实技术。虚拟现实/增强现实开发的早期阶段，需要大量的时间和精力来创建可用的场景，系统构建成本高昂，这是妨碍虚拟现实/增强现实技术在石油勘探开发中推广应用的关键性因素。随着当今硬件和软件支持系统的发展，成本和开发时间已经大大降低，沉浸程度也在不断提升。

以中低档虚拟现实/增强现实系统为特征的桌面型数据分析系统将得到广泛的应用，且随着三维可视化技术不断的快速发展，虚拟现实/增强现实系统显示内容将更加丰富，形式更加直观，操作更加简单。

虚拟现实/增强现实技术和数据管理技术、地理信息系统技术、决策支持、知识管理、知识挖掘、网络技术等的密切结合将推动数字井筒的建设进程，引导石油工程从数据集成与应用集成转向知识集成，彻底改变传统的石油工程作业方式，有效地通过数字资产的增值作用提高油气的采收率及开发效益。

第七节　区块链技术

区块链技术是继大数据、云计算、人工智能等技术之后，在全球范围内掀起投资热潮的新兴技术。区块链技术是一种分布式记账技术，其核心是沿时间轴记录数据与合约，一旦写入，就只能读取，不能修改和删除。因此，区块链技术具有透明、共享、成本低、数据高度安全的特性，可显著降低信任风险，已在金融、贸易、电力、安防等领域引发了巨大变革，国内外已有很多石油巨头公司开始区块链技术在石油行业中应用的研究与实践。

一、区块链技术及其在石油工程中应用的优势

（一）区块链技术及其特点

区块链是一种将区块以链的方式组合在一起的数据结构，其实质是一种基于加密算法生成的集体维护可靠数据的分布式账簿系统。将加密算法、时间戳、共识机制、P2P传输等多种先进技术加以整合并与数据库进行巧妙结合，区块链成为一种新的记录、传递、存储与呈现数据的方式，其主要优势在于去中心化、按时序记录数据、集体维护、可编程和安全可信等。区别于传统的复式记账方式，在区块链的分布式记账系统中，全网共享一个账本，其中的每笔交易都会对全网公开并保存在数据库之中，并且数据一旦记录就不可更改，从而避免数据有误，也保证了数据的安全。区块链技术的特点包括：

1. 去中心化、去信任认证、数据库可靠

去中心化是指区块链技术没有中央控制点，在分布式对等网络下，所有节点的权利和义务都对等，任一节点停止工作均不会影响其他节点和系统的整体运作。去信任认证是指系统数据库运作公开透明，所有节点之间无需信任认证，在系统规则和时间范围内，节点之间不存在彼此欺骗。数据库可靠是指系统中每一个节点都拥有最新、完整的数据库拷贝，修改单点数据库的数据对整体数据库不产生影响。

2. 按访问和管理权限可以分为公有链和私有链

公有链是完全开放的区块链，具有开源和匿名的特点。私有链则在开放和去中心程度方面有所限制，参与者需要提前筛选，数据库的读取和写入权限只限于系统的参与者。私有链能够有效解决公有链匿名交易造成的线上线下权属分离问题，满足数据共享、金融交易等法律上的实名制需求。整体来看，私有区块链技术更适合行业应用。

（二）区块链技术在石油工程中应用的优势

随着区块链技术走出实验室阶段，各行各业开始验证和探索区块链在交易结算清算、物联网、数字资产管理、股权交易、供应链等领域的应用。石油石化行业是一个复杂的生态系统，运行过程中会产生庞大的数据，区块链技术几乎可以应用到油气开采、炼化生产、产品销售等每个阶段。在石油工程领域，依靠区块链实现的边缘计算，能够实现油田数据的本地产生、就近处理，进而提高油田大数据分析的时效性、可靠性和稳定性。同时，依靠区块链的智能合约技术，可以自动撮合买卖、协商条款、验证履行、执行条款，提高交易效率和风险管控水平等[71-76]。

二、区块链技术与石油工程中融合应用

（一）页岩气开采

页岩气在开采过程中需要不断向钻井内加水和砂以进行水力压裂，美国页岩气井众多，需要用卡车不断运送水和砂子，而从井内返排的水也需要运送到专门的基地进行处理。向页岩油气田运送砂子的企业每天都会收到数量众多的发票，企业对于大量需要处理的发票疲于应对，并且难以确定这些单据的准确性。区块链技术可以通过匹配车载GPS电子围栏技术，让这些发票随着卡车载重量或载货量的变化自动生成，不必借助人力参与，并可以避免争议，从而提高业务的精确度。

（二）海洋钻井

美国戴蒙德海底钻探公司推出了区块链钻井服务。该服务为一个不可篡改的云服务平台，可从任何支持网络的设备访问，用于从采购阶段到施工、竣工和生产阶段优化油井施工活动。通过每个阶段对钻井进行跟踪、规划和优化，能够减少开支、消除浪费、改进流程。该服务包括五个模块：供应链和物流经理模块保证业务透明、来源清晰；油井计划器可以显示实际与计划的时间深度数据以及详细事件；支出监测用来汇总油井建设成本与预算；动态关键路径可以显示实时瓶颈；性能跟踪可监视关键性能指标。该技术即将在戴蒙德海底钻探公司全部钻井船上使用，从而创建业界首个区块链钻井船队。

（三）油气交易

国外大型油气企业持续投入资源打造区块链+油气交易的平台。2017年，BP、壳牌组成的财团建立了一个基于商品贸易的区块链数字平台Vakt。截至2020年2月，共有12家平台投资者，包括挪威国家石油、雪佛龙、道达尔、沙特阿美等石油公司。该项目旨在创建一个安全、实时的基于区块链技术的能源贸易数字平台，以摆脱传统和烦琐的纸张合同和文件，进而顺利推进电子文件、智能合约和认证的发展。这个区块链平台能够降低实货能源交易的管理运营风险与成本，并提升后台交易运营的效率和可靠性，预计一旦全面投入运营会削减高达40%的贸易成本[77-80]。

国内最先尝试油气+区块链试点的企业是中化集团旗下的中化能源科技有限公司[81]。

2017 年 12 月，该公司完成了首单原油区块链进口交易试点，首次将区块链技术应用于成品油进口业务。2018 年 3 月，针对从泉州到新加坡的一项汽油出口业务，成功完成了区块链应用的出口交易试点。这两次进出口业务试点利用了区块链技术不可篡改、不可伪造的特点，将跨境贸易各个关键环节的核心单据进行数字化，对贸易流程中的合同签订、货款汇兑、提单流转、海关监管等交易信息进行全程记录，大大提高了合同执行、检验、货物通关、结算和货物交付等各个环节效率，降低了交易风险。相比传统方式，区块链的应用能整体提高流程效率 50% 以上，融资成本减少 30% 以上。

三、应用关键与发展展望

（一）应用关键

目前区块链技术应用仍处在早期阶段，其理论研究、基础设施、技术安全、标准监管等还不够成熟，尚需进行技术完善和积累，以实现规模推广应用。

1. 区块链基础理论和技术安全研究

区块链数据只有追加没有移除，随着时间推移，对数据存储需要持续增大，现有技术对查询分析的支持较差；底层平台欠缺、性能不完善、兼容性不足，尚不能有效应对大数据量场景，公有链和联盟链尚无法支持高频交易场景；安全与隐私保护技术不完善，联盟链的安全性尚未经过大范围长时间验证，新业务模式也将带来新的安全风险。因此，需要开展区块链基础理论和技术安全研究。

2. 监管体系与标准体系构建

从配套环境来看，区块链应用的参与方法众多，可能带来责权利分配不清的风险，与之相适应的组织形态、配套的法律和监管制度，以及相关利益方的支持环境等尚未建立。区块链领域的国家和行业标准还处于早期发展阶段，仅有少量基础性的标准立项并处于研制阶段，最重要的安全问题中涉及的算法、系统等标准仍未发布。监管体系与标准体系的构建与完善将为区块链技术的规模应用提供重要保障。

3. 基于石油工程特点的区块链技术

从供给角度，油气行业是天然的规模经济，不是分布式发展；从需求侧，油气行业对去中心化没有特别大需求，油气技术服务通常由专业技术服务机构提供，油气公司主营业务对区块链的需求不大。区块链技术与石油工程的融合应用尚处于探索尝试的进程中，主要的探索企业是一些转型压力大或国际贸易需求量大的油气公司，目前实践案例仍屈指可数，开发具有石油工程业务特点的区块技术，对实现规模推广应用具有重要意义。

（二）发展展望

区块链技术是一项革命性的新技术，在石油工程领域具有较为广阔的应用前景。应积极跟进区块链技术成功应用经验，选择比较成熟的领域开展试点研究，进而推动数字化转型进程。以下几个方面值得重点关注：

一是建立基于区块链的勘探开发监管平台。实时准确地记录储层勘探、油气开采等各环节的现场数据和作业信息，实现现场监管的数字化、实时化和数据共享，显著提高数据的安全性、现场监管的有效性及生产风险管控水平，优化钻井施工流程和监管措施，为油气领域安全高效生产和降本增效提供保障。应用区块链技术要站在整个领域深度融合的角度，重新梳理现有的管理流程、作业模式，在确保安全可靠的前提下，主动利用数字化技术。

二是推动石油工程管理转型、流程优化和业务创新。建立装备全生命周期数字化管理系统。以石油开采装备设计、管理平台为例，可以开展石油装备全数字化技术研究，构建装备工业物联网，实现设计、制造、使用、管理等生命周期数据之间的关联，预见产品质量，进行现场试验数据验证，优化装备性能，改进生产工艺，实时远程监控装备的任务数据、环境数据、维修保障数据，实现石油装备全领域、全寿命周期的实时管理和监控。全面实现装备数字化，为"智能+"奠定坚实基础。

三是建立基于区块链技术的物资交易平台。将传统交易文件、买卖合同转变为电子文件、智能合同，实现电子商务和数字资产管理。改变货品溯源和交易结算中高度依赖人工和业务流程低效的问题，实现物资交易全过程的信息实时追踪，降低信息和结算成本，提高交易效率。

面对区块链迅猛发展的大势，应抓住区块链技术融合、功能拓展、产业细分的契机，加快布局探索，提高运用能力，大力推动石油工程业务走向数字化革新。

第八节　5G 技术

5G 通信技术自商用以来，不断向各行业渗透，并已在石油工程智能化建设中初见成效。作为新一代移动通信技术，5G 技术具有高速率、低时延、广连接等优势，非常契合石油工程智能化对无线网络应用的需求，为解决石油工程智能化建设过程中存在的泛在感知困难、多类型数据同步传输不可靠、远程控制实时性差、融合大数据智能决策效率低等关键问题提供了有效途径。

一、5G 技术及其在石油工程中应用的优势

（一）5G 技术及其特点

5G 移动网络与早期的 2G、3G 和 4G 移动网络一样，是数字蜂窝网络，在这种网络中，供应商覆盖的服务区域被划分为许多被称为蜂窝的小地理区域。表示声音和图像的

模拟信号被数字化，由模数转换器转换并作为比特流传输。蜂窝中的所有5G无线设备通过无线电波与蜂窝中的本地天线阵和低功率自动收发器（发射机和接收机）进行通信。收发器从公共频率池分配频道，这些频道在地理上分离的蜂窝中可以重复使用。本地天线通过高带宽光纤或无线回程连接与电话网络和互联网连接。

从1G到4G，移动通信技术的核心业务是人与人之间的通信，但5G不仅覆盖了高带宽、低延时等传统应用需求，还能满足工业环境下的设备互联和远程交互应用需求。5G技术的发展激发着物联网技术的发展，物联网技术的发展促进着大数据的发展，大数据的发展则带动着云计算和人工智能发展，而云计算和人工智能的发展又需要5G技术提供传输通道，总之未来必然是以云计算和人工智能为工具，深度挖掘大数据知识，以5G技术为高速通道，实现万物智能互联互通，5G技术与云计算、大数据、人工智能等技术深度融合，汇聚成5G技术生态，将成为各行各业升级转型的关键基础设施[82-84]。

（二）5G技术在石油工程中的应用优势

1. 数据传输载量大

5G移动通信技术作为下一代移动通信应用技术，其相较于4G移动通信技术，主要的技术应用特点即为：高频段运行、高网速带宽运行。其中理论测试中5G网络的峰值传输速度可达到10Gb/s，相较于4G网络技术的传输速率其提升了百倍。高频段的运行模式主要发挥的作用为：5G移动通信信号在传输应用中的势能大，受干扰出现误差的概率小，无线数据传输的稳定性进一步提升。

2. 数据传输稳定性强

4G移动通信技术在网络设备布设的过程中，主要依据范围距离划定相关设备的布设数量，一定程度上分析其设置的原则为：满足基础网络覆盖，确保网络信号的有效传输和应用。5G移动通信技术在发展中从其理论传输速度方面分析，密集网络技术的应用则为其技术应用的主要特点。分析密集网络技术是在单位面积区域内，设置大量的节点通信设备，以此缩短节点传输距离，确保用户在实际应用中数据传输速率、稳定性及传输数据安全的合格性。5G移动通信技术在发展中，其节点设备布设数量为4G移动通信技术的10倍左右。

3. 数据传输效率高

同时同频全双工技术的应用为5G移动通信技术应用的主要特点之一，其实现了在单一信道上，同时发送信号及接收信号的功能，极大提升了通信技术的应用效率。另外分析同时同频全双工技术在应用中，也减少了传统通信技术运行中存在的信道之间相互干扰的现象，保障了信号传输应用中的稳定性和准确性。

二、5G技术与石油工程融合应用

随着科技进步和社会发展，油气行业一直致力于工程技术的探索与实践，生产方式由人工向机械化、自动化和智能化不断进步，而每一次工程技术的升级都受到同时代通信技术的影响，且通信技术对工程技术的介入由小到大，逐渐从简单语音通话发展到万物互联、自动化、智能化、无人作业。

（一）智能钻完井

5G技术生态可以促进智能化钻完井技术快速发展，其主要应用方向包括大宽带和泛在万物互联、钻完井参数优化与智能导航、4D透明储层构建和实时更新及推演、智能钻完井远程作业控制和基于边缘计算+云计算相结合的管控模式[85-88]。

（1）大带宽和泛在万物互联。在5G环境下部署泛在互联海量传感器，使获取数据的类型更多样，数据量更大。部署高清摄像头，获取超高清视频，进而为分析人的不安全行为、作业环境、设备工作状态等提供数据基础，为智能决策和控制奠定基础。

（2）钻井参数优化与智能导航。通过研发井下动态参数和地质参数测量工具、微震监测系统等关键技术，实现多维度、全方位、精准感知和安全管控，为智能钻完井作业提供信息基础。基于5G万物互联技术，搭建多井场参数感知平台，解决当前各系统之间联系性差、难以实现互联互通的问题。依据钻井工程实时数据和地层数据等信息，确保钻井作业能够按照既定轨迹钻进，还可依据各类井下复杂问题信息，实现虚拟推演，优化钻井作业参数。

（3）4D透明储层构建和实时更新及推演。透明储层的构建需要海量探测数据与高性能智能计算分析，基于5G万物互联、大带宽特性及相关人工智能算法，可以将井下海量探测数据进行实时采集和传输，并按照智能化钻完井数据标准规范，构建井下地质信息与钻完井信息的三维模型与实时关联技术，实现将油气井的工程信息与地层信息统一，进而实现4D透明地质的构建。

（4）低时延、高可靠支撑钻完井远程控制。钻井过程中，井下参数识别、钻机控制等一系列判定和动作都需要在一定的逻辑控制序列中瞬间完成，端对端时延要达到毫秒级，同时要具备高可靠性，而5G的低时延、高可靠特性可以使设备远程控制更实时、更精确、更可靠，实现设备的智能联动。

（5）基于边缘计算+云计算相结合的管控模式。计算分析一般分为集中式和分布式两种，当前的云计算属于集中式计算，而边缘计算属于分布式计算。二者都属于常用的大数据计算分析方式，区别于云计算，在边缘计算的应用场景中，数据无需传输到云端进行集中处理，而是在边缘侧就能解决，在智能化钻完井中，如不安全行为、地层岩性识别等AI模型训练等对计算资源需求较大和实时性要求不高的计算分析任务，可以通过云计算进行解决，而对于如传感器预警、设备管控一类对延迟处理敏感、计算资源要求低的计算分析任务，可直接在终端设备和网络边缘就近分析处理。在边缘节点处实现对数据的分析和对设备的控制，使分析更加高效和智能，实现网络的低延时、高可靠，实现业务功能的去中心化。相对于传统的云平台集中处理，边缘计算+云计算的管控平台，更符合智能化钻完井中工业自动化特性，使管控更实时稳定可靠，效率更高。

（二）油气开采

基于智慧油田建设中的实际需求，在原有通信基础上，综合运用先进的5G传输技术，形成全新的基于 5G 的智慧油田油气生产物联网解决方案[89-91]。

（1）油气水井生产物联网系统。5G 传输技术具备大带宽、广覆盖、低时延、低功耗等优点，可实时采集油气水井的各种生产数据，建立单井工况诊断、生产趋势预测和生产参数优化等业务模型，将部分算法集成至现场仪表控制端，基于边缘计算技术及大数据量实时交互技术，实现本地闭环式智能控制，使物联网系统运算能力得到大幅提高，也可在本地完成数据的采集、存储、部分数据分析、处理等功能，保障生产的全过程全时段稳定运行。实现通信网络及设备管理，对在线压变、温变、流量计、路由、网关、示功仪、摄像头、有害气体检测仪等物联网终端设备的状态和运行情况进行监控。实时监控网络服务质量，自动采集物联网中设备运行的持续运行时间、设备温度、设备工况等实时工作状态。

（2）站场无人值守系统。基于 5G 技术，建立一套站场无人值守方案，对重点区域进行高清视频监控并实时回传至管理中心，基于实时的高清视频图像分析，通过各种算法规则的设定来检测图像中的某种行为并产生报警，保障险情处置前有更合理的方案，进一步加强站场安全治理。机器人可以使站内巡检部署方便，应用灵活，减少人员的投入，避免巡检人员在危险区域内发生人身事故，杜绝人员在巡检过程中的一些人为错误，实时回传的视频和数据能够自动保存到后端的平台，可以进行事后的分析，也可以为后期的运营维护提供管理决策。机器人辅助排险可以靠近险情发生地点，在高温、毒气等情况下，第一时间将近距离的高清视频回传至指挥中心，判断险情发生原因，指导排险工作。

（3）油气集输点无人值守系统。基于 5G 技术，在油气集输油点建设一套油气运储高效管控系统，将站内报警、视频监控、门禁系统等功能统一管理、统一联动，实现油气运储的全过程、全方位、全时段多维度的智能管控，及时发现问题，实现有效控制。设置刷卡门禁系统及人脸识别摄像机，当工作员工刷卡时，高清摄像机同时进行人脸识别，将人脸图像通过 5G 网络传输至运行指挥中心服务器，进行人脸比对，将对比记录发送至平台与刷卡记录进行二次比对，两次比对结果一致放行，如果刷卡结果与人脸比对结果不一致，将向中心发送报警，同时显示抓拍图片及比对结果。

三、应用关键与发展展望

（一）应用关键

1. 5G 组网规划部署

石油工程现场作业 5G 网络规划部署与普通 5G 网络规划存在一定差异，既要考虑使用环境下的不同无线覆盖、无线传输特性、业务类型和安全可靠等方面的差异性要求，还应遵循"泛在感知一体化网络"的石油工程智能化网络建设需求。因此，"统一规划、安全经济、全面覆盖、精细设计"理应成为石油工程现场作业 5G 网络的规划部署原则。在此原则下，无线频段选择、无线基站选型、组网方式及核心网建设是石油工程现场作业 5G 网络规划核心要点。

2. 5G 网络切片技术

网络切片的实质就是利用网络虚拟化技术，将网络基础物理设备根据时延、带宽、可靠性、安全性等不同的业务场景服务需求，切分出多个逻辑上的端到端网络，以进行各种不同业务的信息传输与交换。对于业务场景的分析，是进行石油工程 5G 网络切片的前提，开展场景内的不同业务服务质量要求细分，为 5G 网络切片做准备。

3. 5G 移动边缘计算技术

移动边缘计算（mobile edge computing，MEC）通过在靠近终端用户提供 IT 服务环境和计算能力，将部分网络业务下沉到靠近终端用户的移动节点，从而缩短网络传输时延。然而，移动边缘计算从节点部署到关键技术都需要根据具体应用场景进行方案设计，也即是现有的移动边缘计算方案并不能够直接应用于石油工程智能化。因此，将移动边缘计算应用于石油工程智能化仍需进行架构设计，并研发适用的云边协同、计算任务卸载与迁移等关键技术。

（二）发展展望

当前，以常规手段降低成本的空间日渐收窄，新一轮成本竞争的支点大概率是数字技术。5G 时代的到来，更快的数据传输速率与更低的网络延迟无疑给予数字化技术更多赋能，对于油气行业生产力、利润、安全性及效率的提升效果将更为显著。未来，物联网将成为油气行业最重要的基础设施之一。但传统物联网主要采用有线方式连接设备，这使得物联网的建设成本较高，并且按照传统的信息传输方式，信息的传输速度仍旧是较低的。5G 时代的到来，将带来物联网技术的飞速发展。借助 5G 网络，油气领域的物联网建设可承载更多设备连接、传输更大流量。这将推进油气行业物联网建设进入真正的大规模时代，进一步实现油气行业的降本增效。

5G 技术已经在石油工程中得到初步应用，实现了井场的 5G 覆盖，但目前各参数距离 5G 标准还有一段距离，仅属于 5G 技术应用的初级阶段，仍需要对应用场景规划、网络切片和移动边缘计算等关键技术进行更深入的探索。通过 5G 技术生态，可以实现对地层数据、钻完井作业监测、高清视频监控等海量复杂数据的深入融合和挖掘，推动智能化钻完井设备的感知、学习、推理和自适应。

参 考 文 献

[1] Keenan M. 从概念到落地, 工业物联网正迅速走向成熟. 中国电子商情, 2020(8): 16-17.

[2] Hou B, Paul D L. Security implications of IIoT architectures for oil & gas operations //SPE Western Regional Meeting, Virtual, 2021.

[3] Dange A, Ranjan P, Mesbah H, et al. Digitalization using IIoT and cloud technology in oil and gas upstream-merits and challenges // International Petroleum Technology Conference, Beijing, 2019.

[4] WenT L, Evers K, Huang X W, et al. An integrated platform for IIoT in E&P: Closing the gap between data science and operations // SPE Annual Technical Conference and Exhibition, Dallas, 2018.

[5] Berge J. Digital transformation and IIoT for oil and gas production // Offshore Technology Conference, Houston, 2018.

[6] 刘伟, 闫娜. 人工智能在石油工程领域应用及影响. 石油科技论坛, 2018, 37(4): 32-39.

[7] Emerson. Emerson plantweb™ insight. (2019-07-20) [2019-11-12]. https://www. emerson. com/ documents/automation/product-data-sheet-emerson-plantweb-insight-en-178002. pdf.

[8] GE. Predix architecture and services. (2016-11-28) [2022-3-11]. https://d154rjc49kgakj. cloudfront. net/ GE_Predix_Architecture_and_Services-20161128. pdf.

[9] Baker Hughes. Industrial technology. (2019-12-10) [2022-3-11]. Https://bakerhughes. com/industrial-technology.

[10] Marathon Oil. Helping achieve high performance safety using intelligent industrial mobility at Marathon petroleum company. (2018-08-20) [2019-11-12]. https://www. iiconsortium. org/case-studies/Accenture-Marathon_Oil_case_study. pdf.

[11] Ishwarappa J, Anuradha J. A brief introduction on big data 5Vs characteristics and Hadoop technology. Procedia Computer Science, 2015, 48: 319-324.

[12] McKinsey Digital. Big data: The next frontier for innovation, competition, and productivity. (2017-07-18) [2019-11-12]. https//www. mckinsey. com/business-functions/digital mckinsey/our-insights/big-data-the-next-frontier-for-innovation.

[13] 基恩·霍尔德韦. 油气大数据分析利用. 北京: 石油工业出版社, 2017.

[14] How ConocoPhilips solved its big data problem. (2018-07-19) [2019-11-12]. https://pubs. spe. org/en/jpt/ jpt-article-detail/?art=4170.

[15] DELFI Cognitive E&P Environment. (2019-06-25) [2019-10-25]. https://www. software. slb. com/delfi.

[16] Rollins B T, Broussard A, Cummins B. Continental production allocation and analysis through big data // The SPE/AAPG/SEG Unconventional Resources Technology Conference, Austin, 2017.

[17] Johnston J, Guichard A. New findings in drilling and wells using big data analytics // The Offshore Technology Conference, Houston, 2015.

[18] 新华网. 中石油发布勘探开发梦想云平台. (2018-04-20) [2020-11-12]. http://www. xinhuanet. com// fortune/2018-11/27/c_1123775741. htm.

[19] Zhao R D, Shi J F, Zhang X S, et al. Research and Application of the big data analysis platform of oil and gas production // The International Petroleum Technology Conference, Beijing, 2019.

[20] Zhao R D, Xiong C M, Shi J F. The research of big data analysis platform of oil & gas production // The Offshore Technology Conference Asia, Kuala Lumpur, 2018.

[21] Bello O, Holzmann J, Yaqoob T, et al. Application of artificial intelligence methods in drilling system design and operations: A review of the state of the art. JAISCR, 2015, 5(2): 121-139.

[22] Bello O, Teodoriu C, Yaqoob T, et al. Application of artificial intelligence techniques in drilling system design and operations: A state of the art review and future research pathway // The SPE Nigeria Annual International Conference and Exhibition, Lagos, 2016.

[23] Sadiq T, Nashawi I S. Using neural networks for prediction of formation fracture gradient // SPE/CIM International Conference on Horizontal Well Technology, Calgary, 2000.

[24] Salehi S, Hareland G, Ganji M, et al. Using neural network system for casing collapse occurrence and its depth prediction in a middle-eastern carbonate field // SPE/IADC Middle East Drilling and Technology Conference, Cairo, 2007.

[25] Fletcher P. Predicting the Quality and Performance of Oilfield Cements Using Artificial Neural Networks and FTIR Spectroscopy // The European Petroleum Conference, London, 1994.

[26] Gupta I, Tran N, Devegowda D, et al. Looking ahead of the bit using surface drilling and petrophysical data: machine-learning-based real-time geosteering in Volve field. SPE Journal, 2020, 25(2): 990-1006.

[27] Noshi C I. Application of data science and machine learning algorithms for ROP optimization in West Texas: Turing data into knowledge // Offshore Technology Conference, Houston, 2019.

[28] Pollock J, Stoecker S Z, Veedu V, et al. Machine learning for improved directional drilling // Offshore Technology Conference, Houston, 2018.

[29] Ahmed A, Elkatatny S, Abdulraheem A. Prediction of lost circulation zones using support vector machine and radial basis function // International Petroleum Technology Conference, Dhahran, 2020.

[30] Al-Hameedi A, Alkinani H, Dunn-Norman S, et al. Using machine learning to predict lost circulation in the Rumaila Field, Iraq // SPE Asia Pacific Oil and Gas Conference and Exhibition, Brisbane, 2018.

[31] Unrau S, Torrione P. Adaptive real-time machine learning-based alarm system for influx and loss detection // SPE Annual Technical Conference and Exhibition, San Antonio, 2017.

[32] Naraghi M E, Ezzatyar P, Jamshidi S. Prediction of drilling pipe sticking by active learning method (ALM). Journal of Petroleum and Gas Engineering, 2013, 4(7): 173-183.

[33] Pankaj P, Geetan S, MacDonald R, et al. Need for speed: data analytics coupled to reservoir characterization fast tracks well completion optimization // SPE Canada Unconventional Resources Conference, Calgary, 2018.

[34] Al-Subaiei D, Al-Hamer M, Al-Zaidan A. Smart production surveillance: Production monitoring and optimization using integrated digital oil field // SPE Kuwait Oil & Gas Show and Conference, Mishref, 2019.

[35] Mohaghegh S D. Recent developments in application of artificial intelligence in petroleum engineering. Journal of Petroleum Technology, 2005, 57(4): 86-91.

[36] 林伯韬, 郭建成. 人工智能在石油工业中的应用现状探讨. 石油科学通报, 2019, 4(4): 403-413.

[37] 杜金虎, 时付更, 张仲宏, 等. 中国石油勘探开发梦想云研究与实践. 中国石油勘探, 2020, 25(1): 58-66.

[38] 杨勇. 云技术对石油行业的影响探析. 中国设备工程, 2020, 1(下): 171-172.

[39] 马涛, 张仲宏, 王铁成, 等. 勘探开发梦想云平台架构设计与实现. 中国石油勘探, 2020, 25(5): 71-81.

[40] Halliburton. Halliburton landmark introduces DecisionSpace® 365 cloud applications at annual innovation forum. (2019-08-03) [2019-10-30]. https://www. halliburton. com/en-US/news/announcements/2019/halliburton-landmark-introduces-decisionSpace-365-cloud-applications. html?node-id=hgeyxtfs.

[41] Shell Aberdeen. RTOC supports collaborative well-delivery process. http://www. landmark. solutions/Portals/0/LMSDocs/CaseStudies/2012-06-shell-aberdeen-rtoc-case-study. pdf.

[42] Mathur R K, Macpherson J, Krueger S. A step change in drilling efficiency using remote operations // The Offshore Technology Conference, Houston, 2020.

[43] Rassenfoss S. Doing more with data. Journal of Petroleum Technology, 2013, 65(5): 34-43.

[44] 赵阳, 赵汨凡, 李婧, 等. 云钻井在石油工程中的应用展望. 石油科技论坛, 2015, 34(3): 51-55.

[45] 肖莉, 杨传书, 赵金海, 等. 钻井工程决策支持系统关键技术. 石油钻探技术, 2015, 43(2): 38-43.

[46] Grieves M, Vickers J. Digital twin: Mitigating unpredictable, undesirable emergent behavior in complex systems. (2016-08-31) [2020-01-29]. https://www. researchgate. net/publication/307509727.

[47] Shafto M, Conroy M, Doyle R, et al. Modeling, simulation, information technology and processing roadmap. (2010-03-01) [2020-02-05]. https://www. researchgate. net/publication/280310295.

[48] Grieves M. Virtually intelligent product systems: digital and physical twins. (2019-07-21) [2020-01-29]. https://www. researchgate. net/publication/334599683.

[49] Deuter A, Pethig F. The digital twin theory. (2019-03-18) [2020-02-05]. https://www. researchgate. net/publication/330883447.

[50] Gartner. Top 10 strategic technology trends for 2018. (2018-11-20) [2020-02-05]. https://www. gartner. com/ smarterwithgartner/ gartner-top-10-strategic-technology-trends-for-2018.

[51] Burrafato S, Maliardi A, Ferrara P. Virtual reality in D & C: New approaches towards well digital twins // The SPE Annual Technical Conference and Exhibition, Ravenna, 2019.

[52] Nadhan D, Mayani M G, Rommetveit R. Drilling with digital twins // SPE International Hydraulic Fracturing Technology Conference and Exhibition, Muscat, 2018.

[53] Cayeux E, Daireaux B, Dvergsnes E, et al. An early warning system for identifying drilling problems: An example from a problematic drill-out cement operation in the North-Sea // IADC/SPE Drilling Conference and Exhibition, San Diego, 2012.

[54] Okhuijsen B, Wade K. Real-time production optimization-Applying a digital twin model to optimize the entire upstream value chain // International Petroleum Exhibition & Conference, Abu Dhabi, 2019.

[55] Halliburton. Applying the O&G digital twin. Huston, 2018.

[56] Halliburton. Using an E&P digital twin in well construction. Huston, 2017.

[57] Energistics . WITSML developers & users. (2020-02-05) [2021-03-08]. https://www. energistics. org/ witsml-developers-users/.

[58] 张施. WWW 上的虚拟现实技术——VRM L 语言. 北京: 电子工业出版社, 1998.

[59] 张茂军. 虚拟现实系统. 北京: 科学出版社, 2001.

[60] Nelson H R. An introduction to this special section: Immersive visualization. The Leading Edge, 2000, 19(5): 505.

[61] Stark T J, Dorn G A, Cole M J, et al. ARCO and immersive environments, Part 1: The first two generations. The Leading Edge, 2000, 19(5): 526-532.

[62] Sheffield T M, Meyer D, Lees J, et al. Geovolume visualization interpretation: A lexicon of basic techniques. The Leading Edge, 2000, 19(5): 518-522.

[63] 于顺安. 石油勘探开发信息化须依靠物联网与虚拟现实技术的完美结合. 天然气勘探与开发, 2014, 37(3): 78-81.

[64] 赵改善. 勘探开发中虚拟技术的应用与展望. 勘探地球物理进展, 2002, 25(4): 9-20.

[65] 赵庆国, 赵华, 湛林福, 等. 虚拟现实技术在石油勘探中的应用. 中国石油大学学报: 自然科学版, 2005, 29(1): 30-33.

[66] 孙正义, 李玉, 杨敏. 钻井轨道设计与井眼轨迹监测三维可视化系统. 西安石油学院学报 (自然科学版). 2002, 17(6): 71-74.

[67] Midttun M, Helland R, Finnstrom E. Virtual reality: Adding value to exploration and production. The Leading Edge, 2000, 19(5): 538-544.

[68] Bosquet F, Dulac J C. Advanced volume visualization: New ways to explore, analyze, and interpret seismic data. The Leading Edge , 2000, 19(5): 535-537.

[69] Ferrara P, Maccarini G R, Poloni R. Virtual reality: New concepts for virtual drilling environment and well digital twin // International Petroleum Technology Conference, Dhahran, 2020.

[70] Jacobs T. AR headsets give oil and gas sector the quicker fix. Journal of Petroleum Technology, 2018, 70(7): 32-34.

[71] 李佳秋. 区块链的国际标准化. 信息技术与标准化, 2018(7): 21-24.

[72] 郭学沛, 杨宇光. 区块链技术及应用. 信息安全研究, 2018, 4(6): 559-569.

[73] 孙国茂. 区块链技术的本质特征及其金融领域应用研究. 理论学刊, 2017(2): 58-67.

[74] 郭笑春, 汪寿阳. 数字货币发展的是与非: 脸书 Libra 案例. 管理评论, 2020, 32(8): 314-324.

[75] 陈海宁. 区块链零售: 始于溯源, 滞于溯源. (2019-06-14) [2020-10-26]. https://baijiahao. baidu. com/ s?id=1636280158481087894.

[76] 任明, 汤红波, 斯雪明, 等. 区块链技术在政府部门的应用综述. 计算机科学, 2018, 45(2): 1-7.

[77] 周大通, 邱茂鑫, 杨虹, 等. 区块链技术或将颠覆油气行业传统商业模式. 世界石油工业, 2019, 26(1): 5-11.

[78] 龚仁彬, 杨任轶, 米兰. 区块链技术在石油行业中的应用展望. 信息系统工程, 2019(11): 62-65.

[79] 郑焱璐. IBM 与阿布扎比国家石油公司合作开发区块链供应链系统. (2018-12-10) [2020-10-30]. http://blockchain. people. com. cn/n1/2018/1210/c417685-30453893. html.

[80] 郭峰. 油气巨头组建区块链联盟. (2019-03-25) [2020-10-30]. http://news. cnpc. com. cn/system/2019/ 03/25/001723970. shtml.

[81] 胡启林, 徐珊. 奇兵: 中化能源科技创新创业纪实. (2019-04-20) [2020-10-30]. http://www. sinochem. com/s/10766-29176-121349. html.

[82] 刘红光. 5G 移动通信技术应用场景、关键技术及其发展现状. 数字化用户, 2019(20): 244-250.

[83] 彭文君, 皮雅婧. 5G 通信技术应用场景及关键技术. 通信电源技术, 2019(10): 182, 183.

[84] 尤肖虎, 潘志文, 高西奇, 等. 5G 移动通信发展趋势与若干关键技术. 中国科学: 信息科学, 2014, 44(5): 551-563.

[85] 范京道, 闫振国, 李川. 基于 5G 技术的煤矿智能化开采关键技术探索. 煤炭科学技术, 2020, 48(7): 92-97.

[86] 王国法, 赵国瑞, 胡亚辉. 5G 技术在煤矿智能化中的应用展望. 煤炭学报, 2020, 45(1): 16-23.

[87] 霍振龙, 张袁浩. 5G 通信技术及其在煤矿的应用构想. 工矿自动化, 2020, 46(2): 1-7.

[88] 姜德义, 魏立科, 王翀, 等. 智慧矿山边缘云协同计算技术架构与基础保障关键技术探讨. 煤炭学报, 2020, 45(1): 484-492.

[89] 于振山, 孙茜, 张跃. 大数据、物联网技术在智慧油田建设中的应用研究. 中国管理信息化, 2016, 18: 2.

[90] Bartram M A, Wood T. Future vision: The next revolution in production operations // International Petroleum Technology Conference, Dhahran, 2009.

[91] Wu H I, Kung H Y, Kuo L C, et al. Disaster prevention information system based on wireless/mobile communication networks // The Seventeenth International Offshore and Polar Engineering Conference, Lisbon, 2007.

第四章

机械电子光学科学与石油工程
跨界融合进展与展望

基础理论的不断突破，带动工业机器人、新型远程控制技术、微电子技术和光学技术快速发展，通过技术移植与改进，正在加速推进石油工程科技创新，为油气井远程控制、地层精准监测、高效破岩和工具装备的智能制造等提供了新的手段，现场应用将大大压缩施工周期和作业成本，可以带来巨大的经济效益。

第一节　射频识别技术

随着现代科技的不断发展，新的技术不断产生，旧的技术不断得到改进，这些都影响了石油工程的设计与施工。为了提高油气井长期有效性、作业效率及降低油气井的建井成本，新技术在石油工程中的应用显得越来越重要。近年来，射频识别技术（radio frequency identification，RFID）得到了迅速发展，已被广泛应用于工业自动化、商业自动化、交通运输控制管理等众多领域。在油气井井下工具的自动控制方面，RFID 具备实现管柱全通径、开关状态随时可控、大大压缩施工周期和作业成本等优势，将 RFID 应用于井下工具中可以带来巨大的经济效益[1-4]。

一、RFID 及其在石油工程中应用的优势

（一）RFID 的原理及其特性

RFID 是一种利用无线射频方式在阅读器和射频卡之间进行非接触双向传输数据，以达到目标识别和数据交换目的的无线系统。RFID 系统由电子标签、读写器和应用系统构成。电子标签的核心是电子芯片，它储存着对应的物品信息。读写器由射频接口和控制系统构成，主要用来读取或录入电子标签中所对应的物品信息，通过射频接口接收电子芯片发出的射频信号，从而实现无接触信息传递，并通过控制系统自动分析接收信息，达到自动识别物品信息的目的。

RFID 电子标签与条形码、二维码这些传统的信息识别方式相比具有以下特点：①安全性高。采用 RFID 电子标签存储数据，内容不容易被篡改，可以有效地保护数据。

②抗污损能力强。RFID 电子标签具有抗紫外线、耐老化、防电磁、防静电、防潮、防尘、防污、高稳定性、长寿命等特性，几乎可以在除了液体以外的各种材质上使用，比较适合在恶劣环境条件下使用。③容量大。RFID 电子标签的容量较大，既能满足不断增大的信息流需求，又能做到快速正确处理信息。④可同时远距离识别多个电子标签。RFID 采用的是无线电波技术，无需识别系统与特定目标之间建立机械或者光学接触，能够做到较远距离同时准确识别多个物体。

（二）RFID 在石油工程中应用的优势

该技术起源于二战时期，最初盟军利用无线电数据技术来识别敌我双方的飞机和军舰。战后，由于较高的成本，该技术一直主要应用于军事领域，并未在民用领域得到推广应用。直到 20 世纪八九十年代，随着芯片和电子技术的提高和普及，欧洲开始率先将 RFID 技术应用到公路收费等民用领域[5]。近年来，随着电子信息技术的迅速发展，RFID 技术在各个领域中得到广泛应用，国外石油公司也开始尝试将这种微型的电路系统应用于井下工具，如图 4-1 所示[6-8]。在井下工具中嵌入阅读器，当信号球将地面信息传递至井下工具时，阅读器识别信号，触发井下工具根据设定的程序完成相应动作从而实现工具功能。RFID 技术采用近距离数据传输方式，不需要数据线缆，其距离可以减少到 0.3m，同时要求井下阅读器具有较小的电能。

图 4-1　RFID 电子标签和信号球

可以将 RFID 电子标签制作得非常小，同时不需要与阅读器直接接触，使得其使用起来非常方便，利用 RFID 井下装置的作业方式比声波、超声波或者电磁波技术等系统的可靠性更高。RFID 应用在井下工具中具有以下优点：①标签可以隐藏或嵌入非金属材料中；②不需要有线电缆；③由于不需要接触，没有磨损的可能；④当标签制成信号球或被钻井液污染时，同样可以被识别；⑤识别码不能被篡改，具有唯一性；⑥系统可以制作成便携式，不需要复杂和昂贵的操作，不需要安装其他地面设备；⑦随着标签数据储存能力的提高，可以减小标签的大小，工具的长度可以小于 8mm。

二、RFID 与石油工程融合应用

（一）钻井扩眼工具

在钻井过程中，当地层容易发生缩径时，需要对已钻过的井眼进行扩眼，在钻进的同时对上部井眼进行扩眼对保障井下安全、提高钻速非常重要。采用常规技术设计的扩眼器一般利用机械式或水力式开关打开扩眼装置，即在井筒中投入小球，以水力的方式开启或关闭切屑齿，或者通过施加一定的钻压张开[9,10]。该方法存在的缺陷是电缆工具或小球不能通过该区域，不能对更下部的其他底部钻具组合（bottom hole assembly，BHA）工具进行操作。随着井身结构变得越来越复杂，需要一种新型扩眼器来提高钻井作业效率。

利用 RFID 电子标签，可使作业者在任何需要的时候打开或关闭扩眼工具。扩眼工具随管串一起下入，初始时处于关闭状态，当扩眼器达到目的井深时，从井口投放 RFID 标签，标签到达扩眼器后通过电磁的方式激活特殊机构，切削齿翼沿斜面轴向向上爬行，径向尺寸扩大，实现扩眼功能。再次从井口投放 RFID 电子标签，标签到达扩眼器位置后又激活特殊机构，切削齿翼轴向回缩，关闭扩眼功能，扩眼工具径向尺寸恢复与管柱尺寸一致，RFID 扩眼器控制单元如图 4-2 所示[11]。

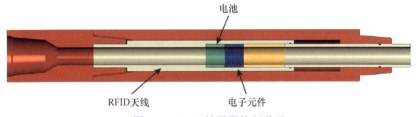

图 4-2　RFID 扩眼器控制单元

利用该技术可以安装多个扩眼器，而不受扩眼器内径的限制。针对不同的地层，井下工具安装多个 RFID 扩眼器可以选择性地关闭和开启切削齿，当切削齿磨损后，可以开启其他扩眼器，节约了起下钻时间。同时，RFID 扩眼器没有减小管串的内径，允许测井线缆通过井下工具。工具仅产生较小的压降，钻屑更容易返回地面，这有利于保持钻井液性能，缩短非生产时间。

威德福油田服务有限公司使用基于 RFID 技术的 RipTide 扩眼器实现随钻扩眼。在美国北 Dakota 地区的油气井，该系统将井眼从 311.15mm 扩大至 342.90mm，总进尺91.44m，是世界第一家使用电子而非投球激活扩眼器的公司。目前，RFID 方式可以在外径为 269.88～406.40mm 的扩眼器上使用。

（二）钻井循环阀

RFID 钻井循环阀是一种可以远程控制的井下循环控制装置，可应用于提高环空流速、堵漏材料定位释放、水平段压井液定位释放、清洗井眼、井下防喷器、在取芯时充当排水装置等方面。该工具通过 RFID 技术与井下循环阀通信，控制其开启和关闭。当操作人员需要将井下循环阀从关闭状态变成开启状态时，从井口投入一个 RFID 标签，标签随钻井液通过循环阀，循环阀内置的 RFID 天线接收到标签携带的控制信息，控制电动机驱动液压泵，开启阀门，如图 4-3 所示。RFID 钻井循环阀操作不需要投球憋压，因此，不会减小钻井管柱内通径，当多个工具联合使用时，不会被最下面的球座所限制。威德福公司 RFID 钻井循环阀工具参数如表 4-1 所示[12]。

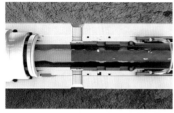

关闭状态：旁通孔关闭，分流器打开　中间位置：旁通孔打开，分流器打开　打开位置：旁通孔打开，分流器关闭

图 4-3　RFID 钻井循环阀工作状态

表 4-1　RFID 钻井循环阀参数

参数	数值			
工具外径/in	5.250（133.3mm）	7.000（177.8mm）	8.250（209.5mm）	9.500（241.3mm）
工具内径/in	1.955（49.7mm）	2.875（73.0mm）	2.875（73.0mm）	2.875（73.0mm）
拉伸强度/lbf	878731（3908.8N）	1183702（5265.4N）	2107725（9375.6N）	3019179（13430.0N）
内部流通面积/in^2	3.002（1936.8mm^2）	6.50（4185.4mm^2）		
流通孔数量	4	6		
孔过流面积/in^2	3.9862（2571.7mm^2）	8.528（5502mm^2）		
最大流量/（gal/min）	608（2.3m^3/min）	1350（4.77m^3/min）		
温度/°F	266（130℃）			
扭矩/（ft·lb）	28046（38025.3N·m）	56164（76148.2N·m）	111520（151200.8N·m）	188890（256100.5N·m）
液压力/psi	25000（172.3MPa）			
工具接头	4-in FH	4 1/2-in IF	6 5/8-in API Reg	7 5/8-in API Reg

RFID 钻井循环阀特点：工具内径大，确保全通径工作；RFID 控制方式灵活，可选择性驱动，而不减少总流量；实现多种操作，包括定位堵漏材料、井筒清洗和选择性区域清洗，不必起下钻，提高了钻井效率；钻井液压力、微型液压泵压力、温度和电池容量等信息记录在工具内部存储器中；近距离无线通信系统能够将井下数据传递到地面。

（三）套管阀

RFID 套管阀系统是一种集成在套管柱中的挡板式阀门，主要通过 RFID 标签启闭的方式隔离或连通裸眼段与上部井眼，降低与油井作业相关的井喷风险，确保对地层流体的控制。该系统包括一个金属密封的液压操作挡板和一个集成的井下液压泵单元。套管阀由液压泵启动，由井下动力电池供电，工具中嵌入的天线读取由 RFID 标签提供的指令，当装有 RFID 识别标签通过时，阀门可打开或关闭，如图 4-4 所示。

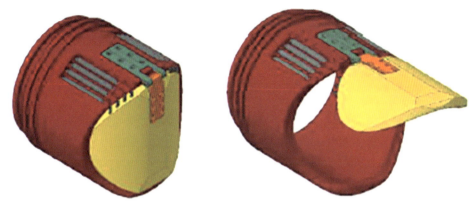

图 4-4　开启（左）和关闭（右）状态的挡板和阀座组件设计

埃尼公司研发了 13 5/8in 和 9 5/8in 两种尺寸的套管阀。13 5/8in 的主要性能指标有：拉伸等级与套管一致；最大耐温 100℃；通过阀门的压差最小为 200psi，最大为 3000psi；至少可进行 15 次开闭循环，电池寿命 600h；适用深度 1600～4000m。2018 年，13 5/8in 的套管阀在埃及西奈半岛 Abu Rhudeis 油田的一口陆上油井上成功地进行了第一次现场试验，该系统被安装在 960m 深处 18 1/2in 的裸眼井段并固井，实现了在需要时及时关闭井筒。图 4-5 为带有 RFID 的套管阀安装示意图[13]。

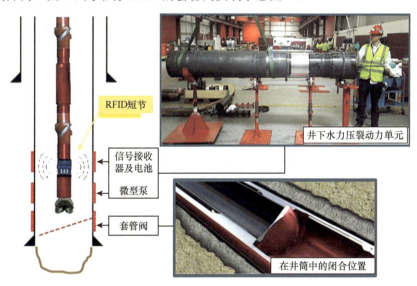

图 4-5　带有 RFID 的套管阀安装示意图

带有 RFID 的套管阀将套管阀和射频识别技术无缝集成，通过在起下钻期间将地面与储层隔离，建立机械屏障，消除压井需求，降低井喷概率，最大限度地减少起下钻期间的流体损失。通过射频识别激活技术，提高了系统的可靠性，消除了以前开关套管阀需要在套管外敷设液压管线的障碍，大大简化了操作要求。虽然目前还存在电池寿命的限制，但其在很大程度上已经达到了管线式套管阀的性能要求。

（四）压裂工具

目前水平井分段压裂技术应用越来越广泛，特别是在页岩气完井中，完井方式主要采用了裸眼多级滑套分段压裂技术和分段桥塞射孔压裂技术[14]。裸眼多级滑套分段压裂技术需要利用不同直径的小球打开井下多级滑套，利用连续油管磨掉小球，从而达到实施各级压裂的目的；分段桥塞射孔压裂技术需要固井、膨胀封隔器、射孔等作业。两种方法都涉及井下复杂的操作，这些井下操作增加了作业时间，提高了作业成本，同时对井下作业形成一些限制，对泵的速率和后续生产有一些影响。需要研究一种操作简单、方便，可以减少作业复杂性的作业方式，从而减少整个压裂作业成本。

为了简化多级压裂的施工过程，特别是在裸眼井中，可以采用一条新的路径，即利用 RFID 来打开滑套。滑套包含了一个天线和一个识别 RFID 标签的阅读器，当 RFID 电子标签（信号球）被泵入井下，阅读器识别后，借助井下电池来开启或关闭滑套，RFID 滑套控制单元如图 4-6 所示。

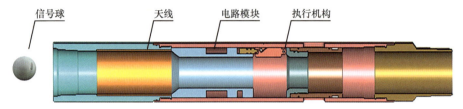

图 4-6　RFID 滑套控制单元

与裸眼多级滑套压裂技术需要不同直径的小球不同，该技术可以使用相同直径的信号小球，对打开滑套的数量没有限制，理论上可以实施无限级数的压裂，每个小球具有不同的电子识别码，该电子识别码可以打开或关闭特定的滑套。该工具提供了开启/关闭井下滑套的新方式，每个滑套可以利用 RFID 标签进行单独的操作。由于完井管串具有统一的内径，当在每个压裂段泵入压裂材料时，采用相同排量，可以减少压力的损失。使用该技术另一个最重要的优势是，它允许油气井从趾端到跟端得到充分净化，这对合理评价各个产层的压裂效果具有积极作用。

加拿大的一个作业者在不列颠哥伦比亚省的一口井中采用 RFID 滑套成功完成了 10 段压裂作业。该井采用 6 1/8in 的裸眼完井，安装了 10 个 4 1/2in 的 RFID 压裂滑套系统，裸眼段封隔器尺寸为 4 1/2in，如图 4-7 所示[6,7]。完井设计的基本流程是，打开底部的滑套，泵入压裂液，压开最底部的产层，泵入两个 RFID 电子标签，一个用来关闭底部滑套，另一个用来开启上部的压裂滑套，两个电子标签的投入需要有一定的间隔，为了确认下部的滑套是否关闭，利用憋压的方式进行测试。重复以上作业方式，直到完成第 10 级压裂。为了确认滑套 1 和滑套 2 的状态，施工中还采用了连续油管井下作业的辅助手段，滑套的工作情况见表 4-2。

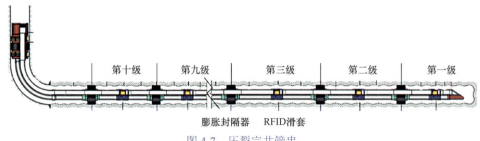

膨胀封隔器　　RFID滑套

图 4-7　压裂完井管串

表 4-2　滑套工作情况统计

从趾端到跟端的滑套	电子标签操作情况（成功次数/总次数）	井下压力操作情况（成功次数/总次数）
滑套 1	2/2	1/1
滑套 2	3/4	2/2
滑套 3	2/2	
滑套 4	2/2	
滑套 5	2/2	
滑套 6	1/2	
滑套 7	2/2	
滑套 8	2/2	
滑套 9	2/2	
滑套 10	0/1	
次数及百分比	18/21	3/3
	86%	100%
总次数及百分比	21/24	
	88%	

该次作业一共进行了 21 次 RFID 标签启闭滑套操作，其中 18 次成功，成功率为 86%，大多数滑套通过电子标签成功打开或关闭，这项新技术的应用整体来说是成功的。有 3 次没有将滑套成功打开或者关闭，经过对现场作业情况分析认为，滑套 2 最后关闭失败可能是由于电池衰竭或者是滑套力学受损，滑套 6 出现的问题可能是由于力学受损或者电子软件出现了问题，滑套 10 打开失败被认为是电池衰竭。三次失败的最主要原因可能是电池和电子元件在井下高温高压复杂条件下受损所致。尽管利用 RFID 操控井下工具有一些失败的情况，但该技术被证明是值得深入研究和推广应用的。与之前的作业方式相比，对减少整个操作成本、提高经济开发效益有着重要的贡献。

（五）其他井下工具

针对目前利用电缆或者投球作业的钻修井工具及井下防喷器的短板，将来可以考虑应用 RFID 技术进行操控。该技术特别适用于复杂的海洋作业环境，由于海上平台限制了井口设备的大小，阻止了连续管串和线缆的自由移动，如果利用 RFID 技术，可以减少井口设备，同时还可以减少井下电缆的维修[15]。由于 RFID 工具可以自我供电，不需要井下流体提供电能，这使得在空气钻井、泡沫氮气钻井等欠平衡钻井中的应用具有很大的吸引力。

将来考虑的应用有：①空气钻井、泡沫氮气等欠平衡钻井中的井下工具控制；②应用在智能完井系统，如封隔器、桥塞和完井调流控水装置等；③应用于水力切割工具、变径扶正器、井下防喷器等工具的操作指令传输。

三、应用关键与发展展望

（一）应用关键

1. 高温条件下电池的寿命

井下接收器和井下开关需要电池在油气井生命周期内能持续供电。在高温条件下，碱性电池和锂电池的寿命较短，还不能完全满足井下高温高压的特殊要求。为了节省电池的电量，目前一般给电池安装一种睡眠状态系统，当需要使用时苏醒，比如，系统控制挡板时被激活，挡板关闭后开始进入休眠状态，这样可以一定程度地提高电池寿命。目前有些石油公司正在考虑进行井底发电，该设想还处于前期的研发阶段，如果成功，将对 RFID 和其他通信技术的应用带来革命性改变。

2. 电子元件的耐温性能

RFID 电子元件的耐温等级还不能完全满足复杂条件下油气田开发的需要，这也是大多数井下电子元件系统普遍存在的问题。目前，RFID 系统最大耐温 149℃，为了提高其可靠性，一般需要在 135℃ 以下使用[16]。在完井设计阶段，为了适应这种条件，电子元件的下入深度处的温度不会超过 135℃。电池的温度同样受到限制，国外石油公司正在研究开发电池和电子元件的组合体，来应对高温深井的恶劣条件。

3. 电子标签通过阅读器的速度控制

为了使井下阅读器能获取到信号球的电子信息，信号球在阅读器天线覆盖范围内的时间至少为 40ms，这决定了标签能被阅读器天线检测到的最大速度。室内信号球通过阅读器速度的测试试验发现[17]，信号球通过阅读器天线覆盖区域的速度达到 10m/s 是可行的，这相当于在 101.6mm 内径管内采用 5m³/min 排量进行施工。

（二）发展展望

（1）RFID 井下工具相对于力学或机械式工具来说具有更多的优势，随着油气田开发效益最大化和成本控制的要求，RFID 井下工具代替水力或机械式井下工具是一种趋势。

（2）RIFID 在井下工具成功应用的关键是电子元件和电池在高温高压条件下的工作状态，开发耐高温高压的电子元件将对 RFID 的应用和其他通信技术带来革命性改变。

（3）目前的碱性电池和锂电池在井下复杂条件下的寿命较短，研究井下发电技术是石油工程未来实现井下智能化的发展方向。

（4）RFID 在井下工具中的应用涉及钻井、完井、通信、机械、电子等多个领域，目前国外在这方面已经取得阶段性成果，而国内才刚刚起步，建议国内科研机构加强合作，加快该领域的研究步伐。

第二节　MEMS

自 20 世纪 80 年代中后期，在集成电路技术的基础上诞生了世界首套微机电和微流体系统。近年来，微机电系统（micro-electro mechanical system，MEMS）技术得到快速发展，其具有体积小、质量轻、价格低、抗震动冲击能力强、可靠性高等优点，在航空航天、汽车、电子设备及武器制导等军民领域都受到广泛关注。目前，油气开发者在提高油气井智能化程度、提高技术可靠性及以更快的钻井作业来降低作业成本等方面有着强烈的需求，这些因素为基于 MEMS 系统的井下传感技术提供了机遇。

一、MEMS 及其在石油工程中应用的优势

（一）MEMS 原理及其特点

MEMS 即微机电系统，是指尺寸在几毫米乃至更小的传感器装置，其内部结构一般在微米甚至纳米量级，是一个独立的智能系统。美国国家科学基金会对制造尺寸等级定义如下："微"级的尺寸范围为 1μm 到 1mm；"纳"级的尺寸范围小于 1μm。比较起来，人的头发的直径一般为 50μm 到 100μm，而一个碳原子的直径约为 0.1nm。多数 MEMS 器件由硅基微电子装置和微电机组成，硅基微电子装置的功能相当于系统大脑，而微电机则相当于系统的眼睛和四肢。这些器件以多种方式对周围环境进行探测和控制。传感器能够探测热量、机械、化学及光学变化，而执行器能够运动至目标位置，对其周围环境中的各种元件进行测量和调节[18,19]。

微米级的制造加工要求实现机器设备的微型化，从而可以创造小到超出想象的微机电系统，例如齿轮、传输机构、离合器和执行器等，甚至微型涡轮发电机都可以做到指甲大小，如图 4-8 所示[20]。然而，即使现在的精密计算机数控机床也不能在微米尺度下制造 MEMS 设备。MEMS 设备需要采用半导体制造技术来实现，运用制造计算机微晶体管的工具来逐层建造微机械组件。采用材料沉积、分层和图案化来蚀刻半导体材料是制造 MEMS 设备的关键技术。

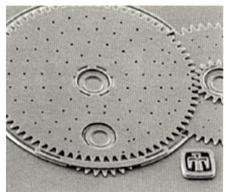

图 4-8　MEMS 系统

（二）MEMS 在石油工程中应用的优势

MEMS 在石油工程中应用的主要优势：①微型化。MEMS 器件体积小，一般单个 MEMS 传感器的尺寸以毫米甚至微米为计量单位，重量轻、耗能低，适于在狭小空间（如井眼或井下仪器）内工作，占用空间很小。同时微型化以后的机械部件具有惯性小、谐振频率高、响应时间短等优点。MEMS 更高的表面体积比可以提高表面传感器的敏感程度。②可靠性高。MEMS 设备的小尺寸，以及微传感器、微执行器和微电子器件的集成赋予了其更好的可靠性，因为其基于半导体技术，设备包含的耐疲劳组件使其可以经受上万亿次的循环使用而不发生损坏。微米尺寸的 MEMS 设备具有更小的质量，从而在震动和冲击下具有更好的可靠性。③信息存储量大。利用 MEMS 测量技术能够实现地层温度、压力及流体类型等参数的测量，利于进行地层特征识别、剩余油探测，更好地建立地质模型，优化生产方案设计，提高油气勘探与开发效率和效益。④批量生产。以单个 5mm×5mm 尺寸的 MEMS 传感器为例，用硅微加工工艺在一片 8in 的硅片晶元上可同时切割出大约 1000 个 MEMS 芯片。一旦能够设计出有效的微机电系统制造方法，微机电系统的规模化生产便可以节省成本。

二、MEMS 与石油工程融合应用

（一）随钻陀螺仪

长期以来，MWD 广泛采用三轴（三维）惯性（机械式或基于晶振）加速度计和三轴磁通门（铁芯）磁力仪。这些传统的传感器体积大，易碎而且昂贵（大约是 MEMS 传感器价格的 100 ～ 1000 倍），容易受到外部磁场干扰使测量结果产生较大的偏差。安装无磁钻铤可以减弱外部干扰影响，缺点是增加制造成本，且测量工具要安装在离钻头一定距离的位置，造成测量结果无法反映钻头处的真实轨迹参数。MEMS 陀螺仪体积小、质量轻、易于批量生产，芯片化的集成在降低功耗的同时提高了其可靠性，使其更便于实现数字化和智能化。因此，MEMS 陀螺仪应用前景十分广阔。目前，MEMS 陀螺仪在性能上与传统陀螺仪还存在很大差距，特别是国内目前的陀螺仪精度普遍偏低，难以满足现高精度的应用需求。基于目前的工艺和技术水平，迅速提高单个 MEMS 陀螺的精度难度较大。提高系统可靠性的一个切实可行的方式就是增加冗余设计，系统由两部分或者更多部分组成，其中一个作为另一个的备份，一旦损坏就启用另外一个。但是这种方式对于价格昂贵和尺寸大的传统传感器来说并不可行，对于具有更小尺寸和更低价格的 MEMS 传感器来说是可行的。可以设计一个由两个或者三个冗余 MEMS 传感器组成的定向系统，而且比采用单一传统传感器的系统更加便宜。因此，MEMS 传感器制造商可以设计一个传感器阵列来增加可靠性、精确度及探测空间范围。冗余陀螺的配置主要包括陀螺的数量和配置方案，需要综合考虑陀螺的体积、成本、精度和系统的可靠性。从单轴的角度来看，通常采用的配置方案以简单的平面排布为主。随着 MEMS 技术的发展，为适应高精度高可靠性导航的需求，提出了更多的陀螺冗余配置方案，如正四面体、正六面体、正八面体和正十二面体[21]。

目前，斯伦贝谢公司已经研发出了以 MEMS 为核心的随钻测量仪器 GyroSphere，如图 4-9 所示。GyroSphere 测量系统能够实现比传统传感器更快的陀螺测斜，避免了在运行期间需要重新校准的问题，GyroSphere 陀螺与传统陀螺参数对比如表 4-3 所示。同时，GyroSphere 传感器能够承受钻井过程中发生的超出当前陀螺技术极限的井下冲击和振动。仪器静止方位精度 ±1°，静止井斜精度 ±0.1°，测量温度 100℃。安哥拉海上油田采用常规随钻机械陀螺测斜系统在上部井段的测量时间为 20min，这降低了测量与进行防碰计算的速度，给 17in 与 12.25in 井段带来了很高的防碰风险。采用 GyroSphere 测量系统将测量时间从 20min 缩短至 2min，为作业者提供了更及时的防碰计算数据。

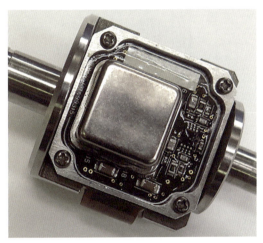

图 4-9　GyroSphere 测量系统

表 4-3　GyroSphere 陀螺与传统陀螺参数对比

参数	GyroSphere	传统随钻陀螺	有线陀螺
传感器类型	固态 MEMS	机械式陀螺	机械式陀螺
测量时间	2min（上扣时间）	5～30min	钻井后
井斜范围	单个工具所有井斜	3 个不同工具，基于井斜	单个工具，所有井斜
重新校正	很少	每次运行后	每次运行后
电池寿命	井下 21 天	井下 6 天	

（二）井筒微芯片测量系统

复杂井段钻井过程中不能有效控制井漏，将会大大增加钻井风险和钻井成本。目前出现井漏时，大多是直接针对漏失点进行堵漏作业，但具体漏失位置很难准确定位，堵漏效率很低并会增加大量非生产时间。美国图尔萨大学研究人员基于 MEMS 技术研发出一种微型井下测量球状仪器，可通过分布式井下温度测量来定位漏失位置。该仪器从井口投放进去后，可以跟随钻井液循环，对井下温度、压力进行测量后再随钻井液回流至地面，如图 4-10 和图 4-11 所示[22]。通过使用该仪器获得大量井下的实时温度数据，然后基于这些数据对漏失地层映射进行正演模拟，建立井漏环境下井眼周围地层的温度预测模型，通过拟合温度计算结果来描述漏失情况。研究表明，在发生井漏时，随着钻井液的不断漏失，井筒中温度会发生显著变化，将井筒温度分布作为钻井液损失的判定标准，随着时间的推移对井筒传热规律进行评估，能比较准确地定位漏失点位置。该研究对控制井漏作业具有重大的指导意义。

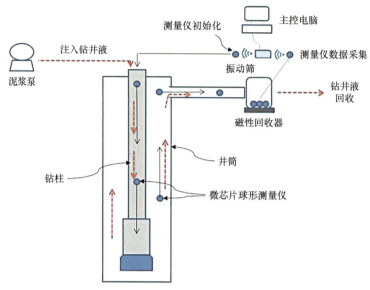

图 4-10　微型井下测量球移动及检测路径示意图

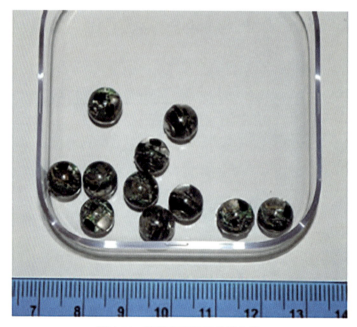

图 4-11　微型井下测量球状仪器

沙特阿美和美国 Yu 技术公司（Yu Technologies）在此基础上发展了第二代微芯片，如图 4-12 所示，可精确测量钻具内、裸眼环空和套管内的温度和压力。该微芯片在设计架构、系统部件、传感器、输出信号、构建材料等方面较第一代有了显著的改进。作为微芯片中最关键部件之一的高精度传感器可以提高测井数据的精度。第二代微芯片有独立的温度和压力传感器，温度测量的准确度从 ±8°F 提高到 ±1.8°F；压力测量精度从±1000psi 提高到±60psi。除了信号质量的改善之外，传感器的功率也从 200μA 降低到 30μA，这有助于延长器件的使用寿命[23]。

图 4-12　随钻智能微芯片

微芯片在沙特阿美的陆上油田进行了现场测试。从井口投入 20 个微芯片，其中 6 个通过钻头喷嘴，并最后成功返回地面，微芯片的泵送过程见图 4-13（a）。这是微芯片在钻井上第一次成功应用，记录了从钻杆、环空一直到地上管线和振动筛的一整套温度数据。图 4-13（b）中的测量温度数据清楚地显示了微芯片从地表温度环境下投放至较高温度的钻井液中的瞬间过程，并且观测到芯片通过钻杆内部到达井眼底部时，温度增加到记录的最高温度，然后通过裸眼环空、套管、地面管线、泥浆振动筛，温度逐渐下降。两个微芯片记录的几乎相同的温度数据证明了微芯片系统的可靠性。

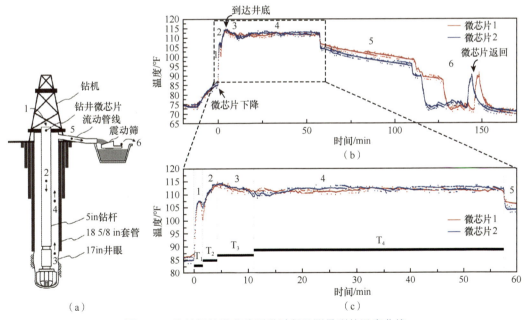

图 4-13　随钻智能微芯片泵送过程及测量到的温度曲线

微芯片的高精度测量结果为钻井活动提供了有价值的地下温度、压力信息，而且第二代微芯片经过升级，具有比上一代更好的传感精度和更低的功率。

（三）地层裂缝微芯片测量系统

随着微芯片的尺寸越来越小，加上其不断下降的设计成本和日益改进的性能，这些优势终将对油气行业产生巨大的影响。复杂环境要求油气企业有更大的创新来提高作业效率，从这种芯片获取的数据能够降低石油开采过程中的不确定性，有利于效率的提升。

快速准确地确定地层裂缝的位置、大小和形状是堵漏施工中的关键一步，可大大提高堵漏成功率。哈里伯顿公司公布了一种采用微机电技术测定漏失裂缝状态的新方法。该方法所需装备主要由微机电解读器（MEM reader）和具有射频识别标识的微机电设备（MEM devices）两大部分组成。在使用时，首先将一定数量的具有不同大小、形状和密度的微机电设备均匀分散于钻井液中；将该钻井液以段塞的形式注入井筒中并循环出井，这样一部分微机电设备会滞留于发生漏失的地层裂缝中。随后将微机电解读器下入井中，该解读器会自动探测到滞留于裂缝中的微机电设备的识别信息，并获取其位置、大小及形状特征，随后解读器将探测到的微机电设备信息传输至地面，通过地面计算分析，即可获得漏失裂缝的深度及形状特征，为后续封堵措施的制定提供借鉴。该技术为解决堵漏施工中漏层位置及裂缝尺寸难以确定的难题提供了一种全新的技术思路与手段[24]。

莱斯大学集成系统电路实验室（RISC）研发了新一代微芯片，如图4-14所示，微芯片的尺寸仅为 $0.55\mu m \times 0.88\mu m$，包括了片上电线和焊板，其尺寸与砂粒大小相当。在压裂液的携带作用下，可通过油气运移通道——裂缝和孔隙，以便对其形态进行刻画。通过地上收发器发出的电磁信号激活，微芯片能够返回实时数据，呈现出压裂后高分辨率的地层图像，微芯片映射地层形态的过程与医生使用医学成像系统来映射身体中的血管原理一样。RISC 位于休斯敦的实验室目前正在强力促进该类高级微芯片的研发，尤其是在感应和无线传输方面，其研究经费主要来自石油公司的赞助[25]。

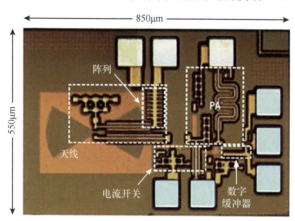

图 4-14　新一代微芯片

（四）储层微芯片测量系统

微芯片在储层中流动时，可以分析油藏压力、温度、孔隙度、渗透率和流体类型等参数，并存储信息。微芯片纳米机器人的尺寸是人类头发直径的1%，可以随注入流体大批量进入储层。在采出的流体中回收这些纳米机器人，下载其存储的油藏关键信息，以此来对油藏进行描述。沙特阿美已经研究了纳米机器人在地下"旅行"时所必需的一些因素，包括尺寸、浓度、化学性质、与岩石表面的作用、在储层孔隙中的运动速度等，并于 2010 年进行了尺寸为 10nm、没有主动探测能力的纳米机器人注入与回收现场测试，验证了纳米机器人具有非常高的回收率和较好的稳定性、流动性。目前，正在探索利用纳米机器人主动探测地下油藏，以实现其在储层流动过程中实时读取和传输数据。

　　AEC（Advance Energy Industries）是先进能源财团，致力于部署独特的微观和纳米传感器来转变对地下油气藏的认识，在得克萨斯大学奥斯汀分校的经济地质局和大型石油公司帮助下于 2008 年成立，主要参与者包括 BP、康菲、道达尔、壳牌、斯伦贝谢、贝克休斯、哈里伯顿等大型石油公司和油田服务公司。目前，AEC 已经构思出从传感器中获得数据的方法，但由于难以实现远距离通信，只能将记忆存储装置搭载在传感器上，然后将其注入井中，最后再进行回收并无线获取数据。自 2008 年起，AEC 项目组已在油藏纳米技术研究和试验等方面取得了巨大进展，但距离实现传感器深入储层可能尚需数年时间，目前已开发成功的毫米级装置可穿透射孔孔道或裂缝区域，但无法进入岩石孔隙，当前正在研制中的微米级装置可进入天然裂缝或次生裂缝，并在压裂过程中获取数据，图 4-15 是集成电子元器件的 3mm 智能压裂砂进行裂缝识别的示意图[26]。

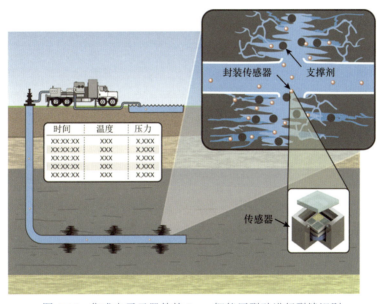

图 4-15　集成电子元器件的 3mm 智能压裂砂进行裂缝识别

　　电子传感器研发面临的主要挑战之一，是地下深层的温度压力条件极为恶劣，对传感器的供电系统提出了更高要求，需要先进的电池支持。在高温条件下，传统电池会迅速地自放电，2 ～ 4h 就会耗完电量，所以在传感器中置入具有较长使用时间和较高能量密度的电池显得尤为重要。经过长期研究，AEC 已成功研发出新型传感器供电电池，它可在 200℃条件下正常工作，并具有相对较高的能量密度，虽然目前尚不确定新研制的电池具体可持续供电多久，但试验证明基本可维持数周甚至数月的寿命。此外，AEC 在无线数据传输距离方面也取得了一定的研究成果，研发初期，在高浓度盐水环境下，天线数据传输距离仅等同于天线尺寸，通过改善传输方式，传输距离得到提升，未来的发展目标是传感器能够在流动过程中实时传输和读取数据，并在未来几年对超小型井下电子传感器进行现场试验。图 4-16 为密歇根大学已成功研制出的第一代多传感微系统样机[27]。

图 4-16　密歇根大学研制成功的第一代多传感微系统样机

三、应用关键与发展展望

（一）应用关键

目前，MEMS 技术在石油工程中的应用还处于早前阶段，在随钻陀螺测斜仪、井筒微芯片测量系统等方面实现了现场试验，更小尺寸的井筒与地层参数测量系统还处于研发阶段，今后在石油工程中的推广应用还需要开展 MEMS 测量基础理论、MEMS 加工制造、MEMS 测量装置优化设计等方面的研究，以提高 MEMS 在石油工程中应用的可靠性，满足油气井筒信息监测需要。

（1）MEMS 测量基础理论研究。MEMS 涉及的基础性研究包括尺度效应和表面效应、微流体力学、力学和热力学基础、微机械特性和微摩擦学，这些对于 MEMS 在石油工程中应用装置的研制具有重要的指导意义。

（2）MEMS 测量系统的加工制造工艺。MEMS 在石油工程中应用需要解决低成本高可靠加工制造的难题，主要包括智能传感器集成化设计、规模化制造工艺、规模化标准化测试技术、晶圆级封装、高密度封装等关键核心技术。

（3）MEMS 测量装置研制。MEMS 在井筒作业环境中应用涉及井下供电、数据感知、数据存储、节点无线通信、解读器信号采集等环节，需要针对具体作业环境开发不同信息测量装置，以满足井筒环空参数测量、压裂裂缝参数测量、油气藏储层参数测量等需要。

（二）发展展望

新技术的应用都会带来成本的大幅下降，以及效率和性能的显著提升。根据 Yole Development 发布的"MEMS 行业现状"报告，近年来 MEMS 市场规模持续增加，2021 年达到近 200 亿美元。这为传感器制造商投资开发和生产现代的、基于 MEMS 的传感器奠定了基础，越来越多的石油公司将研发资金从传统的传感器制造技术转向基于 MEMS 的技术。随着油气工业 MEMS 的不断发展，传感器、执行器和计算单元未来可能会被集成在一块芯片上，实现对环境进行远程监控、解释和控制，会对整个油气勘探开发行业带来巨大影响。MEMS 技术正快速拓展到石油工程领域，在油藏监测、随钻测井、随钻测量和电缆测井、智能完井等方面的应用有巨大的潜力。

第三节 工业机器人

在 19 世纪早期的英国，工业革命带来了深刻的社会变革，改变了制造业格局。工业机器人一方面能将人类从枯燥、重复性的工作中解放出来，另一方面又能够替代人类从事超出人类能力范围的危险作业，其在航天、核工业、智能制造等领域发挥着越来越重要的作用。随着工业机器人技术的快速发展，嵌入式计算、设备互联协议出现了巨大的进展，低成本传感器也进入了开发的快车道。这些因素的共同作用促使了新的转折点的出现，工业机器人技术将会和 20 世纪 90 年代中期的互联网、线上通信和电子邮件等技术一样，成为 21 世纪变革性技术。

一、工业机器人及其在石油工程中应用的优势

（一）工业机器人及其特点

机器人学是人工智能学科的一个分支，主要专注于运动和控制。机器人是典型的机电一体化产品，可称作是可编程机器，其一般能够自动或半自动执行一系列操作和指令，其涉及的知识有机械、电气、控制、检测、通信和计算机等方面。第一台商用机器人装置 Unimate 是由 Devol 和 Engelberger 1956 年发明创造的，Unimate 是一种电子控制液压臂，可执行预编程任务，它还是第一款被通用汽车公司和通用电气公司购买的机器人装置。

目前国际标准化组织（ISO）对工业机器人的定义是，一种能自动控制、可重复编程、多功能、多自由度的操作机器，能够搬运材料、工件或者操持工具来完成各种作业的设备。工业机器人的主要特点，一是拟人化，在结构上类似人的手臂或者其他的组织结构；二是通用性，可执行不同的作业任务，动作程序可按照执行的任务需求来改变；三是独立性，其操作系统独立，不受任何外在的因素干扰；四是智能性，具备不同程度的智能，能够具备感知系统、记忆系统等。

工业机械手和自动搬运车是两种最常用于工业生产的机器人技术。与其他服务机器人一样，油田机器人从事着所有肮脏、枯燥和危险的作业，这些作业包括自动定向钻井、闭环连续钻井等。此外，工业机器人（如 ROV、remote operational vessel）也使得深水作业成为可能[28]。

（二）工业机器人在石油工程中应用的优势

工业机器人在石油工程中的应用优势包括：①自动化，地面实现全自动；②智能化，整个系统具有很高的智能化水平，以及自主操作和自主决策等能力；③无人化，现场无需作业人员，多学科专家团队在远程实时控制中心进行远程控制；④安全环保，现场无作业人员，提高作业的安全性。不足包括：①机器人钻井系统非常复杂，可靠性是一个潜在的问题；②维护保养问题；③制造费用和使用费用较高[29]。

二、工业机器人与石油工程融合应用

（一）全自动钻台机器人

自动化、智能化一直是实现钻井提速提效的重要途径，也是保障安全钻井的重要措施。为此，一些公司持续关注钻井自动化设备的开发和研制。挪威钻井自动化系统公司（Robotic Drilling System，RDS）长期致力于海洋钻井平台自动化系统的研究开发，提供自动化、全电动钻井平台设备。RDS 建立之初主要提供海底钻机设备，为北极海洋钻井设计了海底自动化钻机的原型样机，研发领域处于行业前沿。后来，随着北极钻井热度的减退及石油价格的下降，公司转而发展海洋钻井平台的自动化设备，包括钻杆处理设备、铁钻工等。

RDS 与美国国家航空宇航局合作，开发了一种机器人钻井系统[30]，如图 4-17 所示。它将配备多个人工智能机器人，通过远程控制可实现无人化钻井。所配备的人工智能机器人具有自主学习、记忆和判断的功能，不仅能自主完成简单重复性操作，还能完成复杂操作。美国国家航空航天局贡献了"好奇"号火星漫步者研制和远程控制方面的技术专长。该项目得到了挪威国家石油公司、挪威国家研究委员会和挪威创新署、道达尔公司、Aker BP 公司及雷普索尔公司的长期支持。2015 年，该公司的首个全自动钻台机器人——机器人钻井系统（Robotic Drilling System ™）安装成功。机器人钻井系统是一套新型的全电动钻台自动化装置，适用于任何标准的陆上或海上平台。为实现机器人钻井系统的功能，RDS 还开发出一套动态控制系统，可以实现钻台上所有设备之间的交流，控制系统可以通过控制软件进行调整，并具有良好的兼容性，可以安装到任何钻机上使用。RDS 机器人钻井系统已经开发试验了三代产品，并通过整机测试，目前已经在挪威进行了试验作业，全套产品处于半商业化推广阶段。新一代产品可以与国民油井华高（National Oilwell Varco，NOV）公司的钻井控制系统、钻井扭矩系统和虚拟钻机系统集成，具有自主学习、记忆和判断的功能，能够使用不同的管柱操作工具精确高效地完成一系列的钻台作业，控制系统可接入控压钻井、旋转导向等钻井控制软件。未来一旦实际应用，将首先应用于深水和超深水、北极、沙漠等恶劣环境，并给钻井带来一次深刻的革命，即使研发不成功，也将在一定程度上推动钻井自动化和智能化的发展。目前，RDS 机器人钻井系统已被内伯斯公司收购。

图 4-17　钻台机器人

（二）卸垛机器人实现自动化配制钻井液

Cameron Sense 公司成功研制了一款卸垛机器人[31]，如图 4-18 所示，其能够在钻井施工过程中自动完成配制钻井液的工作。该机器人是其正在研发的钻井液实时监控项目的一部分，它以监测得到的密度、温度等数据为依据执行自动化配浆。卸垛机器人同时配备了多个监测设备，例如自动化的稳定性电子测量仪和自动化流变测量仪等，以方便配浆的精确执行。卸垛机器人收到钻井液配方的作业指令后，能够自己确定需要添加的钻井液处理剂的种类和数量。一共配备有 6 个放料的托盘，机器人可以每分钟添加两袋处理剂。

图 4-18 卸垛机器人

卸垛机器人有一套集成的高度智能视觉系统，能够分辨出不同种类的钻井液处理剂。它非常灵活，能够同时处理多项设备的应用需求。在施工现场，钻井液工程师非常繁忙，需要完成提供钻井液配方、监测和维护钻井液体系等多项工作，目前 Cameron Sense 公司正在编制算法，希望以更智能化的产品减轻钻井液工程师的工作量。

（三）深水钻井双水下机器人辅助压井系统

随着油气钻探向更深海域挺进，海上井喷处置方法也面临更大的挑战，其对技术、安全和环保也提出了越来越高的要求。为尽可能降低作业风险，埃尼（Eni）公司研发了一种针对深水井喷处置的新型双 ROV 辅助压井系统[32]。该系统作为一个快速反应工具，通过两个 ROV 协助，在条件允许的情况下，从动力定位钻机上使压井管柱能够快速进入发生井涌的井筒内，对井筒进行垂直干预，增加压井作业的成功率。在可视设备工况较差或损坏的情况下，该系统还可用声波传感系统实现井喷源的定位。这种压井作业能使油气损失、对环境的影响、操作成本及责任赔偿降到最低水平。

新型辅助压井系统的结构可分为水上和水下两部分，如图 4-19 所示。水上系统包含一套与两个 ROV 控制器相连接的控制系统，该控制系统能解释两个 3D 声波定位仪传输的数据，并为压井管柱定位井喷位置，同时还能按操作者下达的高级指令控制水下系统。水下系统由两个 ROV 橇装结构、压井管柱（由 5in 钻杆改装而成）和压井引导系统

（killing guidance system，KGS）构成，该引导系统可为 ROV 引导压井管柱进入井眼提供机械接口，其水下部分主要由两个独立运行的全自动液压系统组成。第一个系统（又称打开系统）负责将水下机械臂打开并处于工作状态。第二个系统能将引导系统分成两半（称为半环），以使压井管柱从该系统中释放出来。待压井管柱安全进入井筒后，即可进行正常压井作业。压井引导系统有一定的周向旋转自由度（在纵轴周围）和纵向平移自由度，周向旋转自由度能使 ROV 在靠近井喷液流的行进中保持最合适的姿态，并能使 ROV 与液流保持最大安全距离。当 KGS 坐落在海底或井口后，纵向平移自由度能使管柱向下滑动进入 KGS 内部。该辅助系统的海底部分在装备齐全并处于工作状态时全长约 66ft（算上 5in 插入管，长度约为 75ft），外径 47in，总重量为 12 ~ 13t。目前已完成系统制造和集成、主要功能干测试、浅水测试和主要子系统性能评估，下一个项目阶段的目标是在移动式平台进行完整的现场测试鉴定。

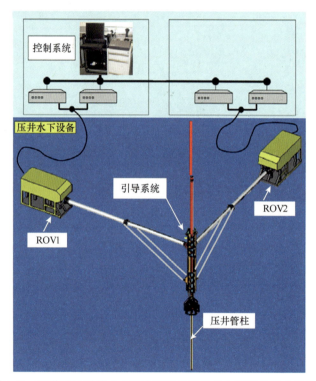

图 4-19　压井引导系统水上和水下部分操作状态和就位状态示意图

（四）水下自动检测机器人

海洋油气勘探与生产向更深、更远的区域迈进，增加了作业的复杂性。作业者正在寻求一个更加智能和自主维护的操作环境。虽然目前的技术可以利用 ROV 和潜水员完成繁重的工作和维修任务，但是需要海底检查设备和方法进行配合。Subsea7 和 SeeByte 公司设计和建造的水下自动检测机器人 AIV（Autonomous Inspection Vehicle）目前正在接受性能和质量测试，如图 4-20 所示。AIV 是一种多功能水下检测工具，通过为作业者提供具有经济效益好、风险低的监测系统来帮助油田的勘察、一体化管理和维修作业[33]。

AIV 具有以下特点：①可完成水深 3000m 海底基础设施的检查工作，在提高数据质量和效率方面超过了传统的方法。②没有系绳，非常适合远程和具有挑战性的作业领域，如"冰"下和密闭空间，风暴（飓风/台风）后设备检测、快捷的巡查及环境监测。③能直接在浮式生产储油船（floating production storage and offloading，FPSO）、平台以及支持船和移动钻机操作。④ AIV 携带一组导航工具和传感器，利用蓄电池为其提供电能，自动检测和维修作业时间达 24h。

第一代 AIV 系统携带最新的 3D 声呐和摄像机，相关参数见表 4-4，能够进行海底基础设施的一般检查，包括水下结构和立管。目前有很多作业方案：①多个 AIV 协同作业。利用低成本、方便的船只实施 3 个或更多的 AIV 来优化任务。所有的数据获取后传输到陆地进行处理。②单个 AIV 作业。由部署在一条船只上的 AIV 进行检查活动。③部署于固定平台或 FPSO。针对特定的检测或计划好的检测任务，在作业者方便的任何时候作业，而不需要辅助船。

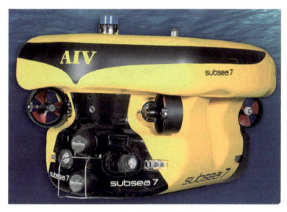

图 4-20　水下自动检测机器人

表 4-4　AIV 的技术参数

参数	内容
水深	3000m
规格	1700mm（L）×800mm（H）×1300mm（W）
最大工作时间	24h
检测传感器	3D 前探声呐彩色检测级摄像机，下部摄像头，灯光和下部剖面声呐
传输方式	声波、无线网络、卫星
导航	传感器数据及海底信标辅助下的航位推算。通过剖面声呐定位管线、通过 3D 声呐定位隔水管，优化 1.5～3m 内的视频图像。通过声呐结合影像进行水下结构物检测

（五）硫化氢气体检测机器人

为应对哈萨克斯坦卡沙甘油田的恶劣生产环境，如四季温差大（−25～35℃）、注气压力高和采出气含硫化氢浓度高等，壳牌公司研发了硫化氢气体检测机器人 Sensabot，如图 4-21 所示[34,35]，可以常驻井场并由处于安全、舒适环境中的工作人员指挥操控，可适应井场的极端环境。机器人 Sensabot 配备有一系列的传感器，如照相机、气体检测器、震动检波器、扩音器及热成像仪等，可以完成井场的日常检查工作。Sensabot 与人体大小相仿，能够在具有 90º 拐角的 1m 宽的通道内行驶。2011 年，一代 Sensabot 在休斯敦经过一系列测试，其中包括井场检查、登上高处的平台及在黑暗处行驶等，表现良好。目前，二代 Sensabot 在一代的基础上又进行了改进，例如安装 4G LTE 无线系统、使用充气轮胎代替实心轮胎、配备立体摄像机及热成像仪、最高时速由 5km/h 提升至 7km/h 等。远程操控机器人未来的目标是实现自主避撞、自动导航及传感数据的自动处理等功能。

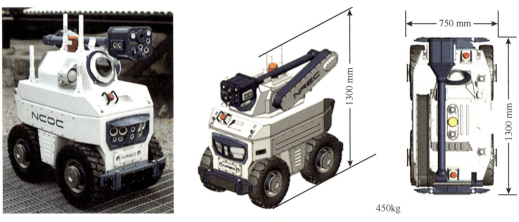

图 4-21　硫化氢气体检测机器人

三、应用关键与发展展望

油气工业在未来的几年里将面临一系列的挑战，必须通过革新现有技术来解决。目前，工业机器人在整个勘探开发过程中可以实现全过程远程检测与介入，未来机器人油气设备可改善健康、安全和环境（HSE）及作业中的可靠性，减少作业过程中的停待时间，为油气工业提供了更大的发展机遇。虽然现在已有机器人在油气领域得到应用尝试，可以接手大部分重复性、危险、沉重的工作，但都不具备类人脑的高级推理演进行为能力，只能按照既定的程序满足基础行为模式的作业环境，尚不具有高度智能的能力，因此突破机器学习、自主行为控制等关键技术，研发具有高阶智慧与行为能力的人工智能机器人将是未来发展重要方向。

第四节　3D 打印技术

3D 打印是一种先进的增材制造技术，已经在模具生产、教育、医学等领域得到广泛应用，在石油工程领域的应用亦展现出较高的研究价值。石油工程由于涉及的设备、部件众多且定制化、模块化的趋势明显，因而与 3D 打印技术具有较好的契合点，石油公司纷纷将其引入设备、部件的设计和生产，以提高生产效率、增强设备性能及降低成本。

一、3D 打印技术及其在石油工程应用中的优势

（一）3D 打印技术及其特点

3D 打印技术是 20 世纪 80 年代中期发展起来的利用材料堆积法制造实物产品的一项高新技术。该技术借助计算机、激光、精密传动和数控等手段，将计算机辅助设计技术（CAD）和计算机辅助制造（CAM）集成于一体，将专用的金属材料、非金属材料及医用生物材料，按照挤压、烧结、熔融、光固化、喷射等方式，以逐层累积的方式在短时间内直接制造产品样品，无需传统机械加工设备和工艺，显著缩短了产品开发周期。相比传统机械制造方法，增材制造技术可以实现任意复杂结构模具的快速制造，在单件或小批量生产用机械制造过程中，具有制造成本低、周期短的优势，因此广泛应用于机械制造业。

目前，主流的成型工艺有光固化成型（SLA）、选择性激光烧结（SLS）、选区激光熔化技术（SLM）、熔融沉积制造（FDM）、电子束熔融（EBM）、激光近净成型（LENS）及叠层实体成型（LOM）等类别。由于各工艺成形原理不同，成形材料、工艺特点和应用领域等也有所差异，如表 4-5 所示[36,37]。

表 4-5　3D 打印技术工艺类别及特征

工艺	成形原理	成形材料	工艺特点	应用领域
SLA	光固化成型	光敏树脂	精度高，零件结构复杂精细	生物医疗，汽车，电器
SLS	选择性激光烧结	金属粉末	无需支撑，致密度不高	塑料件，铸造用蜡模，样件或模型
SLM	选区激光熔化技术	模具钢，不锈钢，钛合金	高精度，高强度	航空航天，船舶汽车
FDM	熔融沉积制造	巧克力，豆沙	简易方便	餐饮，艺术设计，教育
EBM	电子束熔融	钛合金，高温合金，铜合金	穿透力强，粉床温度高，无需热处理	航空航天，医疗金属植入物
LOM	叠层实体成型	纸基	速度快，内部结构简单零件，无需构件支撑，后处理简单	概念设计，造型设计评估，装配检验，熔模铸造型芯，砂型铸造
LENS	激光近净成型	钴基，钛基合金	稀释度小，组织致密，涂层与基体结合好	模具表面熔覆处理，叶片快速修复

（二）3D 打印技术在石油工程中应用的优势

3D 打印技术在石油工程中的应用优势包括：

（1）降低制造成本。采用 3D 打印技术不再需要传统的刀具、夹具和机床或任何模具，可以自动、快速、直接、精确地把计算机编程出的设计图转化打印为实物模型，制造出可用来安装的零部件，缩短产品研发周期。同时，节省材料，无边角废料，提高打印材料利用效率，进一步降低生产成本。

（2）材料适应性强。3D 打印技术具有广泛的材料适应性，适用各种传统加工中难以加工的材料、轻型材料及复合材料，如钛合金、高温合金、铝合金、树脂类等，也适用于如碳纳米管、石墨烯、生物碳纤维等特殊用途材料。

（3）设计精确度高。传统的制造技术受生产工具及工艺所限，产品的形状及精度会受到很大限制。3D 打印技术能够生产在传统制造工艺下无法实现的、具有复杂形状和较高精度的产品，并具有前所未有的产品设计自由度。

二、3D 打印技术与石油工程融合应用

（一）储层岩心制备

爱荷华州立大学使用 3D 打印来研究石灰石储集岩中的孔隙，该研究可以更好地了解岩石中的孔隙网络，优化生产，提高油气产量。3D 打印岩心分为以下几个步骤：首先利用 CT 设备扫描地下岩心，获得真实的三维数据体，即数字岩心；然后利用专业软件提取岩石内部的孔隙、喉道即孔隙网络模型；最后利用 3D 打印机打印数字岩心和孔隙网络模型。3D 打印岩心使用丙乙烯-丁二烯-苯乙烯等材料，经过"岩心扫描—灰度直方处理—打印机打印"的系统化孔隙结构制作流程，打印出按比例放大的储集岩中的孔隙网络，如图 4-22 所示[38,39]。虽然由于 CT 扫描精度、3D 打印机打印精度二者的限制，目前还不能按原样品 1∶1 比例打印孔隙结构，但岩石孔隙复制件可以在实验室环境下利用诸如 CT、X 射线衍射（XRF）、核磁共振（NMR）、低温氮吸附、扫描电镜（SEM）成像等常规的孔隙研究方法进行观察检测。通过观察和计算其孔径分布、孔隙度、孔隙结构、渗透率等重要参数，模拟进行实际开采的情况，预测其流体运移情况、流体流量、孔隙形变情况。这样的方法模拟现实环境，使 3D 打印技术在油气开采中发挥重要作用。

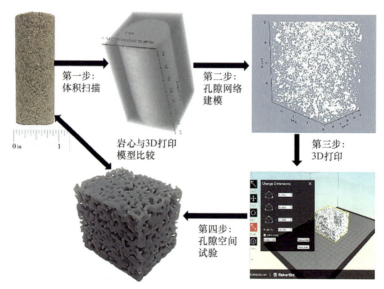

图 4-22　3D 打印技术储层岩心制备流程

（二）PDC 钻头

美国 BlueFire 公司利用 SolidWorks 软件开发出了一个高度复杂的钻头设计，通过一家得克萨斯的 3D 打印公司进行制造，如图 4-23 所示。为了使钻头在页岩、砂岩、石灰岩及胶粘黏土中都具有较高的破岩效率，采用了较大的 PDC 切削面。为了提高钻头的清

洁和冷却效率，在钻头体上设计了横向水眼。试验证实，这些设计使切削结构表面的温度降低了 30% 以上，大大减少了切削片的热磨损，延长了钻头寿命。为了提高钻井液的喷射速率，采用了特殊设计的喷嘴排列方式，不仅强化了高压喷射的效果，还使钻头的润滑及排屑能力大幅提升。这些新颖的设计使钻头的制造难度大幅增加，采用 3D 打印技术不仅完美地实现这些高复杂度的设计，还能显著节约制造成本。另外，通过一次成型的制造工艺，能够大幅增强钻头应对极端环境的能力[40]。

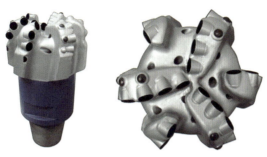

图 4-23　3D 打印 PDC 钻头

（三）超高膨胀封隔器

目前用于膨胀封隔器的支撑环有多种类型，应用较为普遍的为后折环，该环在膨胀率 30% 时效果良好，能够很好地适应不规则套管内径，但轴向厚度很薄，易发生剪切破坏。花瓣型支撑环通过叠加一组周向上布置有几个切口的环消除剪切破坏，有助于保持高压载荷，但当花瓣环完全处于坐封位置时，不能很好地适应不规则套管内径。

贝克休斯公司利用 3D 打印技术和 316 不锈钢材料设计了独特的密封元件支撑环，研发了新型超高膨胀完井封隔器。3D 打印有助于使后折环和花瓣环集成为一个单件支撑环，如图 4-24 所示，减少了封隔器支撑系统构件的数量，制造的支撑环结合了后折环和花瓣环的优势，使封隔器密封元件系统可实现极端膨胀比、零挤压间隙和对套管内径或井壁的高适应性。分析和测试结果表明，直径膨胀比高达 111%，与常规封隔器相比，提高 50% 以上，坐封力比现有相同尺寸的封隔器低；在 149℃ 的温度下，密封元件能够保持 68.95MPa 压力[41-43]。

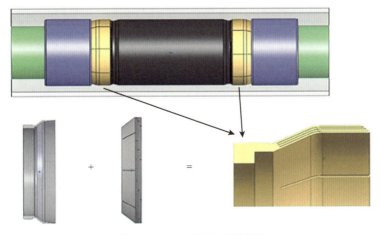

图 4-24　3D 打印支撑环设计

（四）油气管材

Magma Global 公司利用 3D 打印技术和聚醚醚酮聚合物材料生产了世界最长的复合管材，其长度达到了 3000m，可以用于石油钻完井作业。该管材与传统的钢管相比强度更高、重量更轻，并具有较强的抗腐蚀能力，还具有摩阻小、减少水力压降的优势。由此，石油公司可以使用规格更小的供给船、更轻便的系泊缆及其他费用更低的配套设备，从而大大减少作业费用，降低海上油气开发效益。Magma Global 公司已经在英国朴次茅斯建筑了生产管线，为了满足不断增长的需求，于 2016 年增加了四条 3D 打印生产线，扩大其产品供应 [44]。

三、应用关键与发展展望

（一）应用关键

1. 降低 3D 打印作业成本

在少量生产复杂零部件时，3D 打印相对于传统的制造方法有着无可比拟的优势。然而，由于用于增材制造的材料研发难度大而使用量不大等原因，导致 3D 打印制造成本较高。当对一些结构简单的部件进行批量生产时，3D 打印的经济性远不如传统的制造技术。同样，对于油气工业中经常使用的一些尺寸较大设备，使用 3D 打印也并不具有成本效益。需要针对特殊、复杂装备工具及其零部件进行 3D 打印技术的优化，以降低作业成本、扩大应用规模、提高经济效益。

2. 提高 3D 打印材料优选与评价

3D 打印技术的局限和瓶颈主要体现在材料上。目前，打印材料主要是塑料、树脂、石膏、陶瓷、砂和金属等，能用于 3D 打印的材料非常有限。而且市面上绝大部分用于 3D 打印的金属粉末都是为航空及医疗设备领域研发的，其能否经受住高温、高压、腐蚀性的井下环境考验尚是一个未知数。为此，许多公司不得不花费大量人力物力来检测 3D 打印金属产品的性能。由金属粉末制成的部件有一个重要缺点就是抗拉强度较差，无法长时间承受较大的拉伸力，因而严重制约了其使用范围。需要针对油气井地面和井下工程环境，研究材料-工艺-结构-特性关系，以提高其可靠性和适用性。另外，需要开发新的测试工艺和方法，以扩展可用材料的范围。

3. 提高 3D 打印精度和质量

由于 3D 打印技术固有的成型原理及发展成熟度的限制，其打印成型零件的精度（包括尺寸精度、形状精度和表面粗糙度）、物理性能（如强度、刚度、耐疲劳性等）及化学性能等大多不能满足工程实际的使用要求，不能作为功能性零件，只能做原型件使用，导致其应用效果大打折扣。而且，由于 3D 打印采用"分层制造，层层叠加"的增材制造工艺，层与层之间的结合再紧密，也无法和传统模具整体浇铸而成的零件相媲美，而零件材料的微观组织和结构决定了零件的使用性能。需要通过 3D 打印技术的不断发展完善，来提高打印的精度和质量。

4. 制定统一的技术标准体系

3D 打印领域尚没有一个权威的行业标准对其原材料、设计流程、产品质量等进行约束。致力于 3D 打印产品研发的各大油服公司目前也都处于各自为战的局面，这对于其在石油行业的推广应用极为不利。需要整合行业力量，制定统一的技术标准体系，来推动其快速发展。

（二）发展展望

随着油气勘探开发的不断深入，深层超深层油气、深水油气、非常规油气资源成为增储上产的重要领域，对油气工程技术带来新的挑战和更高的要求，而 3D 打印技术可实现复杂的设计以应对极端环境带来的各种挑战。据预测，油气行业在 3D 打印领域的年投入将从 2020 年的 3.178 亿美元增长至 2025 年 14.184 亿美元，发展潜力很大。未来有望在以下几个方面获得广泛应用：①结构复杂、需要多种常规工艺（铸造、机加工、焊接、铆接等）组合加工的地面装备零部件，如具有复杂型腔结构的各种阀类零部件及多孔过滤或者流线型设计的零部件。3D 打印技术能够制造在传统制造工艺下无法实现的复杂形状，使设计人员获得了前所未有的产品设计自由度，也使得一体化成型成为可能，极大地降低了成本。②特殊的井下工具，如连续管井下工具。连续管井下工具是连续管技术的重要构成，是连续管技术应用的关键要素，具有安全可靠性要求高及空间局限性引起的结构复杂（内部孔道、异型面、装配复杂等）、小型化等特点，因此要求在满足功能的前提下结构尽可能简单。3D 打印技术不仅可以完美地实现一体化成型，还可快速地将设计好的产品制备出来，使得对于不同的井况和作业定制相应的工具成为可能。例如它可以将一个特殊形状的部件，从传统方法的三个月生产周期，缩短至大约两周来完成。其次是一些个性化工具的应用，最典型的是钻头，为了提高破岩效率及钻头的清洁和冷却效果，钻头的设计、加工将更为复杂，3D 打印技术为这些功能的实现提供了可能，目前国内外一些研究机构已着手进行这项工作[45,46]。

虽然金属 3D 打印技术目前因存在一些技术和成本方面的问题，较多地应用于制造原型。但相信随着技术的发展及石油行业各种特殊需求对 3D 打印技术的不断推动，3D 打印技术直接制造终端零部件在石油工程领域将很快实现规模应用。

第五节　光纤传感技术

光纤是由石英玻璃或聚合物制成的细纤维，可以低损耗地传输宽频带的光学信号，已成为现代通信的主要载体。光纤传感技术是 20 世纪 70 年代伴随光纤通信技术的进步发展起来的，以光波为载体、光纤为媒介，感知和传输被测量信号的新型传感技术，所传输的光的某一参数（如相位、波长、频率、强度、或偏振状态等）随被测环境中的某一物理、机械、化学、生物等参数的变化而发生变化来实现传感功能。在油气井监测中，一根光纤可以完成温度、应力、振动等多种参数测量，提供全面的井下数据，有利于油气井及油藏的有效管理，在智能完井、数字油田中应用前景广阔。

一、光纤传感技术及其在石油工程应用中的优势

（一）光纤传感技术及其特点

光纤传感系统包含一束光纤、一个激光源、一个分光器、一个光电信号处理装置和一个显示装置，如图 4-25 所示。油气井监测使用的光缆不同于通信行业所用光缆，利用专门的化学玻璃、涂层和结构。光纤测量原理是激光源向光纤束发射出 10mμs 的光脉冲，当每个输入脉冲穿过光纤束时，光会沿着光纤芯与包层间的边界反射。在脉冲沿光纤传播的过程中，一部分光发生散射。散射光类型与井下环境相关，如当玻璃密度变化或玻璃成分出现细微改变时，会发生瑞利散射；当出现可改变光纤折射率的声振动时，会发生布里渊散射。当温度发生改变时，会发生反斯托克斯拉曼反散射。通过分光器分离反散射光，信号处理器再利用先进的软件算法将反散射光转变成测量数据，最终计算出沿光纤每一点的温度、应力、压力等测量结果[47,48]。光纤传感系统体积小、重量轻、易弯曲，抗电磁干扰和抗辐射性能好，特别适于恶劣环境下使用。

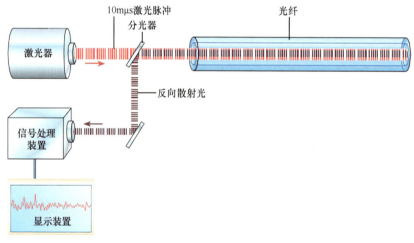

图 4-25　光纤传感系统及其原理

（二）光纤传感技术在石油工程中应用的优势

光纤传感技术在石油工程中应用的优势主要有：①光纤传感器易于布设，特别是在安装有电潜泵等完井设备的井中，因含有光纤的控制线直径只有 1/4in，可以布放在泵和套管间的环空中。根据作业类型，可以采用不同的方式将光纤传感器置入油气井，如永久性部署在套管或油管上，用钢丝绳、牵引器等将光纤送入井中。②光纤传感器可以永久性安装在完井设备上，在油气井的整个寿命期内根据需要进行生产监测，而不影响油气生产，降低作业费用和作业风险。③光纤传感器无电子元器件，系统的可靠性更高，适于恶劣环境使用。

二、光纤传感技术与石油工程融合应用

近年来，航空航天和国防领域研发的某些光纤传感器在油气井监测中得到应用，使得光纤传感技术在油气生产中的应用领域不断扩大。在油气井监测中使用的主要有分布式温度传感器（distributed temperature sensing，DTS）、分布式应力传感器（distributed stress sensing，DSS）和分布式声波传感器（distributed acoustic sensing，DAS）等光纤传感技术。其中，分布式温度传感器最成熟，其他几种传感器刚刚推出或正处于研发试验阶段。

（一）分布式温度传感器（DTS）

分布式温度传感器是将光纤转换成若干个温度传感器，测量时，通过激光器向光纤发送激光脉冲，光纤中的分子振动引起拉曼反散射。斯托克斯拉曼反散射强度与光纤温度无关，而反斯托克斯拉曼反散射与温度有关。这样，反斯托克斯散射与斯托克斯反散射强度之比可以用于计算光纤的温度。

井中流体的注入或产出会改变井眼温度，并影响温度测量结果，因此通过井眼附近的热波形可以将测量的温度数据转换成流量剖面，并估算出井眼各层段的流体注入或产出量[49,50]。对于致密气藏储层，多级水力压裂是主要的增产措施，但是这对完井有效性的评价和储层泄流区域的评估提出了巨大的挑战。基于光纤的 DTS 提供了一种识别、定量分析和评价近井地带裂缝形态、裸眼附近压裂液分布以及改造措施有效性的方法。通过水力压裂时采用机械封隔，DTS 可以显示层位封隔的有效性。DTS 分析与解释沿着井筒到流体流入储层交汇处的温度变化。通过 DTS，还能判断施工流体进入储层的位置和体积。图 4-26 为哈里伯顿公司裸眼完井水平井分段压裂第二段与第三段 DTS 数据，可以判断流体流入位置和压裂改造效果[51,52]。

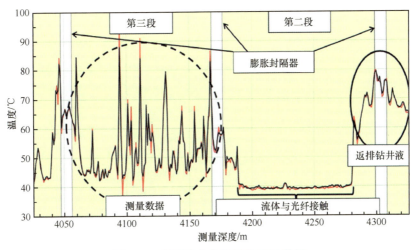

图 4-26　裸眼完井分段压裂 DTS 数据

（二）分布式应力传感器（DSS）

地层高应力可能导致套管变形或被挤毁，早期检测套管应力变化有助于及时采取补救措施。为了改善对各种地下应力造成的套管变形监测，壳牌公司与贝克休斯公司开发了实时应力成像系统（real-time compaction imaging，RTCI），提供套管的连续、实时、高分辨率图像，用于监测套管变形。RTCI 由装有光缆的管柱、地面询问机和计算机组成[53]。光缆含数千个间隔数厘米、均匀分布的应变计，缠绕在油气井管柱上，监测套管的变形。地面询问机用于访问光纤上的应变计，采集最终数据。计算机用于将采集的数据转换为应变，重建油气井管柱图像。RTCI 空间分辨率能达到约 1cm，精度达 $10\mu\varepsilon$，探测挤压与拉伸轴向应力范围为 0.1% ～ 10%。通过检测这些变化，可以早期探测管柱应力变化，优化油气生产。

RTCI 不仅能够监测地应力产生的套管变形，还可以监测水泥候凝造成的套管直径的微小变化。到目前为止，还没有其他方法能够在无需下入井中、不干扰生产的情况下，达到同等灵敏度、空间分辨率和响应时间。

（三）分布式声波传感器（DAS）

传统的声波检测传感器大多基于压电技术，受环境因素影响大，抗电磁干扰能力弱，产生的图像分辨率较低，无法实现对油藏实时在线动态检测，且在井下恶劣环境下易损坏，可靠性差。基于光纤技术的声波传感器具有频带宽、灵敏度高、耐高温、不受电磁场干扰等优点，在油田声波检测中具有巨大的应用潜力。

分布式声波测量系统将标准电信光纤转变为微型检波器阵列，使用相干光时域反射测定技术，即沿光纤连续发射高度相干光的短脉冲，并观测因光纤玻璃芯非均质引起的微弱的反散射信号。声震干扰到达光缆时会在微观层面上改变玻璃芯内的散射位置，导致瑞利反向散射激光信号的变化，通过读写单元分析这些变化，并沿光纤每 10 ～ 10m（道）生成一系列独立的声波信号。DAS 系统使用沿井筒长度方向布放的标准单模光纤，以及一个用于参数（如采样率、空间分辨率和通道数量）优化的上部读写单元，将原始声波数据从读写器单元传送到处理单元，进行信号的解释与可视化。DAS 系统可以应用于井下和区域监测，如分布式流量测定、出砂检测、气体突破、人工举升优化、智能井完井监测等[54,55]。2002 年，Demo 2000 在法国南部 Izaute 油田成功地安装了世界上第一套多态 3D 阵列式的光纤声波检测系统。此外，CiDRA 公司进行了井间地震、垂直地震剖面（vertical seismic profiling，VSP）光纤传感器系统研究，为井间地震和 VSP 的进一步发展提供了技术保证。

（四）分布式化学传感器（DCS）

随着分布式温度和分布式声波在油气井监测中应用的推广，监测井中生产流体化学组分的技术需求显得愈加迫切。壳牌公司与荷兰应用科学研究组织（TNO）合作研究了光纤分布式化学测量技术，通过光纤布拉格光栅技术与光敏物质相结合，可以在极端条件下在各种介质中探测水、二氧化碳和硫化氢分子，其应用包括在油气井中探测和确定出水位置，通过开启油气层或关闭产水层来降低产水量，从而优化油气生产。图 4-27 为利用 DCS 探测水突破的示意图[56,57]。

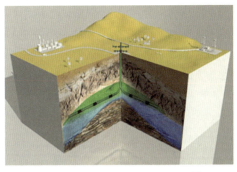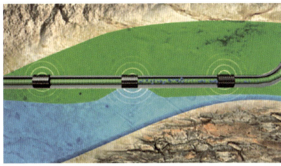

图 4-27　用 DCS 探测水突破

（五）分布式压力传感器（DPS）

及时准确获得油气井内的压力信息对预防和控制油气井作业安全、提高作业效果具有重要意义。应变压力计和石英晶体压力计作为传统的井下压力监测传感器，其测量精度和可靠性受到井下复杂环境的影响，光纤压力传感器因其自身的优越性特别适合在油气井压力测温中使用。

美国 CiDRA 公司研制的光纤光栅压力传感器测量范围 0 ~ 103MPa；过压极限 129MPa，精度 ±41kPa，分辨率 2kPa，长期稳定性 ±34kPa/a（连续保持 150℃），工作温度范围 25 ~ 175℃。斯伦贝谢 Doll 研究中心研制出了侧孔布拉格光纤光栅传感器，最高工作温度 300℃，最高测量压力 82MPa，在最高测量压力环境下，温度对传感器的影响极小，非常适用于井下的压力监测[58,59]。

三、应用关键与发展展望

随着光纤传感技术的不断发展，其在石油工程中的应用将日趋成熟。未来将会把油田中传统的基于电学的传感器转换为光学传感器，成为改变石油产业游戏规则的关键技术。光纤传感器技术发展的主要方向：

1. 一种光纤传感器对多种物理量进行同时测量

位于挪威斯塔万格的 Ziebel 公司完成了其新产品 Z-System™（一种复合光纤）的现场测试，用于在非水平井中实时完成井眼完整性评价、气举优化和流动表征。Z-System™ 是一种直径为 15mm 的半刚性含光纤的复合碳棒传感系统，组合了分布式温度、分布式压力、声波等传感器，能够实时提供温度、压力和声波信息。新的井眼测量和可视化技术可以增强对油气藏的了解，便于以更加有效的方式生产油气，提高产量。至今，Ziebel 公司已经为国际石油公司、国家石油公司及大型独立公司完成了 60 多次井下测量服务。

2. 提高分布式传感器的空间分辨率和灵敏度

Silixa 公司研发的 Carina™ 光纤探测技术通过应用星型光纤（constellation fibre），并改进光电收发器，信噪比提高了 100 倍，极大地提高了光纤分布式检测的准确性。光纤在承受应力或温度变化时，发生细微形变，使光纤中光束的强度、频率、相位等光学参数发生变化，通过检测这些光学参数的变化就能够探测震动、温度等物理量。不同于普通单模或多模光纤的匀质结构，星型光纤的轴心位置具有一个明亮的散射芯，能使更多的光被反射。返回收发器的反射光强度衰减小，反射光所携带的测量信息损失也小，因此能够获得更高的信噪比。得益于信噪比的提高，该技术可以使井下光纤检测的灵敏度和准确性大幅提高。例如在产液剖面检测应用中，地层产液流入井筒的微小声音，可以被该技术从严重的背景噪声中检测出来，而且可以探测产液位置，从而分辨产液层。在井间地震应用中，通过在井筒中布设检测光纤，可以将整个井筒作为震波的测线，获得高质量、高采样密度的地震信号，从而获得更高质量的 VSP 剖面，同时相对于传统的井间地震极大降低施工时间和成本。另外，由于灵敏度的提高，该技术还有望替代微地震监测所使用的井中检波器[60]。

3. 在恶劣条件下低成本光纤传感技术的开发和应用

光纤测井设备通常投资巨大，为改变这一现状，Well-Sense 公司研发了革命性的 FiberLine Intervention（FLI）测井工具。FLI 工具在作业时通过重力下入光纤，无需电缆、钢缆、连续管或管柱送入。全部零部件由可在井液环境中溶解的材料制成，根据需要调节溶解时间，作业完成后无需回收，可以节省大量的人员和设备成本。直径比头发还细的光纤总长约 15000ft，螺旋状缠绕在直径约 2in、长 40in 的圆筒形壳体中。壳体上安装了与光纤相连的传感器等部件。FLI 工具采用了创新性的布线方式，其工作原理如图 4-28 所示。图 4-28（a）将 FLI 工具与送入装置组装后进行现场测试；图 4-28（b）将送入工具安装于井口上；图 4-28（c）打开阀板释放 FLI 工具，下落短节在重力作用下下落，由于光纤上端固定，FLI 工具壳体内的光纤卷不断解缠；如图 4-28（d）所示，当 FLI 工具落至井底后，壳体内光纤全部解缠，完成光纤布设，可立即通过光纤采集 DAS/DTS 等传感器数据。数据采集完成后只需拆除送入装置，现场作业人员在井口割断光纤，抛入井筒。井中的光纤与壳体等部件会在几天或几周内降解消失，无需起出任何管柱，溶解

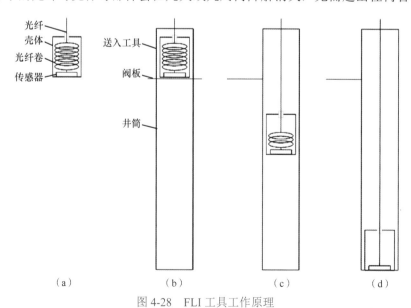

图 4-28　FLI 工具工作原理

（a）FLI 工具；（b）连接井口；（c）自由下落；（d）完成布线

时间可根据需要调节。通过改变 FLI 工具的结构和尺寸，可控制其在井液内下落的阻力系数，将下落速度调节至最佳的 8ft/s，防止拉断光纤[61]。

FLI 工具目前只能用于直井，正在开发用于水平井或分支井的牵引装置。耐高温高压性能现已达到 150℃/69MPa，正向 300℃/138MPa 方向攻关。该技术已经被用来检测渗漏，基于水泥固化时释放的热量来检测固井质量等。未来还可用于微地震监测、压裂诊断、增产监测、气举优化、温度压力流体监测等领域。

第六节 电弧等离子技术

电弧等离子技术利用柱形的阴极和喷嘴形的阳极接触形成短路产生电弧，并与水蒸气结合形成等离子体，由于其具有温度高、能量集中、功率可调、电极损耗小、设备简单、热传递效率高等特点，在材料科学、机械工业、航空航天、生活垃圾处理等领域得到了广泛的应用[62-66]，在冶金、纳米材料生产、切割、焊接、喷涂等方面取得了较好的经济效果。目前，国外开始尝试将电弧等离子技术应用于石油工程，并取得了诸多进展，而国内仅在将常规等离子技术应用于储层改造方面做过少量探索[67-72]。

一、电弧等离子技术及其在石油工程中应用的优势

（一）电弧等离子技术及其特点

电弧等离子技术采用电弧和水蒸气产生等离子体，利用电极与阳极喷嘴形成短路产生电弧，电弧的热能使等离子炬内的水大量蒸发变成水蒸气，水蒸气在压力的作用下向阳极喷嘴的出口运动，当穿过电弧区域时，蒸气将电弧从喷嘴的内表面带出并向喷嘴外边缘构成回路。在喷嘴出口处，蒸气在各个方向压缩电弧，使电弧能量集中，形成等离子体。相较于传统等离子喷枪技术，电弧等离子技术热传递效率更高、热作用面积更大，图 4-29 为传统等离子喷枪（左）和电弧等离子技术（右）的等离子形状对比[73]。

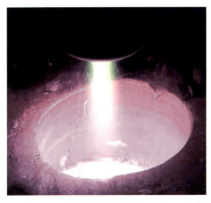

图 4-29 传统等离子喷枪（左）和电弧等离子技术（右）的等离子形状对比

Zhukov 和 Zasypkin[74]对电弧等离子技术应用于油气井钻井进行了研究，通过室内

实验证实，随着井深增加，井底水蒸气压力增加，产生电弧等离子所需要的总电压增大，进而提高了等离子体的总能量，为破岩和切割等作业提供更多的热能，提高作业效果；水蒸气压力升高使等离子温度上升，产生更高的热量和更好的热传导环境，也能提高作业效果。图 4-30 为等离子电压与水蒸气压力的关系，其中，水蒸气流量为 1g/s，圆形阳极喷嘴直径 25mm，阴极至阳极的长度 200mm。

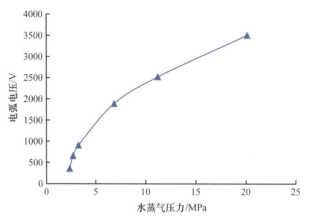

图 4-30　电弧等离子电压与水蒸气压力的关系

（二）电弧等离子技术在石油工程中应用的优势

与传统等离子喷枪技术或其他非接触式热力学技术相比，该技术具有以下优点：①电弧温度高达上万摄氏度，能够对岩石和金属表面直接加热，而电弧与岩石之间气体吸收的热量可以忽略不计。在传统等离子喷枪技术中，正是这种气体对热量的吸收降低了热量传递效果；②电弧能在局部区域产生各向同性热流，其热流作用面积大，且各向同性，作用更加均匀；③除热力学作用外，井下工具旋转形成螺旋电弧，使岩屑快速脱离岩石表面，提高破岩效率；④与传统等离子喷枪技术相比，电弧等离子技术能够引入电液伺服技术，产生冲击波和压力波，利用所产生的机械能破碎岩石；⑤能够获取电弧作用于岩石时的电学和光学特征，通过随钻录井在线光谱实时分析所钻地层的岩石特性。

电弧等离子技术也存在缺点，主要包括：①采用高压脉冲微放电作用于目标介质，能量消耗较高；②钻机电源的工作电压几千伏至几十千伏，存在高压安全和绝缘问题；③电弧等离子技术是高低压电极间的强放电过程，电极容易烧损。同时，放电过程伴随了强冲击波，对井下放电结构的机械性能要求高；④存储在电容上的能量在短时间内迅速释放，强放电过程伴随电磁辐射，造成电磁干扰，一定程度上限制了地面测控系统与电弧等离子技术的结合。

二、电弧等离子技术与石油工程融合应用

（一）钻井工程

1. 硬地层提高机械钻速

传统旋转钻井利用钻柱和底部钻具组合来传递扭矩和钻压，钻头与岩石直接接触，

钻头易产生磨损。在硬地层和研磨性地层钻井过程中，钻柱易产生振动，降低钻头寿命，导致机械钻速降低，增加钻井作业成本。同时，传统旋转钻井方式下，光谱分析设备无法和岩石实时接触，无法进行实时光谱数据采集。为了获取所钻地层岩石特性，一般采用取心或利用返出的岩屑进行光谱分析，降低了钻井作业效率。

电弧等离子技术采用非接触式热能破碎岩石，无需施加钻压，复杂地层中不会导致井斜，钻井过程中不会引起钻柱的振动，机械钻速由岩石热力学特性如沸点、熔点和导热系数等参数决定，岩石破碎形式包括分裂、融化和蒸发[75-78]。钻井过程中可以激发岩石产生光谱信号，通过光纤对发射出的光谱信号进行检测，再利用标准模拟光谱模块对信号进行预处理并传输到地面，在地面进行信号识别来实现随钻岩石特性分析。可以采用三种方式对信号进行分析：①岩石成分识别：通过源谱线数据库，对岩石元素特征谱线进行检测，从而完成对选定化学元素的识别；②岩石矿物类型检测：通过对比采集到的抽样数据和之前测量的岩石组分数据，完成岩石矿物类型的检测；③岩石物理特性分析：直接处理光谱数据，分析岩石物理特性如熔点、沸点和导热系数等，选择最优的钻井模式。图 4-31 为利用光谱层次分析进行钻井控制的示意图。

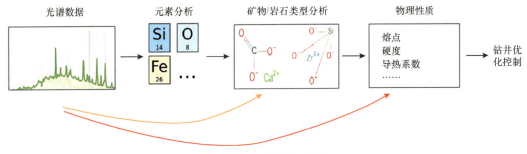

图 4-31　光谱层次分析

电弧等离子技术已经在多种类型岩石上进行过测试，包括石灰岩、砂岩、盐岩、花岗岩和石英岩等。由于石灰岩和砂岩内部应力较低，电弧等离子技术对这类岩石的破碎效果不太理想。根据化学方程式（4-1）

$$CaCO_3 \xrightarrow{t>880℃} CaO + CO_2 \tag{4-1}$$

当温度高于 880℃，石灰岩分解产生粉末状的氧化钙，并伴随有二氧化碳产生，进一步降低了岩石内部应力，抑制岩石的破碎。对盐岩而言，氯化钠沸点较低（1413℃），在钻进盐岩地层时，可以通过蒸发的方式提高钻井机械钻速。对石英岩而言，石英的变质作用使其内部应力较高，岩石分裂是等离子技术对石英岩破碎的最有效方式。在拉伸脉冲向岩石基质传播过程中，所产生的应力脉冲持续时间为 3 ～ 8ns，使岩石薄片逐渐剥落本体。

斯洛伐克的 GA 钻井（GA Drilling）公司已经制造出孔眼直径约 10cm 的电弧等离子钻机样机，并已经在采石场完成了相关测试。

2. 提高井壁稳定性

电弧等离子钻井过程中，井壁岩石在高温作用下熔化成玻璃状，形成一层陶瓷层，可以充当临时套管，使井眼在一定时间内保持稳定。为了长期维持井眼稳定，可以考虑利用添加剂分层技术在井下形成类似套管的屏障。添加剂分层技术是使金属粉末沉积在井壁上，从而提高井眼的稳定性。这种技术能够在钻进不稳定地层时用于临时保持井眼稳定，甚至能通过生成与套管性质相似的结构来完全取代套管，图 4-32 为利用添加剂分层技术在柱状花岗岩外围形成的金属结构样本。目前该技术还处于室内研究阶段。

图 4-32　采用添加剂分层技术在花岗岩外围形成的金属结构样本

（二）储层改造

电弧等离子技术利用兆瓦级的瞬时高能等离子波峰，可以产生区域性电脉冲。在特定作业区域中，可以用两个高能等离子脉冲发生器，也可以用一个特定等离子脉冲发生器，选择原则取决于脉冲电流发生器传递强脉冲电流的能力。脉冲向已点燃的电弧方向传播，从而使电弧膨胀，产生类似于活塞的压力波[79,80]。该方法能用于页岩油气、致密油气和煤层气等非常规油气开采，提高油气采收率，其具有装置简单、施工方便、储层改造范围大、不需要消耗大量水和化学试剂等特点，对水力压裂技术是一种理想的替代或补充。

俄罗斯 NOVAS 公司研发的等离子脉冲增产技术根据不同地质条件下岩石所特有的固有频率，采用等离子源激发高压冲击波，产生周期性的作用力在地层流体中传播，与岩石的固有频率产生沿水平方面的谐振，使储层岩石产生裂缝，从而实现增产改造。等离子发生器产生的冲击波是一个包含许多频率的宽带脉冲波，其能量密度很高，高频部分形成陡峭的波阵面，陡峭的波阵面与近井地带的储层相互作用后，衰减为"二次脉冲"低频声波，低频声波在传播相当长的距离后仍然具有较高的功率，因而可以对远距离的储层产生作用。等离子体脉冲放电产生的冲击波压力最高可达到 1000MPa，冲击波在储层岩石和流体上产生高达 3000 倍的重力加速度。在冲击声波的作用下，岩石及液体介质的质点作激烈振动，在高加速冲击条件下，材料的断裂强度和疲劳强度都远小于静态条件，当冲击力超过岩石的疲劳强度时，就会造成新的微裂缝或宏观裂缝。不同于常规的水力压裂在岩石中造成有限的宏观裂缝并通过支撑剂来保持裂缝，等离子脉冲增产技术通过冲击声波在岩石中产生大量的微观缝隙，如图 4-33 所示。这些微观缝隙可以有效地沟通不连续的储层，降低油气流通阻力，提高渗流能力，而且这些微缝隙会一直存在，因而可以达到长期增产的目的。该技术已经在美国、俄罗斯、中东、中亚等地区被用于油气增产，取得了良好的效果，目前正在进行煤层气压裂增产作业的现场试验[71]。

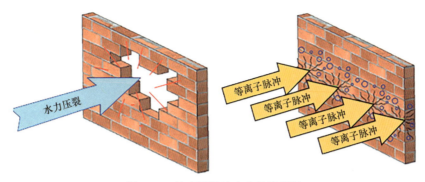

图 4-33　等离子脉冲产生的微裂隙

（三）套管磨铣

当油气井对环境构成威胁或没有油气生产能力时，需要对油气井进行弃井作业。全球范围内的油气井弃井作业越来越多，主要分布在美国墨西哥湾、北海和亚太地区。2013 年，全球海上油气井弃井作业市场总额达 39.5 亿美元，2018 年增加到 61.3 亿美元，而到 2023 年底，油气井退役作业市场总额将达到 72.2 亿美元。在未来十五年，全球大约有三万口油气井将面临封堵并弃井。

目前的油气井堵井技术主要采用钻头对套管进行磨铣，并对磨铣井段进行扩眼，再注入水泥浆进行固井封堵。套管磨铣技术作业效率较低，作业成本较高。同时磨铣会产生碎屑，固井前需要将碎屑清除出井眼，而清除碎屑可能会损坏防喷器。传统高温等离子技术由于产生的等离子体与金属表面接触面积较小，在简单金属部件中能取得较好效果，但在井下套管磨铣方面存在较多限制。

电弧等离子技术采用高温大截面等离子喷枪与旋转电弧相结合，是一种高效的套管磨铣工具设计思路。其采用等离子化学和热力学的联合作用，通过氧化、熔化和蒸发等方式，能在水蒸气环境中迅速熔化和磨铣套管[81,82]。当温度达到 3227℃后，在钢融化和蒸发过程中还存在氧化作用，而钢的氧化作用是一个放热过程，能为磨铣过程提供额外的能量。热物理和热化学两个过程决定了钢的磨铣效果，而两者各自所占比重随着温度变化而改变。电弧等离子磨铣技术具有以下特点[83,84]：①随着等离子-钢接触面的等离子温度、单位面积功率密度和等离子焓上升，钢氧化率和蒸发率都增大；②相对其他气体环境而言，钢的氧化和蒸发作用在水蒸气和空气-蒸气混合气中效果最好；③在 3057～3387℃较窄温度窗口内，钢氧化过程释放出的焓以三倍速率增长，为磨铣过程提供了三倍以上的额外能量；④当钢表面温度达到 3387℃以上，钢完全熔解和蒸发，等离子体在钢表面形成活性离子，并对钢产生腐蚀，进而提高钢的熔化效率；⑤在钢熔化和蒸发过程中，氧化作用始终存在。

Kocis 等在室内开展了大量电弧等离子套管磨铣试验，用 10mm 厚的水泥环对套管（内径、外径分别为 98mm、108mm）进行包裹，并对整个结构进行固定。该试验在空气环境中进行，实验时间为 180s，使用的等离子发生器净功率为 60kW，钢铁磨铣速度达到了 70～80kg/h，试验中磨铣管段所需平均热能密度为 2.7MJ/kg。图 4-34 所示为套管磨铣试验随时间的变化情况。试验时长 3min，而当实验进行到 75s 时可以观察到其中一边套管磨铣完成。套管氧化反应过程释放出大量能量，在封闭容器条件下，磨铣套管总能耗要比理论融化套管能耗值小 30% ～ 40%。套管磨铣速度取决于输入到钢铁磨铣过程的总能量和作业环境的综合作用效果。理论上，通过增大能量输入，钢铁磨铣速度线性上升至其饱和点。

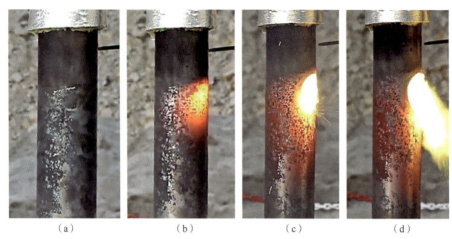

（a）　　　　　　（b）　　　　　　（c）　　　　　　（d）

图 4-34　实验管段磨铣效果随时间变化情况

（a）t=0s；（b）t=30s；（c）t=60s；（d）t=75s

三、应用关键与发展展望

（一）应用关键

1. 长寿命高可靠性电极

高压脉冲放电会引起管壁和电极材料的局部微爆炸，使电极表面氧化形成氧化膜，以及在氢粒子的强催化作用下，导致电极快速烧损，放电变得不够稳定，甚至放电不能发生。因此，需要研发提高电极寿命和可靠性的解决方法。通过研究发现，在水蒸气工作介质中，加入乙醇或丙醇后电弧空间氧化性减弱，同时电极表面生成具有良好电传导性、热传导性、难熔、抗氧化性和耐腐蚀性的碳化铬，能有效减少电极烧损，成倍提高电极使用寿命。

2. 低波阻抗脉冲传输电缆

电弧等离子脉冲技术的设备主要包括高压直流电源、储能电容、开关、钻头电极和其他辅助装置。高压直流电源、储能电容和开关均放置在地面，而电极装置安装在井下，地面设备和井下设备通过脉冲传输线连接。高压直流电源给储能电容充电，当储能电容充电达到设定值后，触发开关，产生高压短脉冲输出至负载的钻头电极，开始放电。由于电击穿后等离子通道的特性阻抗为欧姆甚至毫欧姆量级，目前使用的脉冲传输线的波阻抗一般在几十欧姆甚至更高，降低了脉冲传输效率。因此，需要研发低波阻抗的脉冲传输电缆。

3. 高储能密度电容

如果将高压直流电源放置在地面，储能电容、开关和电极安装在井下，高压直流电源通过直流传输线给井下储能电容充电，储能电容达到设定值后触发开关，形成短脉冲直接加载到电极上。这种方式能够避免低波阻抗脉冲传输线的要求，提高了能量利用效率和作业施工深度，简化了钻机结构。但受限于井下空间，储能电容需要具有较高的储能密度，以减少电容体积[85]。因此，需要研发高储能密度的电容。

4. 脉冲放电参数优化

从高压脉冲破岩理论和实验研究发现，驱动电路电压 35kV，单个脉冲能量 122.5J，每秒 10 脉冲的频率下的钻速为 5cm/min，但是有一次在每秒 5 脉冲的频率下实现了 6.5 ～ 7.5cm/min 的钻速。此外，脉冲重复频率对装置的能量效率有直接影响，脉冲重复频率减少会降低单位能耗。当单个脉冲能量 207.5J、电压 38.5kV、发生器输出电容 280nF 时，每秒 5 脉冲可较每秒 10 脉冲实现单位能耗降低 20%。单个脉冲能量的增加会提高电弧等离子的能效。在砂岩岩样中，使用 35kV 的驱动电压，每个脉冲的能量为 61J，最终在每秒 10 脉冲的频率下实现钻井单位能耗 803J/cm³，在每秒 5 脉冲的频率，每个脉冲的能量 122.5J 的情况下实现钻井单位能耗 474J/cm³。因此为了将电弧等离子技术的效率最大化，需要优化脉冲放电的参数，特别是施加的电压、脉冲重复频率和单个脉冲的能量。

（二）发展展望

（1）电弧等离子钻井技术采用非接触式热力破岩，机械钻速受岩石热力学性质如熔点、沸点和导热系数等影响，而传统旋转钻井技术机械钻速与岩石机械性质如硬度、强度等有关。电弧等离子钻井技术针对玄武岩、花岗岩等硬地层具有较好效果，而对砂岩和碳酸盐岩等地层效果一般，非常适用于干热岩钻井，同时，钻井过程中能实时进行在线光谱分析，实时调整钻井参数。

（2）电弧等离子钻井过程中，井壁岩石在高温作用下形成一层陶瓷层，可以充当临时套管，在一定时间内提高井壁稳定性。为了保持井眼长期稳定，可以采用添加剂分层技术，使金属粉末在井壁沉积，形成类似套管的结构，可作为潜在的井筒强化技术。

（3）电弧等离子体脉冲放电功率可达兆瓦级，产生区域性电脉冲，形成冲击波压力，可以在岩石中产生大量的微缝隙，提高油气导流能力，具有施工方便、储层改造范围大、不需要消耗大量水和化学试剂等特点，适用于页岩油气、致密油气和煤层气等非常规油气的储层增产作业。

（4）电弧等离子技术采用非接触式方式对套管进行磨铣，对工具不会造成磨损。与常规套管磨铣技术相比，速度更快。同时，不会产生金属碎屑，减少了作业引起的卡堵、设备失效等，减少非生产时间，降低作业成本。该技术未来还可以用于磨铣井下卡堵工具和套管开窗侧钻，应用前景广阔。

（5）电弧等离子技术在石油工程中应用需要研发长寿命、高可靠性电极，低波阻抗脉冲传输电缆，高储能密度电容和优化脉冲放电参数等关键技术，提高能量利用效率，以及设备和工具的可靠性。

第七节 激 光 技 术

激光是一种电磁相干辐射光源，能够将电能、化学能及热能转化为光能。目前，在医疗、冶金和军事等各个领域，激光不仅被作为一种具有良好效果的工具，还被广泛应用于金属材料的精确切割、焊接，以及陶瓷和各种其他材料的加工。20世纪70年代以来，国内外一直在探索将激光技术用于破碎、熔化或汽化岩石等石油工程领域，进行了一系列实验研究，取得一些进展，但在矿场得到实际应用的技术有限。

一、激光技术及其在石油工程中应用的优势

（一）激光技术及其特点

目前，各行各业中使用的激光种类很多，适合钻完井破碎岩石的激光仍在试验过程中，其类型有以下几种。

（1）氟化氘/氟化氢激光（DF/HF）：激光波长范围是 $2.6 \sim 4.2\mu m$。美国空军的中红外高级化学激光（MIRACL）即属于这种类型的激光，是除苏联以外世界上第一种兆瓦级激光。

（2）自由电子激光（FEL）：自由电子激光可产生能级不连续的高能电子，因此其波长实际上任意可调，意味着可以使激光的反射、散射、吸收、黑体辐射以及等离子屏蔽等效应得到优化。

（3）化学氧-碘激光（COIL）：是美国空军1977年发明的空对空防御高能激光，波长 $1.315\mu m$，该激光作为一种能够跟踪并摧毁导弹的机载激光战术武器而名声大噪。化学氧-碘激光的输出功率高，所用化学材料便宜，可与光纤等结合使用，使它可能适合于诸如石油钻井之类的远距离高功率发射。

（4）二氧化碳激光（CO_2）：激光波长 $10.6\mu m$，可以连续波或脉冲的形式发射，其平均功率可达1MW。以脉冲形式发射时，脉冲周期为 $1 \sim 30ms$。二氧化碳激光的优点是耐久性和可靠性。缺点是波长较大，通过光纤传播时衰减大。

（5）一氧化碳激光（CO）：激光波长为 $5 \sim 6\mu m$，与二氧化碳激光一样，可以连续波或脉冲的形式发射，平均功率200kW，脉冲周期 $1 \sim 1000ms$。较小的波长有助于减小等离子屏蔽效应。

（6）钕钇铝石榴石激光（Nd：YAG）：激光波长 $1.06\mu m$，目前只有4kW的工业激光可供使用。

（7）氟化氪（激励态）激光（KrF）：激光波长 $0.248\mu m$。激励态指的是二价分子中的氪原子和氟原子以激励态结合，而不是基态，这使得该激光只能以脉冲方式工作。最大平均功率是10kW，脉冲周期0.1ms。

激光具有以下普通光所不可比拟的特性：①亮度极高，比普通光强 10^6 倍；②平行度好，发散角仅 $10^{-4} \sim 10^{-3}$ 弧度；③相干性极高，可用透镜把它们会聚到一点上，高度集中能量，再利用光纤传送；④单色性好，保证了光束能精确地聚焦到焦点上，得到很高的功率密度。

（二）激光在石油工程中应用的优势

激光破岩是利用激光技术产生高能激光直接作用在岩石，降低岩石强度，热破碎岩石，熔化和气化岩石，如图 4-35 所示。其中，热破碎岩石是能量效率最高的一种破岩方法。激光热破碎岩石是当高强度激光能量集中在某种热传导性能很低的岩石上时，岩石的局部温度瞬间升高，从而产生能够破碎岩石的局部热应力，热应力再将岩石破碎成小块的破岩过程。激光辐射能够显著降低岩石机械强度的原因是热流增大了岩石的微裂纹结构，从而使岩石内部产生拉应力。实验中，千瓦级二氧化碳激光成功地降低了岩石强度，然后借助机械作用，大块岩石能够被很容易地破碎[86-90]。

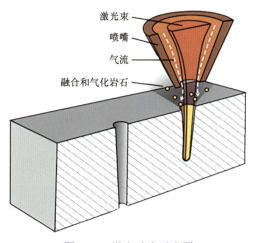

图 4-35 激光破岩示意图

如果能将激光技术成功应用到钻完井领域，相对于传统钻完井，将有如下优势：①简化地面装备。激光钻完井装备特殊，占地小，井场作业面小，方便移动。钻井过程中不需要大量钻井液、传统钻头、套管等常规钻完井必须的装备及材料，成本大幅度降低。②破岩效率高，显著提高钻完井速度。美国 Phillips 公司激光破岩试验表明，常规钻井需要钻井 10 天的进尺，利用激光破岩仅 10h 就可完成。③减少井下作业事故。激光与周围岩石相互作用，可以产生热量，在井壁形成陶瓷状固体，有效地防止地层流体流入井内以及井内流体渗入地层，能降低井喷、井漏和井塌事故发生的风险。④方便轨迹控制。由于激光是直线传播的，井下控制效果好，导向性强，提高了井控、射孔、侧钻、水平钻井能力。⑤提高储层孔隙度和渗透率。激光照射岩石时产生高温使黏土脱水和产生微裂缝，提高储层孔隙度和有效渗透率。⑥保护环境。激光钻完井不需要钻井液完井液，作业过程中的废水及废弃物较少，有利于环保。

二、激光技术与石油工程融合应用

国外石油公司、油田服务公司和高校等机构开展了多项激光破岩前瞻研究。2000年，美国能源部联合美国天然气工艺研究院、哈里伯顿公司等科研机构研究在现场条件下脉冲激光与岩石之间的相互作用，探索在非空气环境下论证脉冲激光参数的有效性，并开发模拟井眼封闭环境压力和孔隙压力的试验装置，满足用清水或多种普通钻井液进行激光束破岩实验的要求。2003年，美国Phillips公司使用氧碘化学激光器进行了激光破岩现场试验，利用光纤输送能量，在岩石上钻出25.4mm的孔，其钻进速度是传统钻井的20多倍。2009年，沙特阿美与哈里伯顿公司合作开发了一种新型激光射孔技术，并进行了现场试验，与常规射孔技术相比，该方法对地层的损害更小，激光射孔产生的热应力能够使围岩产生裂缝，从而增加井筒周围的渗透率，使油气进入井筒更容易。2017年，德国的国际地热中心（GZB）开展了激光喷射复合钻井技术研究，搭建了试验装备，探索了激光和机械岩石破碎工艺的相互耦合机理，测试表明，激光喷射复合钻井系统能够显著提高破岩效率，具有较好应用前景[91-96]。

国内中国石油大学（华东）和长江大学做了大量研究，但主要集中在激光破岩建模、温度场及传热学特性分析，偏重理论。2016年，中石化胜利石油工程有限公司与国内激光技术研发单位联合开展了激光破岩试验研究，搭建了激光试验系统，开展了硅质砂岩岩样激光直线扫描及定点打孔试验，分析得出激光破岩效果与激光光束参数、扫描速度、光斑尺寸及岩屑清理等因素相关。根据激光扫描和打孔试验结果，有针对性地提出了气体钻井激光辅助破岩和激光射孔两方面的应用方案。

（一）钻井工程

当钻井深度超过5000m时，其较高的钻井成本主要与硬岩（抗压强度超过200MPa）中的较低钻进速度有关。目前采用的钻井工具（如破岩钻头、井下动力钻具等）寿命较短，钻井作业面临耗时且昂贵的起钻/下钻作业问题。一般来说，预计的建井成本会随深度的增加成指数增加。德国海瑞克（Herrenknecht）钻机设备有限公司、阿帕奇（IPG）激光有限公司、KAMAT泵设备有限公司、弗劳恩霍夫（Fraunhofer）生产技术研究所（IPT）等机构与位于德国波鸿的国际地热中心合作，开发激光喷射复合钻井技术，目标是通过显著降低钻井的时间和成本以确保德国的深部资源得以经济开发利用。

激光喷射复合钻井技术是利用激光和高压水力喷射结合来提高钻进速度和钻井工具寿命，如图4-36所示。高达30kW的高功率工业激光源将能量传递到钻头端面，将激光束照射到岩石面会产生热应力，改善岩石粉碎过程，并利用高压水力喷射来保护激光光学装置。结合机械载荷和热载荷，机械钻头能够更容易地破碎及移除岩石。随着钻柱上钻压和扭矩的降低，产生更高的钻进速度和更低的工具磨损。

在概念开发和设计之后，国际地热中心于2017年建立了等比例的实验钻机。装备包括新设计的含有由IPT开发的含激光头的6in钻头。通过新的"多管中管"钻柱实现所需液体的供应。对于初始钻井测试，目标是2m的净钻井深度。这一阶段的目标是研究新技术的相互作用机理，特别是激光和机械破碎岩石工艺的相互耦合。其次，将利用国际地热中心的高温高压（HPHT）模拟器研究原位储层条件对钻井工艺和技术的影响[97]。

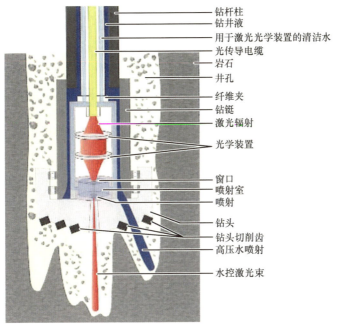

钻杆柱
钻井液
用于激光光学装置的清洁水
光传导电缆
岩石
井孔
纤维夹
钻铤
激光辐射
光学装置
窗口
喷射室
喷射
钻头
钻头切削齿
高压水喷射
水控激光束

图 4-36　激光喷射的示意图

在 2017 年的初始测试之后，获得了有关激光喷射钻井技术有效性的准确数据。理论评估表明，利用激光喷射复合钻井技术可将硬岩的钻进速度增加至 10m/h。与低于 1.5m/h 的最先进机械破岩钻井工艺相比，到达目标深度的净钻井时间减少了 85%。因为破碎岩石所需要的钻压更低，所以工具的寿命显著增加，反过来需要更少的起钻/下钻次数，从而减少总体钻井时间，缩短非生产时间，以及降低工具维护的要求。即使与常规钻井技术相比，额外的激光部件需要支出更多的资金，但是通过节省成本，预计激光喷射复合钻井系统的总作业成本更低。与最先进的钻井过程相比，预计节约成本 10% ~ 20%。该技术仍处在试验验证阶段。

（二）完井工程

目前，激光钻井还不成熟，美国现阶段主要研究现场条件下脉冲激光与岩石之间的相互作用，定量分析激光破岩技术，而激光完井已经进入现场试验阶段。沙特阿美高新技术研究中心（EXPEC ARC）的高强度激光实验室（High-Power Laser Lab）最近研发了一种集射孔、无水压裂启动和远程控制等模块于一体的激光射孔压裂技术体系，如图 4-37 所示[98]。

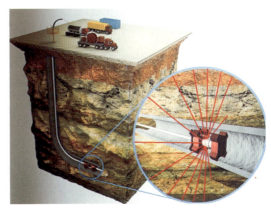

图 4-37　激光射孔压裂技术

1. 技术基本原理

激光射孔技术利用光学效应发射极细、密度极高的高斯光束，有控制地、精准地、高效地在坚硬致密储层上射孔和造缝。一般地，激光源由连续油管送入井下，并通过光学组件转化为可用光束。相较于传统射孔方式，激光射孔技术能增加岩石的孔隙度和渗透率，进而提高油气井的产量。初步测试表明，在激光的作用下岩石发生体积膨胀产生的相转换、高的温度梯度导致黏土脱水和微裂缝的产生，与未受到激光作用的岩石相比，激光器射孔能提高岩石渗透率高达 56%。另外，多光束输出的设计可以在同一套管界面上造成多个射孔，裂缝的形成及延伸不受地层原地应力的影响，有利于形成裂缝网络。激光器能控制孔眼的形状、直径、深度及方位。在室内实验室，采用激光技术在砂岩内射开的孔眼直径可达 2.5cm，长度可达 30.48cm，如图 4-38 所示。

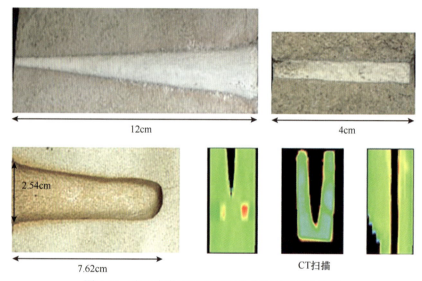

图 4-38 岩石在激光的作用下形成的不同形态孔眼

2. 组件功能和工艺流程

（1）光学组件：主要产生大功率光束。在光学组件中，输入的高斯光束（直径为 30mm，波长 1064nm，功率为 10kW）经过光学组件的凸透镜后聚焦在某一点产生聚合，在调整好焦距后输出大功率光束。

（2）旋转组件：主要负责光束定型。当光束从光学组件中输出后，经过负责光束最终形态（尺寸和形状）的旋转组件，这个组件可以控制和调整光束作用到岩层的精确位置。

（3）射孔、扶正和清洗组件：主要负责定位、冷却、润滑和清理等。在射孔和扶正组件中，固定形态的光束可以被转向和分裂成多股光束。另外，清洗组件的功能包括润滑冷却、激光通道清理等。

3. 实验室测试效果

沙特阿美研究人员进行了多种岩石类型的激光射孔测试，测试结果表明，在测试的 8 大类、16 个样本中，页岩储层样本普遍对激光的反射率很低，这意味着这类岩石可以吸收更多的电磁辐射从而获得更好的射孔效果。另外，发现有两种不同的电磁辐射吸收方法，分别为线性吸收和非线性吸收。这种不同吸收方式主要由储层的非均质性、有机质含量（TOC）、晶体结构、形态和成分等因素决定。

　　高强度激光射孔技术是一项前沿技术，它可以有效地改造致密储层和页岩储层的孔隙度（测试中最高增效 171%）和渗透率（测试中最高增效 700%），如表 4-6 所示，从而极大地增加油气田产量。目前，这项技术在实验室阶段已经获得了可喜成果，未来将会在现场试验应用。

表 4-6　激光技术改造后的渗透率和孔隙度增加效果

岩样	渗透率增加/%	孔隙度增加/%
berea yellow	2	57
berea gray	22	50
tight sandstone	171	150
limestone	33	15
shale 1	28	700
shale 2	11	250

三、应用关键与发展展望

（一）应用关键

　　激光技术应用于钻井辅助破岩及射孔虽具有较高的可行性，但仍有诸多关键技术需要攻克[99]。

1. 激光光源的优选

　　激光钻完井要求激光光源具有足够高的平均功率以使钻完井作业具有较快的速度。激光用于井下时要求激光光源具有较高的光束质量，以支持千米量级的井下传输。激光器主要有气体激光器、固体激光器和光纤激光器等。气体激光器是以气体为工作介质，包括气动类型的二氧化碳激光器和化学反应类型的氟化氢、氟化氘和氧碘激光器等，其输出功率高、光束质量好，但体积规模庞大，机动性差；原材料较难制备，且往往具有较强的毒性或者腐蚀性；气体激光器的输出波长较长，大部分在中红外甚至远红外，无法在石英基的传能光纤中远距离传输，因此不适合在井下应用。固体激光器是将激活离子掺杂到块状固体基质材料中的激光器，一般采用闪光灯或者激光二极管作为泵浦源。目前固体激光的输出功率尚有所欠缺，离真正的工业级产品尚有较大的距离，真正实用的固体激光器的输出功率在万瓦量级。固体激光器大多采用分立的光学元件，而且在传输时也需要通过空间元器件将激光能量耦合进入传能光纤，同时在复杂的作业环境中激光器的稳定性难以保证，因此，固体激光器也不适合在井下应用。光纤激光器是采用柔软细长的掺杂光纤作为工作介质的一种激光器，具有转换效率高、可靠性高、机动性好、与传能光纤的兼容性好、适合远距离传输等特点，是石油工程井下应用较理想的激光器。但目前国内光纤激光器功率偏小（5kW 以下），与国外相比尚有较大差距，国外光纤激光器输出功率达到 20kW 以上。因此，研制大功率（20kW 以上）高质量的光纤激光器是未来的重点。

2. 高能激光光束传输

高功率激光器由于尺寸太大，必须安装在地面，需要高效的方法输送激光。目前只有钕-钇铝石榴石激光器发出的光束有通过光纤电缆传输到井下几千米的能力，从地面经传能光纤传输到井下时，激光的能量不可避免地经受损耗。损耗太大，会导致系统的效率太低，甚至不能实现破岩功能。高能激光在传能光纤中传输时，主要经历吸收损耗、瑞利散射损耗及受激拉曼散射损耗。因此要解决传输损耗问题，一方面需要有针对性地研发低损耗的传能光纤，另一方面需要开展光纤中的非线性光学效应研究，有效控制诸如受激拉曼散射效应带来的能量耗散问题。另外一些激光器紧凑小巧可以入井工作，如直接二极管激光器，不需要长距离传输，但需要上千瓦电能的井下电机给激光管发射激光提供电力。

3. 激光辅助破岩及射孔方案设计与参数优化

激光辅助钻井首推气体激光，因为气体激光没有钻井液介质的阻挡和干扰，激光照射可直接作用于岩石表面，所需的激光功率小。此时只需要设计一种激光专用钻头即可，例如激光三牙轮钻头，光束经光纤传输至激光头，激光头作为一个整体镶嵌在当前通用的常规钻头中。激光射孔与激光辅助破岩相比，井下环境要好得多，主要是井筒内介质处于相对静止状态，这更有利于激光工作。需要解决的问题是射孔激光头的设计及保护，激光射孔形成岩屑的清理等。

（二）发展展望

激光钻井技术经过 40 多年的研究，在破岩机理、清岩机理、激光传输、激光钻完井装备等方面已经取得许多研究成果，但激光钻完井仍处于可行性试验阶段，距投入商业化应用还有一系列难题亟待解决，如激光钻机、完善的井控系统、有效的清岩方法、激光参数优选、激光钻完井经济性评价等，这些问题制约着激光钻井商业化应用。未来，将激光技术与旋转钻井技术相结合，发展激光辅助破岩技术将是激光钻井技术的发展方向。其利用激光预先辐照岩石形成表面沟槽，削弱岩石基体强度，提高岩石可钻性，为后续的机械旋转钻进提供有利条件，从而大幅度提高钻井速度。而激光辅助钻井技术由于激光输出能量较小，激光与钻井液等地层流体作用将损失较多能量，因此应用在气体钻井领域中优势更加明显。同时，由于激光的特性，激光射孔与常规射孔弹射孔相比，具有穿透深、定向性好及对油层无污染等优势，应用前景较好。激光射孔与激光辅助钻井相比，井下环境及工况要好得多，可行性更高。

第八节　微波技术

微波是电子在高频共振时产生的一种能量形式，它通过与介质或材料相互作用后以热的形式表现出来，由于具有加热不需介质传热、升温速度快、穿透性强、过程易于控制等特点，已广泛应用于食品、通信、军事等领域。目前，国内外开始尝试将微波技术应用于石油工程中，以利用微波独有的特性提高钻井作业效率、提高油气开发效果，并取得了一些进展。

一、微波技术及其在石油工程中应用的优势

（一）微波技术及其特点

微波是波长从 1mm 到 1m 范围内的电磁波，是分米波、厘米波和毫米波的统称。微波频率非常高（300MHz～300GHz），具有易于集聚成束、高度定向性及直线传播的特性，波段位于电磁波谱的红外辐射和无线电波之间，通常也被称为"超高频电磁波"。微波作为一种电磁波也具有波粒二象性，基本性质通常呈现为穿透、反射、吸收三个特性。对于玻璃、塑料和瓷器，微波几乎是穿越而不被吸收。对于水和食物等，就会吸收微波而使自身发热。而对金属类东西，则会反射微波。由于微波的特性，其在空气中传播损耗很大，传输距离短，但机动性好，工作频宽大，除了应用于 5G 移动通信的毫米波技术之外，微波传输多在金属波导和介质波导中。从电子学和物理学观点来看，微波这段电磁频谱具有不同于其他波段的如下重要特点：

（1）穿透性。微波比其他用于辐射加热的电磁波，如红外线、远红外线等波长更长，因此具有更好的穿透性。微波透入介质时，由于微波能与介质发生一定的相互作用，使介质的分子产生高频振动，介质的分子间互相产生摩擦，引起介质温度升高，使介质材料内部、外部几乎同时加热升温，形成体热源状态，大大缩短了常规加热中的热传导时间。

（2）选择性加热。物质吸收微波的能力，主要由其介质损耗因数来决定。介质损耗因数大的物质对微波的吸收能力就强，相反，介质损耗因数小的物质吸收微波的能力弱。由于各物质的损耗因数存在差异，微波加热就表现出选择性加热的特点。物质不同，产生的热效果也不同。水分子属极性分子，介电常数较大，其介质损耗因数也很大，对微波具有强吸收能力。而碳水化合物等的介电常数相对较小，其对微波的吸收能力比水小得多。

（3）热惯性小。微波对介质材料是瞬时加热升温，升温速度快。另一方面，微波的输出功率随时可调，介质温升可无惰性地随之改变，不存在"余热"现象，极有利于自动控制和连续化生产。

（4）似光性。微波波长很短，使得微波的特点与几何光学相似，即所谓的似光性。因此使用微波工作，能使电路元件尺寸减小，使系统更加紧凑，可以制成体积小、波束窄方向性很强、增益很高的天线系统，接受来自地面或空间各种物体反射回来的微弱信号，从而确定物体方位和距离，分析目标特征。

（5）非电离性。微波的量子能量还不够大，不足以改变物质分子的内部结构或破坏分子之间的键。分子原子核在外加电磁场的周期力作用下所呈现的许多共振现象都发生在微波范围，因而微波为探索物质的内部结构和基本特性提供了有效的研究手段。

（6）信息性。由于微波频率很高，所以在不大的相对带宽下，其可用的频带很宽，可达数百甚至上千兆赫兹。这是低频无线电波无法比拟的。这意味着微波的信息容量大，所以现代多路通信系统，包括卫星通信系统，几乎无例外都是工作在微波波段。另外，微波信号还可以提供相位信息、极化信息、多普勒频率信息。这在目标检测、遥感目标特征分析等应用中十分重要。

（二）微波技术在石油工程中应用的优势

微波在石油工程中的应用优势：①破岩效率高。针对坚硬岩石，微波辅助破岩极大地提高了钻速，经微波作用后的花岗岩温度达到 1093℃，钻进速度是岩体温度为 25℃ 时的 3 倍以上。同时，相比于常规机械破岩，微波破岩钻头磨损小，钻头保护较好，节省了钻头成本和更换钻头时间。②增产效果好。利用微波可以把油井产量提高 1～4 倍。由于微波增产主要是对油层加热，且具有加热过程连续、不受埋藏深度限制、不受地层渗透率影响、过程容易控制、对环境不会造成污染等优点。③能量利用率高。微波加热不同于传统的加热方式，是一种体加热，不但不需要传热介质，而且也不需要热传递、对流和辐射的过程，加热速度快，能量转化率高。

二、微波技术与石油工程融合应用

（一）微波技术辅助钻井破岩

岩石由许多一端带正电、另一端带负电的偶极子组成，并做杂乱无章的运动，且排列无序。在电场中加压后，内部的偶极子将重新排列，变成有一定方向的规则排列，并在其表面感应出相反的电荷，这一过程称为极化。外加电场越强，极化作用也越强。当外加电场改变方向时，偶极子也随之以相反的方向形成有序排列。若外加的是交变电场和磁场，偶极子将被反复交变磁化，交变电场的频率越高，偶极子反复转向的极化也就越快，分子间内摩擦使温度升高，从而产生内应力，岩体在内部分解、膨胀作用下破坏，出现微裂缝，易于切削破碎。岩样在微波作用下出现裂缝甚至融化，如图 4-39 所示。微波钻井就是在钻头上集成微波发生器，先通过微波照射使岩石变软和产生裂缝，接着通过钻头的切削齿和刀翼破碎岩石[100-102]。

图 4-39　微波作用下岩石熔化情况

微波发生器是微波钻井的核心器件，包括磁控管（magnetron）、矩形波导（rectangle waveguide）、同轴波导（coaxial waveguide），匹配的可调节反射镜（matching moveable shorts）和针状电极（needle electrode）。磁控管产生微波辐射，进入矩形波导，通过其内部的匹配反射镜调节矩形波导尺寸，以保证微波沿针状电极方向最大化集中，微波辐射通过同轴波导管传导到针状电极尖端聚集，从而集中作用在岩石的某个区域产生高温，使岩石变软和产生裂缝。

国外针对微波钻井正在进行理论分析和室内试验，但还未见实际产品。麻省理工学院是世界上首个开展微波钻井研究的机构，目前已经研制出频率为28GHz、功率为10kW的微波发生装置，并进行了室内破岩实验来研究全微波钻井在干热岩钻井中应用的可行性（US8393410B2）；加拿大麦吉尔大学建立了微波辅助破岩系统并设计出带微波天线的PDC钻头（US8550182B）；斯伦贝谢公司提出利用微波辐射钻井液中的特定化学试剂增强井壁稳定性（US8122950B2）[103-110]。

国外公司建立了微波照射岩石仿真模型，进行了大量的仿真分析。仿真了微波在完全屏蔽反射的中空箱体内的传播方式和能量分布，仿真模拟了岩石放入箱体后微波传播方式和能量分布，建立了室内微波照射岩石试验，通过改变微波试验参数，观察岩石样块的破裂情况，如图4-40所示。

(a)   (b)

图4-40　微波照射岩石破裂情况

(a) 5kW照射30s后；(b) 5kW照射120s后

针对同一岩石样品，通过改变微波照射功率和照射时间，得到其与岩石样品抗拉强度的关系，如图4-41所示。

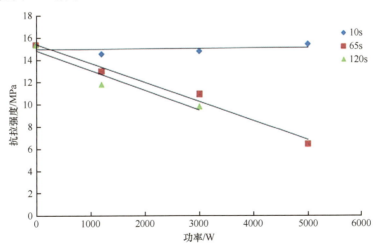

图4-41　微波照射参数与岩样抗拉强度试验结果

室内微波破岩试验装置如图4-42所示。分别对强度为40.9kpsi（282.0MPa）的花岗岩和强度为63.9kpsi（440.6MPa）的玄武岩进行试验。试验使用50mm直径的硬质合金钻头，钻进参数保持 401kg 恒定的给进力、36r/min 转速和 1min 的钻进时间，测试中改变微波功率和辐射时间。试验结果如表 4-7 所示。

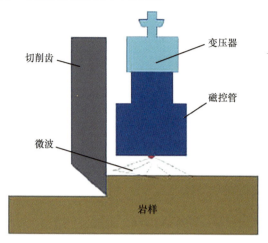

图 4-42　微波破岩室内试验示意图

表 4-7　微波破岩试验结果

岩石	微波参数			钻进结果	
	功率/kW	时间/min	岩石温度/℃	岩屑体积/m³	钻速/（m/min）
花岗岩	15.6	4.0	550	0.86	0.5
	15.6	3.25	560	0.85	0.5
	13.1	4.03	515	1.91	0.8
	13.1	2.5	520	1.06	0.58
	9.8	4.5	1170	1.88	0.80
	9.8	7.33	1150	2.93	0.98
玄武岩	9.6	7	1050	0.48	0.39
	9.6	13	1080	1.84	0.77

在试验钻进过程中测量钻头表面温度，所有试验中温度都保持 127℃ 以下，没有出现过钻头熔化和焊点破坏情况。在选择的坚硬岩石中，与不用微波处理相比，微波辅助钻进显示了优越的提高钻速能力，在 1093℃ 时的钻速超过了 25℃ 时钻速的 3 倍。此外，观测到的钻头磨损可忽略不计，一直保持良好状态。

国内中石油长城钻探工程有限公司进行了相关的研究，申请了一件实用新型专利"一种井下微波辅助破岩的钻具"[111]，如图 4-43 所示。在三牙轮钻头三个巴掌之间的间隙内设置微波天线，微波发生模块设置在短钻铤与钻井液通道之间的环形空间内，短钻铤的钻井液通道内置有波导，微波发生模块与微波天线通过波导连接，电动钻具由位于钻柱的钻井液通道内的供电电缆为其供电，电动钻具与微波发生模块通过接口模块连接。所述的微波发生模块的主要部件为 2.45GHz 磁控管。所述的供电电缆为二芯柔性橡胶电缆。所述的波导为金属导管，根据传输模式的不同，可以是矩形或圆形截面。所述的电动钻具是俄罗斯研制的用潜油电动机在井底驱动钻头旋转的钻井设备。

微波发生模块作为微波源，产生的微波能通过波导传递到微波天线。钻柱和短钻杆内皆带有钻井液通道，钻井液通过钻井液通道流向三牙轮钻头，形成一定的钻井液射流，与微波天线发射的微波能共同作用，辅助钻头破岩。

中石化胜利石油工程有限公司钻井工艺研究院申请了两件发明专利"微波辅助破岩气体钻井装备及气体钻井井壁冻结方法"和"微波辅助破岩钻头、导电钻杆以及微波辅助破岩装置"[112,113]，介绍了一种微波辅助破岩 PDC 钻头结构，如图 4-44 所示。钻头刀翼内部嵌入辅助破岩微波发生器，钻头镶体内部嵌入线缆（电缆），在接头处嵌入独立导电线圈，线缆连接在导电线圈和辅助破岩微波发生器之间。

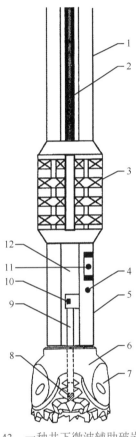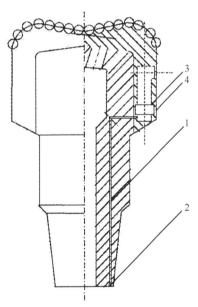

图 4-43 一种井下微波辅助破岩钻具

1-钻柱；2-供电电缆；3-电动钻具；4-微波发生模块；5-短钻铤；
6-三牙轮钻头；7-巴掌；8-微波天线；9-波导；10-波导接口；
11-接口模块；12-钻井液通道

图 4-44 微波辅助破岩 PDC 钻头

1-线缆；2-独立导电线圈；3-辅助破岩微波
发生器；4-钻头刀翼

（二）微波技术辅助油气增产

随着能源需求的不断增加，非常规油气的开发得到了高度重视，但页岩油气、油砂、稠油及致密油的开发始终存在单产低、采收率低及成本高的难题。大功率微波加热增产技术是一种全新、高效、快速、清洁的前沿技术，据估计，利用该技术开发非常规油气资源可以有效提高油气单井产量。

微波加热技术最早始于美国，20 世纪 70 年代后期美国伊利诺理工大学提出利用射频加热油页岩，该技术利用垂直组合电极缓慢加热大规模深层的页岩层，后来又有多家公司开展了大量有关页岩油气、稠油及油砂开发的机理、装备及工艺研究，并进行了相关试验，至今未实现工业化。沙特阿美通过微波加热井直接对稠油油藏加热，生产井中加入电潜泵系统，综合利用降黏、井底降压提高稠油采收率。康菲石油公司结合蒸气吞吐技术，通过加热稠油油藏中的水，来降低稠油黏度。Qmast 公司开发出大功率微波系统，样机功率达到 500kW，频率 2.45GHz，地层穿透深度可达 25m，可用于开发常规油气及油页岩、油砂等非常规资源，如图 4-45 所示。埃克森美孚公司设计出一种利用微波开采可燃冰的方法，通过可见光源发射的光反射到传感器，来控制微波天线的方向，保证微波辐射在可燃冰表面。近几十年来，我国在微波采油技术方面的研究虽有一些进展，但仍停留在机理研究和小功率装置的相关试验工作上，远未实现工业化目标。究其原因，主要受到现有条件、技术水平及装备制造技术的限制。

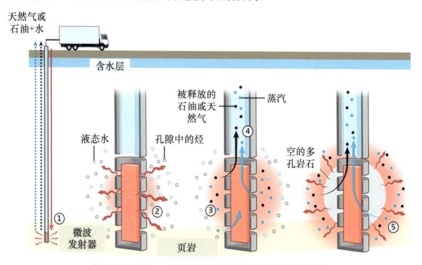

图 4-45　Qmast 公司大功率微波系统工作原理

在利用微波进行增产的过程中，微波对于地层和原油的作用机理主要包括加热作用、造缝作用和非热效应[114,115]。

1. 加热作用

微波加热频率一般在微波段 100MHz ～ 10GHz 最大，其强度取决于被作用物质的中子、原子、偶极子转向、界面极化等损耗因子值的总和大小。非电磁加热过程一般是从表面开始，通过传导、对流和辐射方式，把热从外部逐渐传至内部，这是一个相对漫长的过程。材料吸收微波能是内部、外部和表面同时进行的，可以称此为体加热。因此，加热速度快，向外辐射和传导损失的热量也小。微波加热与蒸汽加热相比还有一个很大的优点，就是它可以使地层内的流体达到很高的温度，这为地下石油的干馏汽化开采提供了关键性条件。

2. 造缝作用

油气储层是由不同的化学物质组成的，非均质性特征明显，化学成分复杂（由硅酸盐、氧化物、长石、泥质等矿物组成）。储层中含有许多孔隙空间，其中含有流体，主要是地层中的水和石油，而不同的化学成分对微波的吸收能力相差很远，如水对微波的吸收能力为石英砂的数十倍。因此，在微波作用下不同物质组分温度升高程度相差甚远，热膨胀系数大小相差很大，热膨胀和冷收缩不均匀，产生很大的热应力，导致岩石产生很多微裂缝。低渗透油田中次微裂缝的产生使地层的渗透率提高，从而实现低渗透油田的高渗开采。

3. 非热效应

微波加热地层后，由于温度升高，原油黏度显著下降，渗透阻力减小。同时，由于微波所使用的微波频率接近地层流体中极性分子的固有频率，极易引起强烈的共振，油中的长链分子化合物、支链分子的化合物、杂环化合物以及一些胶质体和松散结构的结合断裂裂解，使高黏重质油部分成为低黏轻质油，流动性提高，指进现象改进，采收率和油井产量进一步提高；同时，由于凝固点降低，也便于开采和输送。研究表明，原油中少量的胶质化合物影响其润湿性，经过微波后一些胶质化合物分裂，岩石润湿性改变，从而使采收率得到提高。

微波增产的一般步骤为[116]：先通过压裂井建立渗流通道，再通过生产井将微波发射器放置于储层中，加热升温，提高原油流动性。通过数值模拟技术发现，微波功率越大，分子之间的微波场相互作用更快，会加速热解，也会提高最终加热温度。微波加热方式也有利于促进储层内部孔隙与裂缝的发育。微波通过岩石矿物的非均质膨胀产生的内部热应力来破坏岩层，从而在岩石内产生多条裂缝，扩展基质中的孔隙。加热时间与输出功率对孔隙发育尤其重要，更大的功率与更长的加热时间可产生更多的裂缝，但高功率会促进二次反应堵塞毛孔。总体来说，微波加热下储层孔隙结构的演化是干酪根转化、蒸汽和挥发物的压力、微波诱导热应力、复杂反应以及不同加热参数等因素综合作用的结果。

页岩矿物及岩体的低介电常数会抑制微波吸收能力，降低加热效率，通过添加剂可以改善。氧化铁纳米颗粒可作为一种有效的微波吸收剂，提高储层微波加热效果，同时氧化铁纳米颗粒在岩芯中滞留不会堵塞孔隙。甲醇等有机萃取剂也可促进微波加热，提高微波加热效果。此外，含有氮化物及硫化物的油可能会造成潜在危害，利用微波加热与铁粉作催化剂可对含硫化物的油进行脱硫。研究人员对比了不同金属氧化物与金属盐的催化效果，发现 MgO 催化效果最佳，但总体上金属盐的催化效果优于金属氧化物。油气储层中物质的介电特性会随热解过程而改变，为了更好地提取油气，应进行混合加热，即先用微波加热快速升温，再利用常规技术保持恒温。

三、应用关键与发展展望

（一）应用关键

1. 微波破岩与增产关键参数优化设计

微波破岩与增产过程中，岩石岩性和储层流体对微波的吸收密度、微波照射功率和微波照射时间等参数，都对微波破岩和增产效率产生影响，因此需要进行相关的仿真分析和室内试验，确定出针对不同岩性的微波破岩和增产影响规律及最优参数方案，为微波破岩和增产系统设计提供理论依据。

2. 井下微波破岩与增产供电方式

微波破岩与增产需要大功率微波发生器长时间持续工作，所需的能量较大，井下电池已无法满足要求，需要探索通过井下发电或下入电缆供电的方式解决。

3. 井下用微波发生器的设计

井下用微波发生器需要根据安装尺寸和井下环境适应性设计，需要满足：①井下工具预留的微波器件安装空间小，需要对现有的微波发生装置进行小型化设计，以满足安装尺寸要求。②微波发生器是大功率器件，持续工作会产生大量的热量，再结合井下的高温工作环境，这就要求微波发生器本身耐高温设计，保证微波发生器在合理的温度范围内稳定工作。③微波发生器波导管暴露在井筒环境中，需要进行承压耐温设计，保证可靠工作。

（二）发展展望

微波作为一项钻井破岩和增产领域的变革性技术，可大幅提高机械钻速、节约成本、提高油气采收率，但目前还停留在理论验证和室内原理性试验阶段。未来实现工程化应用还需要解决地面大功率供电系统、井筒电能传输或波导传输、大功率磁控管、井下装备散热及完井工艺等一系列技术难题。但随着高新技术的发展和对微波技术研究的日益深入，微波作为一种清洁、高效技术，在石油工程中必将发挥重要的作用。

参 考 文 献

[1] Sampaio J H B, Placido J C R. Using radio frequency identification electronic chips to effectively control the elements of the drillstring // SPE Annual Technical Conference and Exhibition, New Orleans, 1998.

[2] Vincke O, Averbuch D, et al. A new drillstring fatigue supervision system // SPE/IADC Drilling Conference, Amsterdam, 2007.

[3] Whyte J A. Adding the human factor to rig anti-collision systems: A new technology explored // SPE Annual Technical Conference and Exhibition, Denver, 2003.

[4] Morris C. If tesco can do it, why can't We: The challenges and benefits of implementing RFID and mobile computing in upstream environments // Intelligent Energy Conference and Exhibition, Amsterdam, 2008.

[5] 周晓光, 王晓华. 射频识别 (RFID) 技术原理与应用实例. 北京: 人民邮电出版社, 2006.

[6] Mason J, Tough J, Day P, et al. Intervention-less completions for unconventional shale plays // SPE Middle East Unconventional Gas Conference and Exhibition, Abu Dhabi, 2012.

[7] Tough J, Mason J, Biedermann R. Radio frequency identification of remotely operated horizontal frac // North American Unconventional Gas Conference and Exhibition, The Woodlands, 2011.

[8] Wilson A. RFID technology for deepwater drilling and completions challenges. Journal of Petroleum Technology, 2017, 69(4): 62-64.

[9] 剪树旭, 文均红, 王向东, 等. 国产扩孔器研究应用现状及展望. 石油钻探技术, 2003, 31(6): 42, 43.

[10] 于小龙, 刘贵远, 左凯, 等. 新型随钻液压扩眼器的研制. 石油机械, 2010, 38(7): 14-16.

[11] Gonzalez L A, Valverde E, Laird T. RFID provides multiple on-demand activation/deactivation reliability to underreaming // SPE Annual Technical Conference and Exhibition, Denver, 2011.

[12] Valverde E, Goodwin A. Radio frequency identification (RFID)-enabled circulation sub precisely spots loss circulation material in critical interval // The Offshore Technology Conference, Houstonm, 2016.

[13] Burrafato S, Maliardi A, Poloni R. Innovative casing valve with RFID activation // The Offshore Mediterranean Conference and Exhibition, Ravenna, 2019.

[14] Shaw J. Benefits and application of a surface-controlled sliding sleeve for fracturing operations // SPE Annual Technical Conference and Exhibition, Denver, 2011.

[15] Garrison M, Cox M, Clarkson B. Reinventing deepwater exploratory testing // Offshore Technology Conference, Houston, 2011.

[16] Jones R. A systematic approach to the integration of upper and lower completion, a strategy for deep gas application // SPE Deep Gas Conference and Exhibition, Manama, 2010.

[17] Snider P M, Doig T. RFID actuation of self powered downhole tools // The SPE/ICoTA Coiled Tubing and Well Intervention Conference and Exhibition, The Woodlands, 2008.

[18] 刘进长, 刘振忠, 张建. MEMS 传感器技术发展现状与趋势. 科技中国, 2018, 6: 8-10.

[19] Morse J, Laskowski B, Wilson A R. MEMS based corrosion and stress sensors for non-destructive structural evaluation // SPE Annual Technical Conference and Exhibition, New Orleans, 2001.

[20] Miller K, Erdos D. The dawn of MEMS sensors for directional drilling. Journal of Petroleum Technology, 2018, 70(5): 18-19.

[21] Chao D, Zhuang Y, EI-Sheimy N. An innovation MEMS-based MWD method for directional drilling // SPE/CSUR Unconventional Resources Conference, Calgary, 2015.

[22] 朱祖扬, 张卫, 杨明清. 基于微芯片技术的全井筒压力温度采集器. 测井技术, 2015, 39(3): 339-342.

[23] Li B, Gooneratne C P, et al . Implementation of a drilling microchip for downhole data acquisition // The SPE/IATMI Asia Pacific Oil & Gas Conference and Exhibition, Jakarta, 2017.

[24] Clinton C G. Determining drilling fluid loss in a wellbore: US10539011 B2, 2020.

[25] Alshehri A, Martins C. FracBots: Overview and energy consumption analysis // SPE Middle East Oil and Gas Show and Conference, Manama, 2019.

[26] Chapman D, Ahmadian M, Tinker S. Nanotechnology solutions for the oil and gas industry. (2016-07-29) [2019-08-12]. https://jpt. spe. org/twa/nanotechnology-solutions-oil-and-gas-industry?_ga=2. 13596023. 1970723671. 1647911711-1566710560. 1639962997.

[27] Cookson C. Nanotech sensors to reveal reservoir. (2014-07-09) [2019-07-12]. https://www. beg. utexas. edu/files/aec/2040/0714%20AOG%20Reporter%20AEC. pdf.

[28] 黄玉峰, 马磊, 岳永军, 等. 浅谈智能机器人在石油勘探领域中的应用. 物探装备, 2018, 28(5): 300-303.

[29] Saadawi H. The growing role of unmanned vehicles in the oil industry // SPE Western Regional Meeting, California, 2019.

[30] Nabors. Electric drill floor robot. (2017-07-12) [2020-10-12]. https://nabors. com/equipment/automated-floor-systems/electric-drill-floor-robot.

[31] Liou J. Depalletizing robot automates mud-mixing process. Drillingcontractor, 2013, 69(5): 10-12.

[32] Ferrara P, Marchi E, Pasquini M. A new dual rov assisted well killing system for deep water blowout recovery: Development and testing // International Petroleum Technology Conference, Doha, 2014.

[33] Gray A. Enabling autonomous inspection technology solutions to transform IMR operations. (2018-08-12) [2022-03-12]. https://www. subseauk. com/documents/documents2018/i-tech%20-%20alan%20gray%20-%20subsea%20expo%202019. pdf.

[34] Peerless I, Serblowski A, Mulder B. A robot that removes operators from extreme environments // SPE Annual Technical Conference and Exhibition, Dubai, 2016.

[35] JPT staff. Sensabot: A safe and cost-effective inspection solution. Journal of Petroleum Technology, 2012, 64(10): 32-34.

[36] 卢秉恒, 李涤尘. 增材制造 (3D 打印) 技术发展. 机械制造与自动化, 2013, 42(4): 1-4.

[37] 韩彦龙. 增材制造技术进展与技术优势研究. 承德石油高等专科学校校报, 2020, 22(3): 49-52.

[38] 赵弘, 吴婷婷, 徐泉, 等. 3D 打印类岩石材料的实验优化研究. 石油科学通报, 2017, 2(3): 399-414.

[39] Ishutov S. 3D printing porous proxies as a new tool for laboratory and numerical analyses of sedimentary rocks. Iowa: Iowa State University, 2017.

[40] 邱茂鑫. 油气行业 3D 打印技术应用新进展. 北京: 中国石油经济技术研究院, 2016.

[41] 张辉. 增材制造技术在超高膨胀封隔器中的应用. 石油矿产机械, 2020, 49(4): 63-69.

[42] Deng G, Kendall A, Wakefield J. The ultra-expansion completion packer integrated with additive manufacturing technology // SPE Annual Technical Conference and Exhibition, Dallas, 2018.

[43] Mills A, Deng G, Wakefield J, et al. Extreme expansion open hole packer with HP/HT capabilities // SPE Annual Technical Conference and Exhibition, Dubai, 2016.

[44] Jacobs T. 3D printing in the oil field kicks into production mode. Journal of Petroleum Technology, 2016, 68(8): 30-35.

[45] Khan P, Wright B, Lammar El M A, et al. Unique HPHT multistage Frac completion suite incorporating additive manufacturing technology-technical overview // International Petroleum Technology Conference, Dhahran, 2020.

[46] Burns M, Wangenheim C. Metal 3D printing applications in the oil & gas industry // SPE Middle East Oil and Gas Show and Conference, Manama, 2019.

[47] 况洋, 吴昊庭, 张敬栋, 等. 分布式多参数光纤传感技术研究进展. 光电工程, 2018, 45(9): 1-15.

[48] Brown G. 利用光纤技术测量井下温度. 油田新技术, 2008, 20(4): 34-39.

[49] Brown G A. Using DTS flow measurements below electrical submersible pumps to optimize production from depleted reservoir by changing injection support around the well // SPE Annual Technical Conference and Exhibition, Florence, 2010.

[50] Soroush M. An industry overview of downhole monitoring using distributed temperature sensing: fundamentals and two decades deployment in oil and gas industries // SPE Western Regional Meeting, Virtual, 2021.

[51] Molenaar M M. First downhole application of distributed acoustic sensing(DAT) for hydraulic fracturing monitoring and diagnostics. SPE Drilling &Completion, 2011, 27(1): 32-38.

[52] Holley E H, Molenaar M, Banack B. Interpreting uncemented multistage hydraulic-fracturing completion effectiveness by use of fiber-optic DTS injection data. SPE Drilling & Completion, 2013, 28(3): 243-253.

[53] Pearce J G. High resolution, real-time casing strain imaging for reservoir and well integrity monitoring: demonstration of monitoring capability in a field installation // SPE Annual Technical Conference and Exhibition, Louisiana, 2009.

[54] Horst J. Fiber optic sensing for improved wellbore surveillance // International Petroleum Technology Conference, Beijing, 2013.

[55] Denney D. Distributed acoustic sensing for hydraulic- fracturing monitoring and diagnostics. Journal of Petroleum Technology, 2012, 64(3): 68-74.

[56] 朱桂清, 王晓娟. 光纤传感技术改善油气井监测. 测井技术, 2014, 38(3): 251-256.

[57] TNO. Optical fiber sensor system. (2018-03-10) [2022-03-01]. https://www. tno. nl/media/3004/optical_ fiber_sensor_system. pdf.

[58] 庄须叶, 黄涛, 邓勇刚, 等. 光纤传感技术在油田开发中的应用进展. 西南石油大学学报, 2012, 34(2): 161-171.

[59] Pan Y, Chen Z, Xiao L, et al. Application of fiber Bragg grating sensor networks in oil wells // Annual International Conference and Exhibition, Tinapa, 2010.

[60] Wu Y, Andrew Tucker, Peter Richter. Hydraulic frac-hit height and width direct measurement by engineered distributed acoustic sensor deployed in far-field wells // The SPE Annual Technical Conference and Exhibition, Virtual, 2020.

[61] Bostick F X, Purkis D, Feherty C, et al. Disposable intervention tool for production logging // SPE/ICoTA Well Intervention Conference and Exhibition, Texas, 2019.

[62] 万树德, 汪海. 电弧等离子体冶金技术的实际应用. 材料与冶金学报, 2013, 12(2): 81-88.

[63] 钟炜, 杨君友, 段兴凯, 等. 电弧等离子体法在纳米材料制备中的应用. 材料导报, 2007, 21: 14-16.

[64] 陈世和, 麻胜荣, 邹文浩, 等. 等离子技术在矿山中的应用. 铀矿冶, 2006, 25(4): 173-177.

[65] 丁奇亮, 韩建军, 李国强, 等. 直流电弧等离子融化玻璃配合料. 材料科学与工程学报, 2013, 31(3), 432-435.

[66] 孟英谦. 水蒸气等离子弧电弧机理及特性的研究. 天津: 天津大学, 2002.

[67] 张金龙, 郭先敏, 蔡西茂, 等. 等离子通道钻井技术. 石油钻探技术, 2013, 41(4): 64-68.

[68] 王鄂川, 樊洪海, 徐鹏. 等离子通道钻井技术概况和发展前景. 断块油气田, 2013, 20(2): 221-224.

[69] 章志成. 高压脉冲放电破碎岩石及钻井装备研制. 杭州: 浙江大学, 2013.

[70] 高敏. 等离子脉冲工艺技术在俄罗斯油田的应用. 内蒙古石油化工, 2011, 18: 104-105.

[71] 苏权生. 等离子脉冲压裂技术. 内蒙古石油化工, 2014, 40(20): 2.

[72] 周健, 蒋廷学, 张保平, 等. 高能电弧脉冲压裂技术初探. 石油钻探技术, 2014, 42(3): 76-79.

[73] Kocis I, Kristofic T, Gajdos M. Utilization of electrical plasma for hard rock drilling and casing milling // SPE/IADC Drilling Conference and Exhibition, London, 2015.

[74] Zhukov M F, Zasypkin I M. Thermal plasma torches: Design, Characteristics, Application. London: Cambridge International Science Publishing, 2006.

[75] Kocis I. Device for performing deep drilling and method of performing deep drillings: US, 8944186B2, 2015.

[76] Igor Kocis. Method of disintegrating rock by melting and by synergism of water streams: US, 2015/0047901 A1, 2015.

[77] Biela J, Marxgut C, Borits D. Solid state modulator for plasma channel drilling. IEEE Transactions on Dielectrics and Electrical Insulation, 2009, 16(4): 1092-1099.

[78] MacGregor S J, Turnbull S M. Plasma channel drilling process: US, 7270195B2, 2007.

[79] Ronghai M , Pater H J, Francois L J. Experiments on pulse power fracturing // SPE Western Regional Meeting, Bakersfield, 2012.

[80] Leon J F, Fram J H. Pulse fracturing device and method: US, 8220537B2, 2012.

[81] Gajdos M, Kristofic T, Jankovic S. Use of plasma-based tool for plug and abandonment // SPE Offshore Europe Conference and Exhibition, Aberdeen, 2015.

[82] Gajdos M, Kocis I, Mostenicky I. Non-contact approach in milling operations for well intervention operations // International Petroleum Exhibition and Conference, Abu Dhabi, 2015.

[83] Adedayo A V. A review of the thermodynamics and kinetics of oxyfuel gas cutting of steel. Asian Journal of Materials Science, 2010, 2(4): 182-195.

[84] Yuan J, Wang W, Zhu S. Comparison between the oxidation of iron in oxygen and in steam at 650-750℃ . Corros Science: 2013, (75): 309-317.

[85] Biela J, Marxgut C, Bortis D, et al. Solid state modulator for plasma channel drilling. IEEE Transactions on Dielectrics and Electrical Insulation, 2009, 16(4): 1093-1099.

[86] 马卫国, 杨增辉, 易先中, 等. 国内外激光钻井破岩技术研究与发展. 石油矿场机械, 2008, 37(11): 11-17.

[87] 张世一, 韩彬, 李美艳, 等. 激光钻井技术研究进展与展望. 石油机械, 2016, 44(7): 7-11.

[88] 徐依吉, 周长李, 钱红彬, 等. 激光破岩方法研究及在石油钻井中的应用展望. 石油钻探技术, 2010, 38(4): 129-134.

[89] 苏芮, 刘刚. 激光破岩机理及其影响因素分析. 西部钻探工程, 2013, 25(9): 1-6.

[90] 易先中, 高德利, 明燕, 等. 激光破岩的物理模型与传热学特性研究. 天然气工业, 2005, 25(8): 62-65.

[91] 易先中, 祁海鹰, 易先彬, 等. 激光破岩温度场的数学模型. 石油天然气学报 (江汉石油学院学报), 2005, 27(6): 885-887.

[92] 易先中, 祁海鹰, 余万军, 等. 高能激光破岩的传热学特性研究. 光学与光电子技术, 2005, 3(1): 11-13.

[93] O'Brien D G. StarWars laser technology for gas drilling and completions in the 21st Century // SPE Annual Technical Conference and Exhibition, Houston, 1999.

[94] 杨赟等. 激光钻井技术现状与关键技术. 钻采工艺, 2015, 38(1): 35-39.

[95] 李美艳, 韩彬, 张世一, 等. 激光辅助破岩实验研究. 钻采工艺, 2015, 38(3): 1-3.

[96] Richter M. Summary of geothermal drilling technologies. Washington DC: IEA, 2017.

[97] Hafez A, El-Sayed I, El-Said O, et al. Laser drilling using Nd: YAG on limestone, sandstone and shale samples: ROP estimation and the development of a constant ROP drilling system // North Africa Technical Conference and Exhibition, Cairo, 2015.

[98] Batarseh S I. Laser perforation: Lab to the field // International Petroleum Exhibition & Conference, Abu Dhabi, 2017.

[99] 张建阔. 激光破岩试验及激光技术在石油工程中的应用. 石油机械, 2017, 45(3): 16-20, 25.

[100] 李文成, 杜雪鹏. 微波辅助破岩新技术在非煤矿的应用. 铜业工程, 2010(4): 1-4.

[101] 戴俊, 秦立科. 微波照射下岩石损伤细观模拟分析. 西安科技大学学报, 2014, 34(6): 652-655.

[102] 张正禄, 刘运荣, 胡琼, 等. 油气钻井组合式破岩技术研究. 石油钻探技术. 2014, 42(6): 49-52.

[103] Hassani F, Radziszewski P, Ouellet J. Microwave assisted drilling and its influence on rock breakage a review // ISRM International Symposium - 5th Asian Rock Mechanics Symposium, Tehran, 2008.

[104] Neloovaght P, Ghanb N, Hassani F. The behavior of rocks when exposed to microwave radiation // 13th ISRM International Congress of Rock Mechanics, Montreal, 2015.

[105] Nekoovaght P, Hassani F. The influence of microwave radiation on hard rocks as in microwave assisted rock breakage applications // International Society for Rock Mechanics and Rock Engineering, Vigo, 2014.

[106] Viktorov S D, Kuznetso A P. Explosive breaking of rock: A retrospective and a possible alternative. Journal of Mining Science, 1998, 1(34): 43-49.

[107] Kingman S W, K. Cunbane J A. Recent developments in microwave assisted comminution. International Journal of Mineral Processing, 2004, 74(1-4): 71-83.

[108] Kingman S W . Recent developments in microwave processing of minerals. International Materials Reviews, 2006, 51(1): 1-12.

[109] Lovas M. Modeling of microwave heating of andesite and minerals. International Journal of Heat and Mass Transfer, 2010(53): 3387-3393.

[110] Santos T. Electromagnetic and thermal history during microwave heating. Applied Thermal Engineering, 2011(31): 3255-3261.

[111] 牟善波, 韩秀玲, 韩晓玲. 一种井下微波辅助破岩的钻具: CN. 203961781U, 2014.

[112] 王宗刚, 韩来聚, 李作会. 微波辅助破岩气体钻井装备及气体钻井井壁冻结方法: CN. 2014 10108118. 6, 2015.

[113] 王宗刚, 韩来聚, 李作会. 微波辅助破岩钻头、导电钻杆以及微波辅助破岩装置: CN. 2013 10515240. 0, 2015.

[114] Li H Y, Cui K, Jin L, et al. Experimental study on the viscosity reduction of heavy oil with nano-catalyst by microwave heating under low reaction temperature. Journal of Petroleum Science and Engineering, 2018, 170: 374-382.

[115] 王玉臣. 应用微波技术开采稠油. 石油科技论坛, 2007, 23(3): 48-51.

[116] 徐正晓, 李兆敏, 鹿腾, 等. 微波采油技术研究现状及展望. 科学技术与工程, 2019, 19(35): 10-18.

第五章

石油工程跨界融合技术创新管理

技术跨界融合要打破学科教育、文化边界、组织边界的限制，对信息数据共享、科技资助资金管理方式提出了新的要求。为了推动技术发展，国家和企业都进行了技术管理的改革，但总体来说，对技术跨界融合创新的管理还处于摸索阶段，融合创新的"软环境"还有待改善。需创建全面开放的创新体制机制，建立良好创新生态，建立健全跨界融合技术创新的管理机制，注重 T 型人才的培养和聚集，锤炼识别、管理跨界人才的能力。

第一节　技术跨界融合的管理创新需求

跨界融合创新的核心在于通过促进技术的深度融合，创造新技术、新工艺和新产品，衍生新业态、创造新需求、开拓新发展空间。推动实现技术的深度融合是技术管理的关键，而体制机制、商业模式、思想观念及组织管理的改革创新是技术跨界融合取得成功的前提条件。

一、信息数据共享是跨界融合技术创新的基本要求

跨界融合的数据开放共享特征要求改变数据管理方式。数据资源是跨界融合技术创新的核心，数据开放共享是跨界融合的基本特征，多元数据资源的深度挖掘是跨界融合最基础的价值体现。而目前，数据资料在不同行业、部门、环节、学科上进行分节、分段管理，从数据信息获取，到存储、处理等管理方式各异，要实现真正的融合，就必须实现底层数据基础全流程共享，使得分属于科学界、政府管理部门、公司、产业界及非营利性机构的数据实现全景式开放，方便研究人员的访问[1-4]。

在数据成为"新型能源"的今天，数据量越大、越丰富，价值越容易释放。多源数据的开放和共享，特别是推动创新价值链不同谱段上的科研数据的关联和衔接，是跨界融合技术创新的基本推动力。美国国立卫生研究院（NIH）建立并维护了多个开放的基因数据库和临床数据库，免费开放"国际千人基因组计划"等全部数据，不同研究目的的人员均可免费使用这些数据[5]。油气行业数据信息管理方式改变的典型事件是斯伦贝谢公司推出的 DELFI 感知勘探和生产环境平台。DELFI 是一款多维环境软件，通过把人工智能、数据分析和自动化多个技术领域的优势集合在一起，借助于数据库资源、科学

知识和专业技术，从根本上改变了勘探开发中各个环节的工作模式。软件应用和工作流对所有用户开放，允许团队成员在尊重专有信息边界的同时，为数据、模型和解释建立公共工作空间。DELFI 环境软件为多学科交叉定义了一个新标准，不仅是个体间的互相协作，而是意味着各领域间持续协作，包括团队、系统、软件、旧数据和新数据，所有这些数据输入到一个统一的软件环境中，这样协作的结果大于各部分结果之和[6]。

随着技术融合在经济社会等领域的作用逐渐凸显，将推动政府数据、行业数据及政策法律信息资源等逐渐走向开放和共享，为经济社会重大问题的解决提供全景数据。

二、跨界融合技术创新的快速发展需要打破科技资助资金条块管理的方式

在目前的政府创新项目资助机制下，虽然一些机构认识到跨界融合技术创新的重要性，但许多机构的资助重点是支持一个非常具体的领域，缺乏资金支持限制了跨界融合技术创新的机会。例如，美国的工程师通常通过美国国家科学基金会、美国能源部和国防部获得资助；计算机科学家通过美国国家科学基金会或国防部获得资金；医学科学家通过美国国立卫生研究院等机构获得经费支持。为了使跨界融合技术创新更有效，政府实体之间需要更多的交叉资助和交叉协作，以开发更好的融合解决方案。美国国家科学基金会是基础工程和物理科学的主要支持来源，但是在这些学科与生物医学科学的融合方面，资助水平很低。虽然许多机构都认识到这种模式的缺陷，但迄今为止，没有任何政府机构促进工程、物理、计算和数学科学与生物医学科学融合。

三、技术跨界融合带来的知识流动、资产流动需要打破文化边界、组织边界的制约

跨越专业领域、组织边界、应用情景是跨界融合技术创新的基本特征，在开放的技术融合系统中，知识的流动从单项的、封闭的线性流动，变成了多向的、开放性的网络型流动，在技术知识形式多样、频率方向各异的流动中实现增值。在这个系统中，企业要不断强化与各类主体的互动，在吸收互补资源的同时，在系统中贡献自己的力量。要在知识流动的系统中获得收益，不断吸收新知识、利用新知识，需要保持开放的心态，树立革新进取的企业文化，科学对待技术不确定性和疑问，对新知识永远保持好奇和热情的态度，不断进行自身调整，在环境的动态变化中，只有具有进取价值观的组织才能把握技术跨界融合创新的脉搏。目前，企业外部技术知识流动主要通过有偿形式实现，传统的商业及技术信息的管理理念和管理机制，共享知识产权利益分享机制，在一定程度上阻碍了技术的深度融合。

四、技术跨界融合的人才储备需求需要打破学科教育的限制

人才是跨界融合最核心的资产，基于学科交叉的人才培养和跨学科教育，是目前教育界面临的现实问题。跨学科人才知识结构具有多样性和复杂性的特点，不仅要掌握两

门或以上学科的理论、知识和技能，具备广博知识面和宽厚基础理论，还要具有跨学科意识和创新精神。为了适应技术发展的趋势，教育界在学科设置、培育机制上已经开始调整。2020 年，特拉华大学和北得克萨斯大学针对社会科学家、工程师、政策分析师、应急管理人员等开设跨学科灾难科学学科，已经对 100 多名工程师和社会科学家进行了交叉学科培训。随着时间的推移，如果这种整合活动得到支持并取得成功，它们就可以生根发芽，或许会成长为一个全新的学科。国内各大院校也开始启动跨专业、跨学院、跨行业、跨产业等新的培养模式，强化复合型人才的培养 [7]。

五、良好的创新生态系统是实现跨界融合技术创新的基本前提

在封闭的创新体系下，企业内部不同部门之间要做到信息共享与合作都非常困难，不同企业之间、跨行业的信息交流与创新合作就更为困难。只有在开放、包容、和谐、有序的创新生态系统中，才能最大限度地推动技术跨界融合，并实现其最大的价值。

创新生态系统既包含政府、企业、大学、金融部门、科研院所、中介机构等创新主体的生存状态，也包含这些创新主体之间的互动、协作的机制，合作的态势，以及这些创新主体与文化、政策、制度和服务平台等构成的创新生态环境之间的关系。创造良好的创新生态系统，能够实现创新要素有机集聚、相互信任、开放协同和共生共荣，构建具有"良性循环、自我造血"功能的制度体系，打造好科技、经济、社会"三轮"驱动的新范式，才能发生聚合反应，实现系统的不断演化和自我超越，从而推动技术进一步融合。

2004 年，美国发布《维护国家的创新生态系统：保持美国科学和工程能力之实力》报告，将美国的经济繁荣归因于精心营造的创新生态系统，在这个系统中，包含聚焦资助高潜力基础研究的政府、积极进取的劳动力、世界高水平的研究性大学、富有成效的研发中心和充满活力的风险资本产业，他们之间的顺畅协同形成自然活跃的创新生态，产生独立个人无法创造的创新结果。剑桥大学周边由优秀的人才、充盈的风投、天才的想法，以及持之以恒的努力构成的生态圈，促成了手机芯片的定义者 ARM 公司、AlphaGo 的缔造者 DeepMind 公司等高科技公司的快速发展，使得剑桥科技园也成为是世界上最重要的技术中心之一。

第二节　跨界融合技术创新带来的管理创新

为了推动跨界融合技术深入发展，国家层面采取了开放公共信息资源、开放政府数据、支持交叉学科研究、培育交叉学科人才等方式和措施推动知识的跨界流动。石油工程企业采取产业联盟、风险投资等更灵活的机制，在更广阔的范围内凝聚创新力量、推动技术跨界流动，利用收并购及深入整合推动技术融合，内部信息管理、技术管理适应技术融合的需求不断升级。先进的研发机构以构建"没有围墙的研发机构"为导向，推动技术的整合。创业公司以奇高目标为导向，破除学科概念，通过挖掘技术融合边界上的可能性来创造商业奇迹。

一、国家层面跨界融合管理创新

欧美发达国家十分重视跨界融合技术创新，通过建立融合研究机构、优先支持跨界融合创新项目等方式推动技术的融合。国家层面推动技术跨界融合主要有以下举措：

（一）开放公共信息资源，推动政府数据开放

公共信息资源是指获政府授权或是利用财政资金，在开展业务过程中积累和获得的信息资源，这些资源具有基础性、战略性特征。国家开放公共信息资源，为信息的跨界流动提供了重要的基础，带来巨大的社会和经济价值。据麦肯锡估计，开放公共信息资源每年仅在教育、医疗、金融、交通、消费品、电力和石油等 7 个行业，就可给全球带来超过 3 亿美元的新增价值，并显著提升就业能力。

2009 年 1 月，时任美国总统奥巴马呼吁建设一个更加透明、易于参与的协作型政府，要求"政府机构和行政管理部门充分运用新技术在网上公开其决策和运行情况，以供公众随时获取。"不久后，美国政府制定"开放政府计划"，建立政府数据开放平台 Data.gov，开放了农业、金融、气象、就业、教育、人口统计、医疗、交通、能源等多个领域的近 40 万项原始数据。2012 年 5 月，美国联邦政府要求政府各机构将原来以文件形式保存的信息转换成易开放的数据形态，通过网页或应用程序向公众开放。2014 年 5 月 9 日，美国发布"美国开放数据行动计划"，对数据开放工作进行了全面总结。美国在进行数据开放的同时，也没有忽视信息安全，推出了"隐私保护指令"等一系列政策。2019 年，美国政府更新开放数据法案，要求联邦机构必须以"机器可读"格式，发布不涉及公众隐私或国家安全的非敏感信息，在开放的同时保护数据安全。

（二）通过支持交叉学科研究推动技术融合

2018 年 2 月，美国国家科学基金会发布了《构建未来：投资发现和创新战略规划（2018—2022）》。该战略规划认为，当今的重大挑战，如保护人类健康、探索宇宙等问题，不是一个学科就能解决的，需要将来自不同知识领域的思想、方法和技术融合起来，以刺激创新和发现。为了实现"改善国家应对当前和未来挑战的能力"的战略目标，把跨界融合技术研究看作其制定新一轮战略规划要考虑的重要因素，把"发展融合研究（Growing Convergence Research，GCR）"作为十大投入计划之一。美国国家科学基金会数十年来对学科交叉研究的资助，为进一步支持融合研究奠定了很好的基础。

为适应技术融合发展的大趋势，我国国家自然科学基金委员会于 2020 年 11 月成立交叉科学部，其官网发布的《2021 年度国家自然科学基金委员会交叉科学部项目申请指南》中规定了交叉科学部项目申请应当满足的条件，包括拟开展的研究工作具有开展交叉科学研究的必要性，具有交叉科学研究特征；申请人具备至少两个不同一级学科的教育背景或者具有开展跨学科交叉科学研究的经历，并在其中起到过关键作用等。2021 年，交叉科学部设置四个领域的受理代码，分别是物质科学领域、智能与智造领域、生命与健康领域和融合科学领域。

（三）培育跨学科人才，提升跨界融合能力

跨界融合能力建设主要表现为交叉学科人才的培养。随着学科交叉融合的不断深入，新的学科分支和新增长点不断涌现，经济社会发展对高层次创新型、复合型、应用型人才的需求愈加迫切。2021年，在充分论证和广泛征求意见基础上，国务院学位委员会、教育部决定设置"交叉学科"门类（门类代码为"14"），以增强学术界、行业企业、社会公众对交叉学科的认同度，为交叉学科提供更好的发展通道和平台。"交叉学科"成为我国第14个学科门类，目前该学科门类下设"集成电路科学与工程"和"国家安全学"两个一级学科。为推动交叉学科的科学有序发展，国务院学位委员会正在研究制定交叉学科设置与管理的相关办法，进一步明确什么是交叉学科、交叉学科如何建设发展、依托交叉学科如何开展人才培养等基本问题，并在交叉学科设置条件、设置程序、学位授权与授予、质量保证等方面作出具体规定，探索具有中国特色的交叉学科设置与目录管理制度。

国内很多大学开始了交叉学科的培养。浙江大学围绕国家战略需求推进学科交叉融合，积极筹建交叉学部，制定交叉学科群发展规划，在量子计算与感知、生态文明、环境科技创新、农业设计育种、精准医学、新物质创制等领域实施了近10个面向未来的融合创新研究计划。在脑科学与人工智能融合研究方面，创建了脑科学与脑医学学院等机构，聚集了人工智能、计算机科学、电子工程学、脑科学、神经科学等学科的优势力量，形成了一系列标志性成果。

二、石油公司跨界融合管理创新

（一）汇聚创新资源，促进技术跨界融合

在一些全球创新资源聚集区，油气技术领域的跨界创新合作越来越普遍。石油公司研发机构以接近油气资源、接近先进技术和激发集群效应为原则，进行层次化、全球化布局，充分利用当地创新生态，实现技术的融合创新。例如在美国休斯敦、英国阿伯丁、加拿大卡尔加里及巴西里约热内卢等地，各类技术公司、研发机构、专业人才聚集，石油公司可以更方便快捷地获取知识、形成创意。

壳牌公司在美国波士顿成立壳牌技术工作室（STW），利用波士顿本地创新生态系统内的合作伙伴，包括新兴能源初创企业、行业领先企业和世界一流的学术界，为壳牌提供新的战略价值，通过其他行业的成熟技术来加速推动石油工程技术的研发与推广应用。自2013年成立以来，STW一直与各种科研机构和企业合作，快速、经济高效地开发和推广应用新技术，并取得了一系列成功的跨界创新成果，包括将水下机器人系统用于海底油气检测，将药物控制缓释技术用于微流体与纳米尺度传输、将核磁共振成像技术用于地层评价等。STW与几家私营公司合作开发的机器人潜水艇系统，可检测从海底自然渗出的碳氢化合物，这有助于以较低的成本找到新的海洋油气资源。

斯伦贝谢公司在全球设有6个研究中心，和当地高校和研究机构合作，开展石油工程相关技术研究，如表5-1所示。智能材料的研究是斯伦贝谢道尔研究中心的最新研究

方向之一，包括利用智能材料开发出一些新的执行系统，如执行器、传感器、系统动力学和系统控制及新型装置等。其研究目标是，希望通过智能材料在油田复杂仪器中的应用能够促成新技术的实施、零部件的小型化并提升作业的可靠性，以应对井下作业环境的日趋恶劣化。

表 5-1　斯伦贝谢公司国际研发中心及主要研发领域

序号	名称	研发领域
1	剑桥研究中心	实时解释、地质力学、物理化学、流体力学和地震等领域
2	道尔研究中心	地层评价探测装置、模拟与反演、岩石物性、磁共振、单井成像、传输、生产测井、油藏优化、地质模拟、永久测量、光传感装置、油藏动态和控制等
3	斯塔万格研究卫星城	地震地层解释、多分量地震勘探和油藏监测等
4	巴西研究中心	整合和开发深水、超深水及盐下碳酸盐岩地层勘探和生产技术等
5	莫斯科研究中心	地震和声波、储层物理、油井测试、北极和永久冻土条件作业等研究
6	达兰碳酸盐岩研究中心	地质、岩石物理、生产完井和提高采收率等研究

沙特阿美在国内拥有两个技术研发中心，一个是研发中心（Research and Development Center，R&DC），主攻地面工程技术；另一个是石油工程高级研究中心（Advanced Research Center of Exploration and Petroleum Engineering Center，EXPEC ARC），主要开展上游尖端技术的研究，涉及地球物理、地质学、油藏、数值模拟、油气开发和钻井等领域，重点开发创新技术和进行油田现场测试[8]。沙特阿美研发组织机构呈现国际化，其在沙特阿拉伯境外技术高地设立了 8 个国际研发中心，与国际顶尖的机构、服务商和大学建立合作，支持沙特阿美在全球的上游和下游研究项目，如表 5-2 所示，在纳米技术、先进材料、井下传感器等方面开展了广泛研究[9]。

表 5-2　沙特阿美国际研发中心及主要研发领域

序号	名称	研发领域
1	美国休斯敦研发中心	先进地震成像、非常规油气增产、智能流体、纳米基聚合物、表面活性剂、固井技术、井下传感器等研究
2	美国底特律研究中心	与领先研究机构合作进行燃料效率及汽车引擎等技术研发
3	美国波士顿研究中心	数值模拟技术、先进材料、纳米技术等研究
4	荷兰代尔夫特科技大学研究中心	地震处理和地下成像技术等研究
5	英国阿伯丁技术中心	油气开发、钻井技术及其他技术研究
6	中国北京研究中心	地质、地球物理学和提高采收率技术等研究
7	法国巴黎研究中心	与汽车制造商合作开展燃料技术研究
8	韩国大田研究中心	与韩国先进技术研究院合作开展 CO_2 捕获、封存等研究

（二）跨界科研联盟与技术合作，推动跨界融合创新

石油公司广泛开展与大学/研究机构的合作研发，建立技术联盟，参与联合工业项目，开展跨界、跨行业合作等，快速实现创新价值。从国际上的成功实践来看，建立联合工业项目（Joint Industry Project，JIP）是油气领域跨界融合技术创新的有效选择。在

JIP 项目中，每个参与者可以在合作过程中提出需求和建议，并获得项目的最终研发成果。JIP 解决的是行业面临的共同技术难题，一般是在技术还不成熟、竞争还未开始的阶段开展合作，目的是实现技术升级、加强供应商与客户的联系、创造竞争优势等。通过 JIP 这种组织模式，石油公司不仅能够快速学习和提升技术能力，还能结识外部合作伙伴。

AEC 先进能源财团自成立以来，有来自全球 30 个不同国家高校和研究机构的 400 位科研人员参与，研发投入已超过 4500 万美元，主要研究方向包括纳米造影剂、纳米传感器、微尺度传感器、材料技术等。

2012 年，BP 公司投资 1 亿美元建立国际先进材料中心，旨在促进材料学科与油气领域的跨界融合，并与曼彻斯特大学、剑桥大学、伦敦帝国理工学院和伊利诺伊大学香槟分校等高效开展合作研究。主要研究领域包括结构材料（用于深水油气和高温高压油气开发的新型合金和复合材料）、智能涂层（提高结构物的使用寿命，保护管道和海上平台免受腐蚀）、功能材料、膜材料（用于油气水分离）、储能材料等。

油气传统技术与大数据、云计算、人工智能等技术的结合，成为了日趋活跃的细分市场。过去几年，油气企业纷纷开展对外合作，掀起了一场数字化升级和数字化业务发展的竞赛。由表 5-3 可知，2014 年以来，开展数字化合作的油气企业越来越多，合作的内容也越来越广泛，涉及数字技术的多个方面，包括大数据、云计算、物联网、人工智能、认知计算、区块链等[10-12]。

表 5-3　2014～2020 年油气企业数字化合作主要事件

时间	油气企业	科技企业	合作内容
2014	Repsol	IBM	创建"认知环境实验室"，共同开发认知应用程序
2015	斯伦贝谢	英伟达	开发用于油气行业的高性能计算机系统，为实时地震提供高性能云计算基础架构
2015	中石油	华为	建设中石油"两地三中心"的云数据中心网络
2016	中石化	华为	开发基于云计算、物联网的智能制造技术
2017	Noble	GE	合作开发数字化钻井技术
2017	Flotek	IBM	共同开发认知储层性能系统
2017	KBR	IBM	合作研究物联网和大数据技术
2017	哈里伯顿	微软	储层描述的深度学习、建模及模拟的应用，建立高度交互应用，促进勘探开发资产的数字化
2017	斯伦贝谢	谷歌	开展大数据、高性能计算、人工智能等领域合作
2017	雪佛龙	微软	加速大数据分析和物联网等先进技术应用
2017	威德福	英特尔	利用物联网技术，建立端到端的数字油田解决方案
2017	壳牌+BP+Equinor		联合开发基于区块链的实体石油交易平台
2018	BHGE	英伟达	联合推进 AI 和 GPU 技术在油气行业的应用
2018	道达尔	谷歌	研究人工智能技术，为油气开发提供智能解决方案
2018	埃克森美孚	L&T Technology Services	通过先进的自动化工具将地球科学内容快速转换至数字领域
2018	Equinor	微软	加强云服务方面的合作
2018	雷索普尔	谷歌	使用谷歌人工智能学习工具优化工作流程

续表

时间	油气企业	科技企业	合作内容
2019	埃德诺克（ADNOC）	G42	开发油气行业 AI 解决方案并实现商业化应用
2020	哈里伯顿	埃森哲、微软	提升哈里伯顿在微软 Azure 云端上的数字化能力
2020	斯伦贝谢	红帽公司	创建数字平台，无缝访问公司在全球所有国家部署的混合云平台
2020	斯伦贝谢	AIQ、G42	行业人工智能、机器学习和数据解决方案的开发部署
2020	壳牌	剑维软件	打造工程数据仓库，支持数字孪生技术在资产生命周期管理中的应用
2020	哈里伯顿	埃森哲	加速哈里伯顿的数字供应链转型

油气企业之间开展数字化合作的案例较少，主要是跟谷歌、微软、英特尔、IBM、华为等科技企业强强联合，如图 5-1 所示。这一方面是因为数字技术并不是石油公司的专长，另一方面也与科技企业看好油气行业发展前景息息相关。

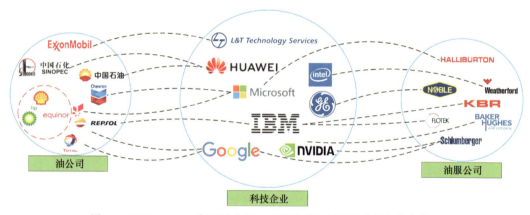

图 5-1　2014～2020 年石油公司、油服公司与科技企业数字化合作图

国际知名的石油公司大多围绕勘探开发业务，采用与数字巨头公司合作、投资小公司、成立创业孵化器等策略，聚焦于提高油气储量和产量、提高采收率等方面的人工智能技术，如表 5-4 所示。

表 5-4　主要石油公司数字化研发方向、关键技术和研发策略

石油公司	研发方向	关键技术	研发策略
壳牌	聚焦于提高效率和降低排放，研发方向集中于定向井钻井、设备维护、员工交互、加油站管理四个领域	智能定向钻井系统 Shell Geodesic™、油藏精细描述、预测性资产维护软件、基于 AR 的远程辅助系统、智能虚拟助理、加油站风险识别系统	与微软等数字巨头公司合作、投资小型人工智能公司
BP	聚焦于传统领先技术领域的智能化发展，侧重认知计算、数字孪生、机器人、地球科学云平台建设、生产优化、设备预测性维护、智能巡检与检修等	地球科学云平台——Sandy、基于数字孪生的钻井平台监测、SparkPredict 设备维护系统、机器人/AR 设备巡检	投资小公司、成立创业孵化器
埃克森美孚	聚焦于可平衡资产组合的突破性智能技术，研发方向集中于人工智能机器人、智能油田、量子计算等	深水勘探机器人、油气勘探开发一体化平台、量子计算在油气勘探开发中的应用	与微软、IBM 等数字科技巨头和高校合作

石油公司	研发方向	关键技术	研发策略
道达尔	聚焦于提高油气储量和产量, 研发方向集中于提高油气发现与采收率	应用于油气勘探开发地质数据的处理分析, 利用计算机成像技术实现地震数据学习	与谷歌等巨头合作
沙特阿美	聚焦于增加油气资源的勘探发现、提高油田的采收率, 研发方向集中于油藏机器人、智能油田建设等	油藏纳米机器人、人工智能提高采收率, 无人机/可穿戴巡检	与油田服务公司和高校合作, 成立科研联盟

　　国际知名油服公司大多侧重搭建钻完井应用平台, 并将相关专业化软件融入应用平台, 将人工智能技术应用于钻井设计、钻井优化、钻井风险预警、风险识别等方面, 促进上游钻完井技术的智能化发展和石油工程的降本增效, 如表 5-5 所示。

表 5-5　主要油田服务公司数字化研发方向、关键技术和研发策略

油服公司	研发方向	关键技术	研发策略
斯伦贝谢	聚焦于上游勘探开发生产领域的技术革新, 提高作业效率和油气产量	DELFI 勘探开发一体化生态系统（融入 Drillplan 钻井设计、钻井参数优化、完井参数优化、生产优化）、油井全生命周期的自动化与智能化检测、无人机/机器人/可穿戴设备智能硬件设备	通过与石油公司、数字公司、高校合作, 努力追求数据、管理系统、硬件设备的有效组合, 以实现更高水平的技术一体化
贝克休斯	聚焦于上游勘探开发生产领域的技术革新, 提高作业效率、减少非生产时间、降低综合成本	Predix 工业互联网平台（油田开发与计划、生产与提高采收率、资产绩效管理）、数字孪生技术监测钻机性能、设备与工具可预测性维护	借助 GE 的力量, 在油气全产业链的各个环节提供一体化产品和服务, 独立研发与技术合作相结合
哈里伯顿	聚焦全井筒数字化, 提高作业效率、减少非生产时间、降低成本	DecisionSpace 信息存储与分析平台、井筒数字孪生系统（用于钻井设计、全井筒监测和控制）、声音和图像识别、视频处理和虚拟现实技术	以兰德马克数字化业务为基础, 与微软、英伟达等数字巨头以及石油公司合作

（三）积极风险投资, 畅通跨界融合渠道

　　目前, 风险投资是主要石油公司跨界融合的重要策略之一[13-19]。1998 年以来, 石油行业公司风险投资机构数量逐渐增加, 投资领域集中在油气上游技术、清洁技术、数字技术及其他领域（包括健康安全环保、下一代交通和先进材料等）。2014 年低油价以来, 石油行业数字技术投资上升趋势较快, 投资活动则聚焦于数字分析与数字平台、机器人、无人机等领域。

　　油气行业科技风险投资兴起于 20 世纪末, 壳牌、雪佛龙、BP、挪威国家石油公司、沙特阿美等都建立了科技风险投资机构, 接受企业内外部及其他行业的新创意, 使企业广泛接触新技术。雪佛龙科技风险投资公司平均每天接到一个项目评价申请; 壳牌风险投资公司每年收到约 500 份提案, 对其中约 1% 进行了投资, 还有 10% 虽没有直接投资, 但推荐给公司相关部门优先使用。另外, 石油公司通过科技风险投资参与到独立风险投资机构中, 进一步延伸接触新技术。如壳牌加入初创公司 Autotech Ventures（关注地面交通、信息技术等领域）等 11 家独立投资公司, 雪佛龙通过风险投资建立了获得稀缺信息资源的网络。得到风险投资的初创企业可以共享公司资源, 如雪佛龙投资的公司可以

共享其技术积累及生产、销售等资源，雪佛龙从潜在消费者角度提出意见，增强技术研发的针对性和实用性，提高技术应用的可能性，并可提供一定程度的市场保证。

壳牌于 1998 年成立科技风险投资公司（STV），是最早成立风投机构的国际大型石油企业。壳牌主要投资石油与天然气、可再生能源、数字化技术、新燃料、基金与孵化器等领域。在数字化方面，STV 投资了 FarePilot、WonderBill 等 3 家公司。其中，FarePilot 是一个移动约车平台，于 2018 年 1 月在英国伦敦获得个体出租车运营服务牌照。该平台为出租车司机识别和推荐用车需求高发区域，继而为车辆和乘客提供完整订单服务。由此，壳牌成为首个进入欧洲乘用车预订服务市场的石油企业。

图 5-2　CTV 投资的与数字化技术相关的公司

雪佛龙继壳牌公司之后，于 1999 年成立了科技风险投资公司（CTV），致力于推动新兴技术创新，改善雪佛龙基础业务运营。信息技术是 CTV 关注的五大风险投资领域（石油与天然气、先进材料、通信与网络、新兴/替代能源、信息技术）之一。近年来，雪佛龙投资了 Maana、Moblize、NSS Labs、Panzura、Veros Systems 等 5 家数字化技术公司，如图 5-2 所示。其中，Maana 公司开发的 Manna 知识管理平台，利用其专有的 AI 算法，将专家知识和各个孤岛的数据相结合，帮助企业员工做出更好更快的决策，从而达到优化客户资产和决策程序、降低成本并提高效率的目的，如图 5-3 所示。

图 5-3　Maana 知识管理平台

BP 风险投资公司（BP Ventures）成立于 2004 年，数字化转型、移动出行、生物和低碳产品、碳管理、电力和储能成为其关注的 5 大风险投资新兴领域。当前，BP 主要对区块链、人工智能、认知计算等数字化技术进行风险投资。2017 年 6 月，BP 风险投资公司对人工智能和认知计算公司 Beyond Limits 投资 2000 万美元，试图推动后者在 AI 领域的专业技术应用于油气领域，提高决策速度和质量。此外，BP 还投资了 Xpansiv、Fotech、Xact 等公司，以利用数字技术推动公司全面发展，如图 5-4 所示。

图 5-4 BP Ventures 投资的与数字化技术相关的公司

近年来，石油公司在加强多学科融合的基础上更加强调上下游技术的融合集成，风险投资很大程度上已转向可应用于公司多个领域的跨界技术。比如，先进的分析技术被用于改进石油公司上下游生产及提升公司运营效率；纳米涂层技术可用于各种转动设备提高耐磨损性，以增加生产井、管道和生产装置的抗腐蚀能力，同样上下游都适用。这样的风险投资策略给予一项技术多种应用途径，从而降低了风险，实现跨领域融合。

21 世纪初，有些公司将风险投资及其投资组合委托给第三方机构管理，如壳牌公司在 2007 ～ 2012 年，挪威国家石油公司在 2008 ～ 2011 年都曾将风险投资委托给外部机构，随着风险投资在油气企业发展中的作用凸显，公司又都将运营权收回。目前，石油公司在被投资公司运营中的作用分化为两种类型。一类是参与被投资公司管理的主导型，以雪佛龙科技风险投资公司和挪威国家石油公司的风险投资公司为代表。这些风险投资机构，站在技术需求方、技术供应方和资金供应者三者的结合点上，全程参与被投资企业的经营管理。在技术筛选、尽职调查、项目评估阶段，雪佛龙科技投资公司要组织内部各专业的专家对技术进行评价，同时要测算出独资、合资、购买专利等多种投资模式下的经济回报，并做出优选，设计商业运作模式；在技术研发阶段，要为投资企业调动内部的人力资源、知识储备、试验装备等；在技术推广阶段，要以技术供应方的角色，向内部的适用部门推荐应用。另一类是以获取经济回报为主要目的的"咨询师"型，以沙特阿美为代表。他们追求董事会的少数派席位，投资生效后，在董事会中扮演咨询者的角色，主要就获取更多利润提出改善经营机制的建议，定期接触跟踪经营进展，定期审查财务分析报告。

表 5-6 为石油公司风险投资部分项目。2017 ～ 2019 年，壳牌、沙特阿美等公司风险投资的项目，有一半以上属于商业化推广项目。如壳牌投资的 Travis（车辆预订平台）、Innowatts（基于人工智能的电力销售平台），沙特阿美投资的 Flowcasting（流态铸造技术）、Well Sense（光纤井筒干预技术）等，都以公司内部推广为起点，通过技术示范、在相关领域的技术标准或规范中抢占先机等方式推动技术的广泛应用。

表 5-6 石油公司风险投资的部分项目

序号	年度	公司名称	国家	技术领域	投资公司	技术所处阶段
1	2019	Data Gumbo	美国	区块链即服务（BaaS）初创公司，通过其智能合约技术开发自动化交易的解决方案	挪威国家石油公司、沙特阿美	商业化

序号	年度	公司名称	国家	技术领域	投资公司	技术所处阶段
2	2018	Medfield	瑞典	开发转化用于海上设施的无损检测技术	挪威国家石油公司	现场试验
3	2017	Raptor Oil	英国	低成本、高速的井内遥测，无需泥浆循环，无需昂贵的专用钻柱元件，实时提供高质量的钻井数据	挪威国家石油公司	商业化
4	2018	SeekOps	美国	基于激光的传感器技术，用于特定的气体检测	挪威国家石油公司	商业化
5	2016	Reveal Energy Services	美国	仅使用井口压力计作为输入数据绘制水力压裂裂缝展布图	挪威国家石油公司	研发
6	2017	Sharp Reflections	德国	叠前地震数据快速处理和分析	挪威国家石油公司	研发
7	2018	Upwing	美国	井下气体压缩技术	挪威国家石油公司	测试
8	2019	Well Conveyor	挪威	井下作业电池	雪佛龙	测试
9	2019	Beyond Limits	美国	人工智能	BP	研发
10	2019	Belmont Technology	美国	机器学习，感知计算	BP	测试
11	2019	TRAVIS	比利时	车辆预订平台	壳牌	商业化
12	2019	Asperitas	荷兰	浸入式数据中心冷却技术	壳牌	商业化
13	2019	Corvus	挪威	海上能源存储技术	壳牌	商业化
14	2019	LO3 Energy	美国	基于区块链的社区电力销售系统	壳牌、日本住友	商业化
15	2019	Innowatts	美国	基于人工智能的电力销售平台	壳牌、WEI、EEI	商业化
16	2019	Ravin	英国	基于人工智能的车辆检查平台（图像识别、机器学习）	壳牌	种子投资
17	2019	Sense Photonics	美国	用于机器人和智能车的激光雷达	壳牌	种子投资
18	2019	AutoGrid	美国	基于人工智能的能源互联网平台	壳牌	商业化
19	2019	Nordsol	荷兰	液化生物甲烷技术	壳牌	商业化
20	2019	Interface Fluidics	加拿大	为实验室提供纳米试验平台	挪威国家石油公司	研发
21	2019	Hello Nesh	美国	智能决策助手	挪威国家石油公司	测试
22	2019	Rocsole	埃及	智能监测传感器	挪威国家石油公司	研发
23	2019	Typhon	英国	水处理技术	沙特阿美	研发
24	2019	Earth Science Analytics	挪威	人工智能地球科学软件	沙特阿美	研发
25	2019	Well Sense	美国	光纤井筒干预技术	沙特阿美	商业化
26	2019	Xage Security	美国	区块链工业物联网平台	沙特阿美	商业化
27	2018	Daphne Technology	比利时	减排技术	沙特阿美	研发
28	2018	Flowcasting	德国	流态铸造技术	沙特阿美	商业化
29	2017	Cryphon Oilfield Solution	美国	完井新技术	沙特阿美	研发

（四）收并购与技术集成创新结合，推动技术融合升级

领先油服公司的收并购活动，不仅是其延长产业链的方式，更充分体现了全球化发展和技术融合的特点。

斯伦贝谢公司灵活运用收并购及整合技巧，通过对一百多家企业的并购，成功塑造了行业领导者的形象。斯伦贝谢公司一般先与目标公司进行业务合作或组建合资公司，全面了解目标公司的业务特点和运营方式之后，再进行并购。海上油气装备制造技术（Cameron International 公司）及水力压裂技术（Onestim 公司）等多项技术的获取都采取了"合作—参股—控股—兼并收购"这种循序渐进的模式，为技术融合奠定了基础。并购后，斯伦贝谢公司按照业务链条将新旧业务的同类项进行归并，将研发系统纳入智能化管理平台统一管控，通过统一管理推动新并入技术与原有技术融合，在更大的系统中集成创新升级。以一体化陆地钻井服务（Integrated Drilling Services，IDS）研发为例，IDS 以斯伦贝谢公司英国剑桥钻井中心及钻井事业部的井下技术专家 5 年的研究成果为主体，集成了卡麦隆（Cameron International，2015 年收购）的顶驱、管柱处理系统和防喷器技术，以及美国陆地钻机设计公司（T&T Engineering Services，T&T，2015 年收购）的钻机设计技术，通过与德国油气装备制造公司（Bauer Maschinen GmbH）的合资协议，获得德国高超制造技术的支撑；系统中的软件，包括钻井设计、操作设计及钻井优化等，由休斯敦和北京的软件中心完成；整个系统由大数据和云计算中心提供支持。斯伦贝谢公司的这种管理方式，不仅保证新并入技术按照公司的整体战略发展，也切实推动了公司研发能力提升。

GE 收购贝克休斯公司后，着力把贝克休斯公司的石油工程数字化设备接入 GE 的工业互联网平台 Predix，目前贝克休斯公司虽已重新独立，但工业互联网平台已经成为支撑其优势服务的底层逻辑。2020 ~ 2021 年，贝克休斯公司收购了 Compact 碳捕获公司（3C），与 Horisont Energi 公司达成合作，获得了 SRI 国际公司全球独家许可，使用 SRI 的创新混合盐工艺（MSP）捕获二氧化碳；整合形成远程钻井与自动化、零排放阀、无人机甲烷监测与分析、智能火炬管理、余热回收、BHC3 人工智能能源管理等业务，形成了碳管理业务组合，并成功获得了俄罗斯石油公司碳管理服务、荷兰能源公司碳储存项目、挪威 CCS 中心项目和壳牌无人机甲烷监控服务等，成功地通过技术收并购、技术许可与集成创新等方式，迅速实现了碳管理技术组合的商业化。

（五）改变信息管理方式，强化知识管理与技术研发的跨学科互动

先进油服公司通过"成果管理"与"知识管理"强化数据、信息与技术研发的互动，通过管理机制优化强化跨学科互动。如斯伦贝谢公司的成果管理对各专业形成的中间成果和最终成果进行统一管理。知识管理一方面对成果从地学、井筒和油藏跨学科角度进行模型优化，另一方面确定不同主题的分析框架和工作流程，设计成果的调用程序。以统一的 SeaBed 数据库管理基础数据和成果数据，以 StudioManager 作为数据检索、提取和分析的窗口，以 Petrel 作为专业应用的平台，以 DELFI 实现全业务领域的认知智能化。知识管理初期主要集中在获取数据和建立数据库并帮助决策上，现在主要是提取并定制知识，通过跨学科互动创造出新的价值。

在石油工程领域，地质工程一体化是非常规资源开发的一项有效措施，建立地质工程一体化平台是很多石油公司和油服公司的共同选择。这种一体化平台将油藏表征、地质建模、地质力学、油气藏工程、钻完井优化软件和数据融为一体，涵盖从油气藏预探、评价、开发到废弃的全过程，这个过程以数据为载体实现了各环节的联通和融合。

（六）商业模式创新、科研管理工具升级与技术创新互相促进 [20]

1. 强化利益相关者管理，推动商业模式创新

在开放创新、技术融合的趋势下，研发中的利益相关者管理成为了创新管理的重要内容。石油工程技术研发领域的参与者可以分为最终用户、技术集成者、技术创新者和技术投资人四大类。

最终用户包括油田作业者及作业者的合作伙伴。油田作业者是最终用户，无论是技术的油田首次试验，还是在商业化应用，都需要他们论证技术的适用性，并批准预算。作业者的合作伙伴他们提出的需求和限制条件，是技术应用的前提。

技术集成者包括提供一体化服务的大型油服公司和石油公司的项目组。大型油服公司的服务中整合了多个公司的创新成果，是中小企业和初创企业的产品接触最终用户的主要渠道。石油公司的项目组资助创新观点向产品转化，主要通过制定内部应用标准和应用程序认证来推动技术应用。

技术创新者包括技术类中小企业、学术界与孵化器、油服公司的研发部门和石油公司的研发或创新支持部门。技术类中小企业研发一种技术或服务，多侧重于全生命周期的管理，从产品概念设计开发、原型制造，直到产品市场发布。学术界与孵化器主要通过产权授权或转让的形式获得收益。油服公司的研发部门通过技术进步推进现有业务的持续健康发展，不断开发下一代新技术，或开发新技术进入新的服务领域。石油公司的研发或创新支持部门从事对于竞争优势有较大影响的基础研究。

技术投资人包括创新公司投资人、公众支持基金、工业联合项目和公司内部的预算审批者。创新公司投资人（传统的风险投资、石油公司的投资机构、种子投资等）主要投资目的是通过获得新兴技术的股份来获取投资回报。公众支持基金支持项目研发的目的是刺激地方经济发展或促进当地资源开发（如北海的苏格兰企业协会）。工业联合项目由几个最终用户与一个技术提供者展开合作，通过分摊成本和风险的方式资助技术发展，通常发生在参加的最终用户没有竞争的领域。公司内部的预算审批者管理研发活动，推动创新成果由研发部门向其他部门转化。

最终用户、技术集成者、技术创新者和技术投资人的相互关系及交互界面如图5-5所示。

在技术发展的不同阶段，各参与主体的关注点会有所不同，如在技术的概念设计阶段，技术投资人关注的是投资规模、市场规模和潜在风险与收益；技术创新者关注的是新设计能否解决客户的问题；技术集成者则关注开发该概念将对自身现状有何影响；最终用户倾向于用创新概念与拟替代的方案进行比较，从而确定新技术的主要机会和风险。各阶段不同参与者的关注重点如表5-7所示。

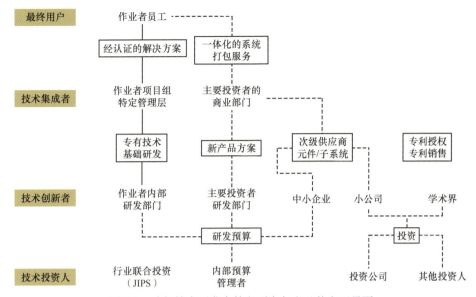

图 5-5 油气技术研发中的主要参与者及其交互界面

表 5-7 技术发展不同阶段各类参与者的关注重点

商业化状态	技术状态	TRL			最终用户	技术集成者	技术创新者	技术投资人
明确客户需求，寻找客户参与	概念	0			创新概念与拟替代方案的比较；创新概念的主要机会和风险	开发该概念的价值；开发该概念对企业的影响	创新概念能否切中重点，解决实际问题；最终用户是否需要；最重要的价值所在	初始投资规模；创新产品的市场规模；投资回报；潜在的收益与风险
建立伙伴关系	证实概念	1	2		创新技术能否替代现有方案，替代方式、替代时间；新技术对于成本、产量、采收率、安全等方面的影响；主要风险能否被规避	确定技术适用的部门；发现潜在的竞争对手	最终用户是否仍需要；如果技术有价值，那么该如何向客户出售，主要供应商、客户和合作伙伴分别是谁	创新产品商业化路径；技术和商业上的风险有哪些；产品上市前的投资需求；盈亏平衡点的产量
原型机制造、油田试验	技术原型机	3	4	5	新技术是否更好，何时可用；新技术应用作业流程需哪些改变；商业化应用的成本；新技术应用的价值点	如何做规模化部署；合作伙伴的收入何在	如何实现技术产品的商业化规模利用；如何处理制造、市场、分销、授权等问题	规模化生产的投资规模；如何提升价值、提高收益率
市场发布	油田认证	6	7		能否按照产品说明书工作；需要哪些售后服务，是否能够及时获得	扩大市场规模；控制成本；提升现金流；从成本加成定价到价值定价	如何加速生产和应用；如何以此为基础开发新的应用	继续投资，支持规模持续扩大，还是退出

在技术融合的趋势下，以合作共赢、迅速准确响应需求为核心来设计商业模式，加速推进各方合作（图5-6）。即技术创新者了解或引导客户需求，在明确客户需求之后，把客户需求和自身发展，转化为合作的要约，寻找合作伙伴，并用灵活的机制迅速达成合作，共同开发，通过企业内外资源的整合协同，提升技术的开发、执行和交付能力。有专家预言，在未来，管理合作比管理竞争更重要，未来的成功不取决于战胜了谁，而是跟谁站在了一起。

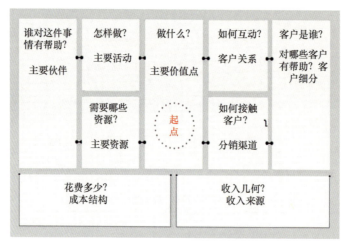

图 5-6　技术研发与商业模式设计逻辑图

2. 应用门径管理、成熟度评价等工具强化科技管理，降低研发风险

为了降低研发风险，哈里伯顿等油服公司都启用了产品创新流程——门径系统管理流程（Stage-Gate System，SGS）来管理、引导并加速自身科技研发业务，SGS 强调以系统的思想进行产品研发全过程管理，重视科研项目过程中的各个环节，以使项目开发活动的整个系统发挥最高效率。

技术成熟度评价（technology readiness assessment，TRL）是由 NASA 提出的技术管理工具，可以应用到立项论证、阶段评审、检查验收等管理环节中，对准确把握技术状态具有非常重要的作用。目前油气行业两个主要的技术评价指导性文件——美国石油协会（API）的 API RP17N 和挪威船级社的 DNV RP A203，都是以 TRL 为主要支撑架构，在应用中，各企业根据自身管理和技术的特点做了细化或客户化处理。ADNOC 以 TRL 为基础开发了技术管理工具 Tech Qual，依据石油行业特点对技术功能特性的描述和技术发展阶段的判断标准进行了细化，根据关键绩效参数设置了决策点和决策标准（图5-7）。Tech Qual 中的技术评价包括三个方面：

（1）战略与作业影响力评价。评价技术与 ADNOC 的发展战略，以及与 OPCO（ADNOC 的工程公司）面临挑战之间的契合度。

（2）技术评价。对于技术的可行性、成熟度及其与现有技术组合契合度的评价。

（3）商业化潜力评价。评价投资回报率、可能碰到的知识产权障碍等。

外部的研发机构、ADNOC 和 OPCO 的研发部门，以及 OPCO 现场作业部门在共同参与研发过程中，依据 Tech Qual 的判断，明确各阶段的主导者。技术处于 1 ～ 3 级时，外部研究机构处于主导地位，ADNOC、OPCO 的研发机构与之保持密切联系，掌握其技术研发的新动态；在 4 ～ 6 级时，ADNOC、OPCO 的研发机构处于主导地位，OPCO 的使用者开始介入；在 7 ～ 9 级时，OPCO 处于主导地位。该体系在基础研究和技术商业化之间架起桥梁，保证了各参与者及时介入。更重要的是，Tech Qual 为跨部门或跨单位合作构建了交流平台，为识别技术发展过程中的风险、达成规避或降低风险的协同措施创造了条件、打好了基础。该标准流程 2015 年在 ADNOC 进行试点，对新技术的发展产生了积极影响，2016 年在全公司正式部署应用。

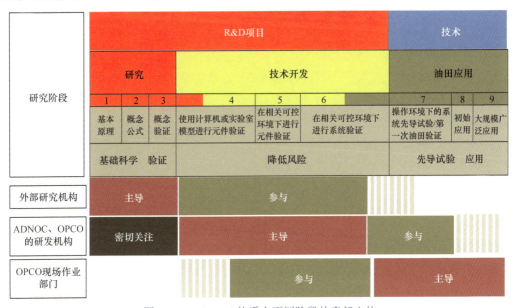

图 5-7　Tech Qual 体系中不同阶段的责任主体

道达尔公司以 TRL 为框架，开发了技术评价管理工具 ProQual。支撑该体系的包括技术成熟度评价、绩效等级评价、风险评价等方法。技术成熟度评价包括技术的成熟度和应用的熟练度评价。绩效等级评价包括性能评价、财务回报评价和未来重复利用的可能性评价。风险评价包括健康及风险影响评价、生产效率影响评价、成本超支风险评价、项目超时风险评价及知识产权风险评价等，通过因果分析、发生的可能性判断并提出规避或减小风险的措施。

三、先进研发机构跨界融合管理创新

（一）美国圣菲研究所

美国圣菲研究所（the Santa Fe Institute，SFI）是民间科研机构从事基础科学前沿探索的典范。其创始人认为，对复杂系统作完整而准确的描述是整个科学面临的重大挑战。复杂性科学是整个科学发展的前沿，不是哪一门具体科学的前沿。所以，复杂性研究需要不同学科之间的深入对话与合作。他认为，学科分割造成综合的、整体的观念缺乏，只见树木不见森林的短视和偏见，在丰富多彩的现实面前显得僵化和无能。这些弊病不但阻碍了科学的发展，而且往往是人类面临的许多现实问题难以有效解决的原因所在。为了打破学科分工过细而导致的不同学科在科学研究中互不往来的状况，在几位诺贝尔奖得主的支持下，研究所 1984 年在美国墨西哥成立。它旨在打破传统学科固有的界限，运用全新的思维方式和手段来处理生物、物理、经济、语言、大脑和计算机等学科中的复杂性问题。该研究所致力于通过跨学科、跨领域的方式推动复杂性问题的研究，成立伊始就宣布，所里不设立系科，各个学科实行大整合，整合后统称为"复杂性科学"。

圣菲研究所是一群由探索复杂科学的研究人员组成的纯民间、非盈利性学术研究团体，致力于构建"没有围墙的研究所"，先后有多达 50 多位科学家加盟，几乎没有固定的研究人员，仅保有很少的专职管理人员，以保证日常运作和接待，研究工作主要由分布在世界各地的兼职人员承担，兼职人员既有著名的科学家，也有刚入行的科学工作者，他们以复杂问题为中心，进行不同学科之家的对话和合作。每个研究人员不限于一个课题，只要感兴趣就可以参与，也可以随时离开。在研究项目选择上，圣菲研究所的首要原则是跨学科性，另外还有卓越性、新颖性、催化性等，以对优秀的科研人员保持吸引力。

为了保证自由和独立，研究所没有挂靠任何机构，也没有固定的经费来源，成立之初，主要靠几位诺贝尔奖得主的个人影响在社会上募捐，后来陆续获得了银行的赞助和美国国家科学基金会的资助，在自身的影响力逐渐提升后，资金来源逐渐多样化，包括政府、私人基金会、公司、学术机构、私人捐助、自行创收等。

圣菲研究所注重通过教育手段来培养复杂科学研究人才和传播圣菲理念，形式包括发起和赞助博士后研究项目等一系列教育项目、为研究生和本科生提供长期或短期的交叉学科研究机会、复杂系统暑期培训、为圣菲高中生提供复杂系统模拟实验项目及面向公众的演讲等。复杂系统暑期培训是圣菲教育项目的旗舰，在为期四周的培训中，邀请全球对复杂性科学有卓越贡献的科学家分享自己最新的研究成果，学生也来自世界各地，对发展中国家的学生免费。通过学术会议和培训班的形式，使得圣菲跨学科的研究精神在全世界传播。

（二）科赫研究所

2010 年，麻省理工学院专门成立了以"跨界融合创新"新范式为主导的戴维德·H·科赫整合癌症研究所，以下简称为"科赫研究所"。该研究所聚集了以诺贝尔生理学或医学奖得主 Sharp 教授为首的一批推崇"融合科学"新范式的顶尖学者，通过在科研组织和管理方面的新机制与"融合科学"新范式相配合，在解决癌症相关的重大问题中取得了一系列重要进展。该研究所的数据开放与共享机制，体现了"融合科学"新范式的鲜明特色，对于融合环境和文化的营造、跨界人才的培养也具有一定的示范作用。该研究所是美国乃至全球实践"跨界融合创新"新范式的高地 [21]。

案例：科赫研究所的技术跨界融合创新

①人员多专业构成。科赫研究所成立伊始便确立了通过多学科交叉融合的方式改进癌症检测、治疗和预防手段并最终根除癌症的目标。该研究所的前身是麻省理工学院癌症研究中心。原癌症研究中心的科研人员约占现科研人员总数的 1/2，另外 1/2 属于所外人员，主要分散在麻省理工学院其他院系。专业背景覆盖了生物学、化学、机械学、材料学、计算机科学、临床医学等。此外，研究所还通过网络化机制紧密联系

来自学术界、临床界和产业界的 1000 余名合作者，涉及全球 50 多个机构。

②资源共享。研究所为所有研究者提供了 14 套共享仪器设施，除本研究所人员外，美国国立卫生研究院资助的研究项目人员和其他有贡献的用户均可使用。在设备运力允许的范围内，麻省理工学院其他院系的研究人员也可申请使用。

③数据开放。作为科赫研究所最重要的资助方，美国国立卫生研究院对科赫研究所明确提出了数据开放共享的强制性要求。对数据共享的内容、类型、存储地点、时间、出版、数据获取的合法性、是否符合伦理、查询以及获取的方式等做了具体要求。借助跨学科跨界开放共享平台——ORCID（Open Researcher and Contributor ID），加入到全美乃至全世界的数据开放共享之中。通过注册 ORCID 上的 ID，研究人员可关联自己以往的出版物、数据集、与研究机构的隶属关系及资金支持等信息。

④科研项目设置。专门设立基金，支持该研究所研究人员开展前沿、探索性、需要深度合作的研究，这类研究往往由于其风险过高而难以通过美国联邦经费的评议机制。目前主要通过外部捐赠来支持此类前沿研究项目。

⑤设施与工作环境。为不同专业背景的成员精心设计了一个有利于交叉融合的办公环境。这些不同学科背景的研究者集中在一栋办公楼工作，且该建筑楼的规划都经过深思熟虑，为研究者之间的正式合作以及非正式交流提供便利。

⑥人才培养和教育。该研究所要求所有人员既要具备特定学科的知识和技能，又要在学科交叉融合研究方面接受完善的教育和培训。鼓励研究生选修不同的专业课程和参与不同的研究项目。为博士后、工程师和医生提供在生物学、医学、数学、工程学、计算机科学、物理学和化学不同领域的工作和学习机会。

⑦共享文化建设。研究所举办多次有关"开放科学"和"开放数据"的公开讲座或研讨活动，推动研究所层面数据开放共享的文化建设。

四、创业公司跨界融合管理创新

与国家主导的跨界融合技术创新以重大社会问题为导向不同，许多新兴创业公司或者技术先导型公司的跨界融合多是通过"异想天开"的奇高目标推动的。亚里士多德说想象力是发现、发明一切创造活动的源泉，这些公司的创新目标来源于"想象的目标与现实的差距"。通过自己的跨学科努力，使得想象的目标在过去看来是异想天开，在今天仍勉为其难，在未来将习以为常。

Uber 创办者在出租车和百万富翁的豪华轿车之间进行比较，围绕"百万富翁坐车会是怎样的一幅景象"展开头脑风暴，创造了出租车用车服务系统，将信息服务系统与车辆使用相融合，使每个人都能像百万富翁那样出行。在 Uber 创办 7 年后，这家公司的估值达到 700 亿美元。

奇高目标的闪光之处在于他们能激发组织的想象力以及使命感，能引导大家见人所不见，想人所未想——这是推动人们突破传统学科界限的重要动力。苹果公司雇员用外星人的特殊功能来形容乔布斯的创新意识：他的意志力不但会让他所看到的现实变形，而且也能迷魅他人，让他人也看到一个经过他的意志变了形的"现实之场"。苹果公司的一则广告名为"异想天开"，乔布斯拟定的广告词为：让我们告慰那些疯狂之人，那些从不同角度看事物的人，他们不喜欢规则，他们对现状也毫无敬意。你可以不同意他们的观点，赞扬或蔑视他们，然而你唯一做不到的是忽视他们。因为他们改变事物，他们推动人类朝前迈进。乔布斯就是用这种近乎偏执的方法把苹果的设计创新推向了极致。

说到用奇高目标为导向，不能不提到马斯克，这个以造火箭上火星、解决人类生存危机问题为导向的企业家，将人工智能、物理、工程的原理运用至软件、能源、交通、航空等多个领域，通过重构这些领域一次次颠覆大众的固有认知，不到 50 岁的年纪就建立了四家市值数十亿美元的独角兽公司——SpaceX、Tesla、Paypal 和 SolarCity。当他提出太阳能电池、火箭发射器回收、太空旅行等目标时，很多人认为是疯子在痴人说梦，但是马斯克却一次次取得了成功。当我们还在为马斯克创造的奇迹感到惊叹时，马斯克又发起了新的宣言：颠覆地铁、使人类的语言消失、使人成为跨星球物种、找到可以灌溉内心所有渴望的新食物……当大部分人把马斯克的成功简单地归结于勤奋和天赋时，一些人却看到了天才背后的秘密——跨学科思维模式。

少年马斯克是狂热的阅读爱好者。他每天会看两种不同学科的书，从科幻、哲学到宗教、编程，以及科学家、工程师和企业家的自传，后来他的兴趣又拓展至物理、工程、产品设计、商业和清洁能源等领域。除了大量摄取不同专业的知识，马斯克还非常擅长学习转移，即将特定行业里学到的知识和技能运用到另一个行业中去。在外人看来，马斯克大学读的经济学和物理学，设计特斯拉算是跨学科了，但在马斯克看来，为解决问题而学习知识是最正常不过的事情，管它跨不跨学科。特斯拉的员工也觉得跨学科学习是天经地义的，因为他们从被招聘进特斯拉开始，就要被动或主动地学习各种知识以满足马斯克超乎想象的要求。

另外，马斯克还干了一件别人敢想却不敢干的事，清晰地展示了没有学科概念、以问题和兴趣为导向的思维方式。他投资了一所小学，并把自己的 5 个孩子都送到这所学校去学习。这所学校取消了年级制度，通过能力和兴趣评估，把学生编到不同的学习小组，不管是什么年龄。这所学校里也没有固化的课表，对老师的资格证没有要求。学科设置不固定，学校会常常请各领域的学者、专家来做分享。这种教学方式的重要特点是，不注重系统性地输出知识，也不一定会照顾孩子的接受能力，知识传授过程既深入又快速——这正是马斯克所要的效果，因为他认为在现实社会里，没人会像老师一样耐心且缓慢地讲授信息，学校里的孩子要像在真实世界中一样，需要抓住一切机会，努力汲取养分，获得灵感。学校没有校服，注重培养敢于自我表达的自由灵魂。可以看出，这所学校教育的最大特色是淡化学科的概念，注重培养运用各种可能的知识来解决问题的能力。

第三节　石油工程跨界融合技术创新对策

推动跨界融合创新的深入发展，国家层面需正视跨界融合技术创新在国家科学技术发展中的战略地位有待于进一步加强、融合创新的"软环境"还有待改善、对融合创新的管理处于摸索阶段等阶段性发展问题，把强化基础研究、推动公共信息资源共享等措施持续推向深入。企业层面，需瞄准外源性创意扫描、融入能力、知识产权管理能力和创新生态管理能力等方面的弱点，采取有针对性的强化措施，以提升跨界融合技术创新的整体能力。

一、我国跨界融合技术创新存在的问题

（一）国家层面

1. 跨界融合技术创新在国家科学技术发展中的战略地位有待进一步加强

目前，我国科技创新正从量的积累向质的飞跃、从点的突破向系统能力提升转变，而我国经济社会发展、民生改善、国防建设等领域面临的现实问题，需要多学科力量协同解决。而在国家战略层面，缺乏像美国的科学、技术、工程和数学计划（STEM），研究生一体化教育与研究计划（IGERT），欧盟的多学科博士计划等具有前瞻视角和超前思维推进多学科交叉汇聚的计划。国家应从战略高度重视跨界融合的发展，根据社会经济发展及民生需要制定跨学科研究的国家战略，从国家急迫需要和长远需求出发选择研究方向，以真正解决实际问题为目标，重建经费投入机制与社会支持网络系统，以新的组织结构有效贯通学科链、创新链与产业链，推动创新过程全方位融入国家发展需求。在国家重大战略需求的驱动下，多学科交叉会聚与多技术跨界融合将成为常态，并不断催生新学科前沿、新科技领域和新创新形态。

2. 融合创新的"软环境"还有待改善

融合创新的软环境的制约主要表现在体制机制变化的滞后上，主要体现在人才培养、科研资金投入、学术管理上。从人才培养上来看，我国大学都按传统的学科分类进行资源配置，不能共享资源，而且不同的学科属于不同的学术组织，学科之间形成封闭与保守的隔离局面，学科视野与学科资源难以得到拓展，学科的交叉性差。从学术管理和科研项目资助上看，职称评审、科研项目资助等大都按照归属的学科进行，研究课题的设置中也多是根据学部划分、按学科进行申报，多学科融合性课题少，学科交叉融合科研项目在传统学科专家评审中，会出现不被理解、不被认同的尴尬，使得优秀项目常常错失良机，目前亟须建立完善符合学科交叉的评议制度来改善融合创新的软环境。

3. 对融合创新的管理处于摸索阶段

目前，融合创新质量高、影响大的成果还不太多，原因在于技术跨界融合是在对原有学科深耕细作的基础上，找到与其他学科的内在逻辑联系，相互作用培育出新的增长点，这需要打破学科的语言壁垒、增强彼此了解和联结后才能形成，否则只能处于较低层次的学科汇集，达不到融合研究所要求的学科、思路和理论等方面的有机集成。技术融合创新管理是世界各国科研管理界面临的一个共同难题，融合创新的规律、特点和支持机制的认识处于摸索阶段。如何提出好的研究问题，如何保证目标导向，如何在执行过程中创造有效的交流平台，发挥纽带作用，如何理顺和整合不同学科之间的权力关系，构建稳定而高效的具有生态意义的组织生态环境，如何使优秀人才和团队能发挥最大的价值等一系列问题需要认真研究。

（二）油气企业层面

1. 外源性创意的扫描、融合能力有待提升

在技术跨界融合创新的环境下，研发已不被视为内部流程，而是强调向外部寻求创新构想或解决方案，创意外部化是技术跨界融合的重要特征。扫描外部技术是快速寻找到合适的合作伙伴、与合作伙伴的知识产权储备达成合作和实现互补的前提，宝洁公司（P&G）源于企业外部的创意占到了 50%，设置有外部创新主管和技术侦测小组，负责搜索外部创新源与新产品技术。先进的国际综合性油服公司哈里伯顿等也建立了外部创意的搜索机制。中国的石油工程技术绝大多数自主研发，扫描侦测外部技术的深度和广度不够，外部技术融入的机制也不健全。

以收并购为例，技术并购是快速将组织外部的技术资源转化为组织内部的技术资源、迅速提升自身创新能力的重要手段。收并购的全流程，从信息获取、技术/公司评估到并购方式选择等都需要专业方法支撑。另外，从法律意义上拥有一家公司及其技术，到真正实现技术共享、吸收应用再创新，是一个艰难且微妙的过程，公司及技术收并购后的融合及协同是管理的难点和重点。2012 年，威德福公司并购美国钻机生产商 EWECO（Ellis Williams Engineering Co.）后，只注重资产和库存的合并，对人员进行大换血，导致核心技术人员半年之内全部流失，无法实现技术的真正融合。

中国的油服公司独立运营时间较短，特别是国有油服公司，习惯于集团划拨调整的方式，缺乏资本运作的人才和经验储备，也没有与投资银行等中介机构形成良好的互动合作关系，要应用收并购等外源创意的方式来提升创新能力和技术实力，需尽快掌握相关技能，在机构设置和运行机制等方面及时进行调整，特别是强化与隐性知识整合相关的管理方法研究，在扫描获取外源创意的基础上，从产品、技术、运营模式、客户群等维度进行集成创新。

2. 知识产权管理的内涵仍需进一步丰富

知识产权是合作创新的最常见的基础和标的物，所以知识产权经常是跨界融合创新的桥梁，但如果管理不当，也有可能会成为跨界合作的鸿沟。受对知识产权固有认识的限制，过分强调独占性和排他性，无法兼顾合作方利益，导致配合程度低，无法启动实质性的跨界融合创新。知识产权协同管理欠缺或不到位，出现资产流失、知识外溢等过程失控情况，会导致研发偏离预设计划，或者虽然取得了预期成果，但合同约定不完备导致事后冲突等 [22]。

技术跨界融合背景下，知识产权管理的内涵发生了变化，复杂程度也有了显著提高。封闭式创新模式下企业知识产权管理以自身权益的保护为主，在技术跨界融合背景下，知识产权管理增加了对外部知识产权的评估、选择购买、合作共享及风险控制等方面。技术跨界使得知识产权的流动性增强，企业知识产权成果的来源更加多样化、知识产权利益主体更加多元化、知识产权的占有和使用形式更加丰富，创新过程和创新成果产出的不确定性大增，企业知识产权管理也就愈加复杂，如果没有建立系统的知识产权管理体系，可能造成企业知识产权管理的紊乱 [23]。

在石油工程领域，由于技术专属性强等因素的影响，产权交易一直不活跃，随着石油工程技术与其他领域的互动日益频繁，利用外部的知识产权推动石油工程行业的发展是不可避免的趋势，在开放创新环境中进行知识产权的谋划是必须要掌握的技巧。

3. 创新生态管理的意识仍需强化

在跨界融合和开放创新的系统中，创新要素有机集聚，发生聚合反应，创新主体共生共荣，系统不断演化和自我超越。企业的技术创新过程从简单的线性过程转变为一个复杂的反馈机制，要求企业必须与包括用户、上游供应商、竞争对手、科研院所、大学、中介服务机构及政府等外部创新源建立协同创新关联。这使得参与者的利益协调成为管理重点，技术商业模式设计能力成为技术研发能力的重要组成部分。

技术商业模式设计应反映企业对于合作伙伴、竞争对手、研发难度、市场规模、研发速度的判断，高超的商业模式设计能力可调动各方的积极性，达到精准锁定客户需求、降低成本、节约时间、收益倍增和形成系统性生态链的目的。在跨界融合推动技术发展速度不断提升的新形势下，先进的科研管理机构采用灵活的方式，推动技术研发顺利跨越障碍，形成了持续健康的发展生态环境。

中国国有石油工程技术公司与石油公司间的关系相对紧密，技术市场化推广意识较弱，要进一步推进技术的创新融合，需强化技术商业模式设计，充分发现利益相关者，设计出合理的交易或合作结构，从而取得在研发速度和成本控制上的优势。

二、我国石油工程跨界融合技术创新发展对策

（一）国家层面

1. 突出融合创新的战略地位

在我国，交叉融合研究的资助刚刚起步，传统的分学科资助方式已经在科技界根深蒂固，转变科研人员的观念也需要一定时间。为此，国家应尽快给出未来科研资助机制发展改革的路线图，对技术交叉融合项目的资助，强调面向重大战略需求和新兴科学前沿交叉领域的统筹和部署，突出问题导向，引导和鼓励科研人员凝练交叉科学问题。

探索建立符合交叉研究特点和规律的资助管理机制，促进多学科对综合性复杂问题的协同攻关。改革完善政府科技计划（科学基金）的资助方式，逐步推进适应"融合科学"发展的资助体系。制定对跨学科研究的长期规划与保障性政策，确保跨学科学术研究的参与者、投资者、利益相关者等得到公平合理的利益回报。对人才培养、学术管理、国家重大项目选择、科研资助等方面通盘考虑，建立推动融合创新的联动机制。

在人才培养上，倡导厚基础、宽口径的人才教育理念，鼓励构建学科交叉的课题体系，寻找合适的学科知识交叉点来改革课程体系。支持和促进大学建立国家实验室与工程研究中心等跨学科研究平台，建立独立的实体化跨学科研究机构，推动学科交叉与新兴学科的发展。

另外，国家可以通过税收优惠、财政补贴、制度补偿等政策鼓励企业参与跨学科研

究。鼓励社会风险投资基金参与国家重大跨学科科研项目的攻关，共同分享商业应用成果的收益。

2. 推动公共信息资源共享

在技术跨界融合过程中，对公共资源的开放共享需求日益迫切，但我国仍面临开发程度低、信息条块分割缺乏共享标准和载体、信息准确性和时效性不高、组织协调和保障机制不健全等问题。李克强总理曾表示："目前我国信息数据资源80%以上掌握在各级政府部门手里，'深藏闺中'是极大浪费。"可见政府数据开放和利用，是释放数据能量的关键一步。2015年，国务院印发《促进大数据发展行动纲要》指出，要大力推动政府部门数据共享，稳步推动公共数据资源开放，但整体效果不如预期。根据最新的"开放数据晴雨表"全球报告显示，中国在人口数据开放方面做得相对较好，其次是犯罪统计数据公开。其他方面则乏善可陈。总体来说，中国的数据开放得分相对较低，可以免费获得的数据种类也不多。原因一方面是政府机构担心敏感数据泄漏，另一方面，各方面数据口径不一致，为保证数据质量，需要增加很多解释说明和验算的工作量。

2020年，中央和地方层面均在数据开放应用上做出了诸多制度上的努力：中共中央、国务院发布《关于构建更加完善的要素市场化配置体制机制的意见》，强调要加快培育数据要素市场，推进政府数据开放共享。随后，各地开始加大力度推进政府数据开放。安徽、浙江、山西、广东等省市也相继发布了数据处理、公开相关的管理办法。

国家的政策顶层设计和方针虽已经明确，但在执行中，需进一步倡导共享意识，激励数据所有者破除障碍、提升数据开放的主动性和积极性，让更多高质量的数据开放应用起来，让有数据需求的用户摆脱"巧妇难为无米之炊"的尴尬处境，数据要素对创新的驱动作用才能充分释放。

3. 强化基础研究

树高千丈，营养在根。基础研究是整个科学体系的源头，是所有技术的总开关，打牢基础研究和应用基础研究根基至关重要。基础研究遵循厚积薄发规律，具有基础性、体系性、累积性和衍生性等特点，是科学体系、技术体系、产业体系的源头，也是科技强国和现代化强国建设的基石。

国家对于基础研究的资助，应紧紧围绕经济社会发展的重大需求背后的重大科学问题，从科学原理、问题、方法上集中进行攻关，加大力度完善共性基础技术供给体系。在财政投入上要引导企业和金融机构以适当形式对基础研究加大支持，鼓励社会以捐赠和建立基金等方式多渠道投入，扩大资金来源，形成持续稳定投入机制。在评价考核上，常规科研项目目标考核、资源配置与绩效管理的普遍性、时效性、精准性要求往往与基础研究工作的长期性、积累性、不确定性等特征存在明显的差异，所以要建立健全科研项目科学评价体系、激励机制，鼓励广大科研人员潜心搞基础研究。建立相对稳定的学科布局和灵活柔性的调节机制，在重点、前沿、新兴、交叉、边缘、薄弱等学科，多渠道提高投入，促进优势学科、潜力学科、短板学科和新兴学科协调发展。

4. 引导全社会构建开放式协同创新格局

树立共享理念，着力构建面向国内外的多元化、多层次的开放式协同创新体系。

对外要依托国际科技伙伴计划和政府间科技创新合作机制，全面融入全球创新网络，深度参与新一轮科技产业革命的技术研发布局、国际标准制定和战略分工，提升在国际标准、全球创新规则制定等方面的主导权。

在国内要全方位推动创新系统协同共建，打破条块分割体制机制，加强科技与经济、金融、贸易和教育的整合和协同共建，形成科技创新强大的社会资源支撑后盾。推动形成政府引导、产业导向、企业主体、高校院所等支撑"政产学研金介"六位一体的发展模式，塑造共生共荣发展生态。推动创新主体、创新流程、创新模式变革，构建社会化、大众化、网络化创新体系，使企业、科研院所、高校、行业协会、中介机构等多元主体，在技术研发、商业合作及研究成果转化等方面形成全方位、多渠道、交互式的网络系统，从而提高国家创新体系整体效能，实现共同创造价值的战略愿景[24]。

（二）油气企业层面

1. 使命导向和问题导向相结合，推动技术跨界融合发展

我国的油气企业尤其大型国有石油公司肩负着保障国家能源安全、引领行业高质量发展，以及担当国家战略科技力量等多重职责，要坚持使命导向和问题导向，发现和捕捉技术融合发展中的机会，推进技术创新进步。一方面，通过实现国家战略的使命感激发研发人员的爱国热情，大力弘扬科学家精神和科学文化，倡导科学、严谨、勤勉、认真的职业操守和负责任的创新。将爱国的凝聚力与探索未知前沿的钻研精神，及参与全球市场竞争的雄心壮志有机融合，把战略共识转化为塑造未来的共同行动。把保持技术领先作为最大的生存根本和发展目标，以解决影响经济社会和国家安全的重大问题，完成高风险、高影响力的挑战性任务作为自身的使命。另一方面，聚焦国家需求，找准战略突破方向。紧扣保障国家能源供给的需求，找出制约国家能源供给的科技瓶颈问题，推动学科交叉与融合发展，在产学研用深度融合中寻找新的学科生长点，明确科技创新的主攻方向和突破口。

2. 创建全面开放创新体制机制，建立良好创新生态

创新生态营造的着力点，应集中于以下几点：

第一，倡导开放和价值共享理念。在技术交叉融合飞速发展的今天，新技术、新模式不断涌现，旧的事物加速淘汰。重大突破要靠科学、数据和洞察来推动，开放的心态，是能正确对待自己和周围一切的前提。大企业人才多、资金足、技术积累丰厚，关起门来搞创新，也许有利于保护知识产权，但也容易思维固化，难以追赶迭代步伐。封闭式的、从研发到生产和市场推广全部靠一己之力完成的方式，已经不适应现代的技术发展速度。石油工程技术企业必须保持开放的态势，推动企业内外部资源有机融合，积极谋求外部的合资、技术特许、委外研究、技术合伙、战略联盟、风险投资等多渠道合作模式，在多源创意融合中取得竞争优势。以信息数字技术为支撑，营造活跃的创新生态系统和全流程交互的氛围是取得竞争优势的重要保障。

斯伦贝谢公司开放其数据生态系统和 NExT 培训网络，实行内外部一体化管理，促使供应商和学术界贡献他们的软件代码；哈里伯顿公司、CGG 公司向大学开放软件使用权，向长江大学、中国石油大学、阿曼的苏丹卡布斯大学等行业院校赠送软件，通过共享提前培训潜在员工，也可以利用学校资源进行软件优化。石油企业应继续坚持开放创新理念，总结在开放和共享中的经验教训，不断优化管理，推动效能最大化，使开放共享成为创新的最佳滋养。

第二，强化创新群落互动。"创新群落"指技术商业化过程中直接和间接涉及的所有组织。群落成员包括企业、大学、研究机构、风险投资企业、协调实体、产业协会、科学实体和供应商等。创新群落之间靠技术和创新相互关联，具有鲜明的社会化特征，植根于密集的社会和经济关系网络中，不只是单纯的营养关系和能量转移关系，联系的根本原因是每个种群拥有特定的能力，在知识转移和共享的过程中，形成了群落特有的沟通语言和行为规范。协作组织在信息收集和传播方面的作用越大，群落技术商业化和扩散的速度越快，组织所跨越的产业越多，群落在技术发展中的作用就越显著。斯伦贝谢公司强化与科研机构、初创公司、客户、金融机构、科技发展中介机构等创新群落的合作，与全球八十多个国家的 300 所大学建立了科研合作关系，积极参与行业联合科研项目研发。在技术创新融合的大背景下，中国石油企业应抓住时代机遇，不断丰富创新生态主体，健全完善互动机制，提升创新群落的规模、多样性、稳定性和可渗透性和群落的技术输出质量。

第三，升级创新平台，聚集整合创新要素。石油工程技术研发过程中数据资源持续增长，使数据保有量日益增大。数据内容覆盖的学科范围不断扩大，参与数据贡献的单位日益增多，数据密集型和数据驱动型科研方式不断涌现，使得多样、大量和复杂数据的采集和存储，以及数据的访问和使用管理成为技术管理的重要内容。斯伦贝谢公司自从 2017 年推出 DELFI 感知勘探和生产环境平台以来，陆续将石油公司、数据提供商、算法研究公司、初创公司拉入平台的建设中，公司绝大部分的对外合作都围绕强化 DELFI 平台的能力进行。各系统成员在共赢前提下，相互交流合作，为向客户提供最优的解决方案而共同努力。科研平台是吸引人才、培育技术的重要基地，要以前瞻视角设计科研平台的建设和运营，使之成为创新成果的策源地。

3. 健全完善跨界融合创新管理机制

建立专门机构推动技术跨界融合创新。成立技术跨界融合推进机构负责外部创意的扫描与评估，选择具有超强的创新意识、高超的资源整合能力和沟通协调能力，以及一定风险意识的专业人才领导该机构。公司对该机构充分授权，以激发组织活力为目的，设置科学的管理机制，如项目经理任期制，一方面促使其注重技术研发和自我实现，另一方面，定期补充新鲜科研力量，保持组织创新活力。

保持跨界融合创新项目的独立性。跨界融合技术创新既需要强大的技术、人才和资金支持，又需要保持组织的灵活性与技术敏锐性。这就要求开展跨界融合创新的机构保持相对的组织独立性，在组织管理、运行程序、决策机制等方面有高度的自主权，并逐步建立独有的组织文化。

内部研发与利用外部科技资源并重。把技术作为保持和提升竞争力的重要抓手，保持相对较高的稳定的科研投入强度。同时，注重利用外部组织和技术资源来发展自身实力，综合利用收并购、建立战略联盟、联合研发、委托开发等方式来集聚创新资源、开拓研究思路、降低研发成本。

培育与跨学科研究相匹配的风险观和成败观。技术研发的成功经常是建立在多次失败的基础上的。跨界融合技术创新是一种探索性、创造性劳动，创新路上，可谓重峦叠嶂、迷雾重重，要取得任何一点突破，都必须付出巨大的代价。在技术研发管理中，定期检查里程碑实现情况，及时终止不能实现阶段目标的项目。同时，要建立容错机制，不认为终止项目为失败，而视为提供了新的视角和可供汲取的经验。跨界融合技术创新是一项风险性很强的工作，"成者英雄败者寇"的思想观念严重违反了科研规律，以包容失败、谅解过失的人文主义精神接纳失败，总结经验教训将成为激励研发人员持续创新的巨大力量。

建立相对独立的跨界融合技术孵化机制。石油工程技术专属性强、工程试验配套要求高等特点，增加了其商业化难度，在跨界融合技术成果孵化过程中，应借鉴先进企业的经验，使有前景的技术能够跨越技术转化中的"死亡之谷"，顺利走向市场。Alphabet公司 X 实验室建立了技术研发——初创公司的进化机制，推动有发展前景的技术迅速扩张，在很短的时间内成功孵化了近 10 家独立公司，很多已成为所在领域的领头羊。中国石油企业在跨界融合技术成果转化中，可以建立相对独立的跨界融合技术孵化机构，畅通其与研发环节的运行机制，发挥独立机构运作灵活的优点，有利于推动有前景的技术快速进入市场。

4. 强化知识产权管理

第一，要完善知识产权战略和管理制度体系。除了对知识产权进行产权管理以外，重视通过经营知识产权而为企业创造更多价值，在对企业内外知识产权整合的基础上谋求更多的超额利润。第二，要评估自有知识产权的范围、特征，确定哪些技术是自己已经拥有的、哪些是急需的、哪些是核心技术、哪些是非必要的，为后续知识产权的剥离、收购及合作等运作行为奠定基础。第三，开发科学的知识产权评估方法和工具。适应知识的动态性和多变性特征，开发能够客观评价知识产权价值的工具，支撑企业选择与自身内部知识资源和能力相匹配的最适应技术。第四，充分利用国内外知识产权中介服务机构，获取知识产权法律服务、推广应用服务、资产评估服务和信息服务等，利用中介服务机构的信息资源优势和专业优势，获取外部创意和外部市场化渠道信息，提升企业的技术扫描能力、吸收能力和创新能力。第五，加入知识产权运营联盟，或成立产业专利联盟，通过专利成果共享，实现行业内的技术融合，推动行业整体高质量发展。

5. 注重 T 型人才的培养和聚集

T 型人才是指按知识结构区分出来的一种新型人才类型。用字母"T"来描述其知识结构特点。"—"表示有广博的知识面，"|"表示知识的深度。两者的结合，既有较深的专业知识，又有广博的知识面，是集深与博于一身的人才。在技术融合的背景下，T 字这一横并非只限于知识面、知识结构，而代表着一种"横向的跨界混搭、整合资源的能

力",是一种跨界整合的能力和习惯。

澳大利亚政府资助的一个城市水资源治理跨界融合项目,涉及土木工程、生态学、生物物理、建筑设计和社会学领域等诸多专业领域,在项目启动之初,项目管理者目睹了生物物理研究人员指责社会学家严谨性差,在没有探索和提供解决方案的情况下花费了太多时间来分析问题。社会学家常常感到沮丧,因为生物物理研究人员过于专注于解决方案,而忽略了他们提出的解决方案所涉及的更广泛的社会影响。见证了学科之间为了主导项目而进行的争论后,项目管理者通过设定共同目标、推进建设性对话、培育 T 型人才等方式,把社会科学和生物物理科学之间的紧张对立转变成富有成效的伙伴关系。合作初期,各学科的参与者都倾向于以自己的专业为主导。不久之后,他们认识到其他学科的重要性,最终构建了建设性对话的合作模式。其中,T 型人才的培养具有关键作用,刚接触其他学科的研究人员在坚持自己领域的首要地位和退缩之间摇摆不定,随着时间的推移,他们可以变得更具广度和深度(T 型),能够进行建设性的对话和共同创造。图 5-8 为 T 型人才成长之旅。

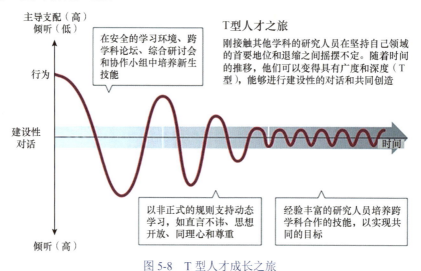

图 5-8　T 型人才成长之旅

石油工程本身具有多专业协同的性质,应该充分发挥多学科接触的优势,强化学科的对话交流,在共同目标的引导下,不断融合创新,形成 T 型人才培养和跨界融合深入的良性循环。

6. 锤炼识别、管理跨界人才的能力

在识别、管理跨界人才方面,大部分企业处在摸索阶段,在这方面,爱因斯坦老板的经验可能有一定的启发作用。爱因斯坦的老板亚伯拉罕·弗莱克斯纳,是普林斯顿高等研究院(Institute for Advanced Study,IAS)的创始人,他没有博士学位,不是任何领域的专家,没有超凡的智力,但他凭借自身出色的管理才能,把 IAS 建成有史以来最伟大、最多产的科学团体之一。IAS 培养了 33 位诺贝尔奖得主,38 位美国最佳数学奖得主和不计其数的全球顶级科学家。在《爱因斯坦的老板》一书中,作者从管理学的角度出发,深入分析了像爱因斯坦这类人的管理方式,为我们提供了管理具有卓越跨界创新才能员工的思路。亚伯拉罕·弗莱克斯纳识别天才员工的首要标准就是精通多个领域——

有跨学科的学习能力和知识储备。对多个领域的精通使他们思维跳度很大，能发现常人无法察觉的可能性。比如，爱因斯坦不仅是物理学家还是古典小提琴家。物理学调动的是他的数理思维和推理运算技能，而小提琴调动的是他的艺术思维和肢体及乐理技能。达·芬奇不仅是艺术家还是一个工程师，他认为，精通多个领域的人才能够平行思考，而不会直线式、孤立式地思考。他们拥有常人无法看见的洞察力，能在不同的事物间建立联系，就像电流可以有串联、并联多个路径同时运行，可以像电流一样一次思考多个问题。他们还善于多角度思考问题，并能够把复杂的概念简单化[25]。

对于具有卓越跨界创新才能员工的管理，要以他们的能力版图为核心，为他们搭建一个得心应手的协作团队。跨界人才的思维过于发散，管理者要做的是帮助他们收敛自己的想法。领导者要以投资人的心态来看待跨界技术创新，把自己看作投资人，把所有具有卓越跨界创新才能的员工都看作是自己的资产，就会开心地为他们搭建环境，鼓励他们学习和创新，因为他们的能力越强，你的收益就越大。

参 考 文 献

[1] 白春礼. 科学谋划和加快建设世界科技强国. 中国科学院院刊, 2017, 32(5): 446-452.

[2] 肖小溪, 甘泉, 蒋芳, 等. "融合科学" 新范式及其对开放数据的要求. 中国科学院院刊, 2020, 35(1): 8.

[3] 高丰. 开放数据: 概念、现状与机遇. 大数据, 2015, 1(2): 9-18.

[4] 刘晓, 王跃, 毛开云, 等. 生物技术与信息技术的融合发展. 中国科学院院刊, 2020, 35(1): 34-42.

[5] NIH. NIH public access policy details. (2019-12-18) [2021-10-18]. http://publicaccess. nih. gov/policy. html.

[6] Schlumberger . Schlumberger announces DELFI cognitive E&P environment. (2017-09-13) [2021-11-10]. https://www. slb. com/newsroom/press-release/2017/pr-2017-0913-delfi.

[7] Koch Institute. Convergence, cancer research and the koch institute experience at MIT-Workshop on science team dynamics and effectiveness. (2019-12-18) [2020-10-11]. http://www. tvworldwide. com/ events/nas/130701.

[8] EXPEC Advanced Research Center. Developing technical solutions to upstream challenges. (2018-6-26) [2021-5-16]. http://www. saudiaramco. com/en/home. html.

[9] 光新军, 王敏生, 闫娜, 等. 沙特阿美石油公司石油工程技术创新战略及启示. 石油科技论坛, 2017, (3): 64-71.

[10] 皮光林, 光新军, 王敏生, 等. 油气行业数字化创新模式与启示. 中国矿业, 2019, 28(10): 6.

[11] 王华. 油气企业数字化转型需求与实践. 计算机与应用化学, 2018, 35(1): 80-86.

[12] 田野, 王贺. 数字化转型决定油气企业未来. 中国石油企业, 2017(9): 66-68.

[13] 吕建中, 杨虹, 孙乃达. 全球能源转型背景下的油气行业技术创新管理新动向. 石油科技论坛, 2019, 38(4): 8.

[14] 杨艳, 司云波, 袁磊, 等. 国际大石油公司风险投资现状与趋势. 石油科技论坛, 2017, 36(6): 49-56.

[15] 闫娜, 张冬华. 企业风险投资在技术发展中的作用——雪佛龙的实践经验及启示. 企业技术开发, 2014, 33(34): 64-66.

[16] 光新军, 王敏生, 叶海超, 等. 我国油气工程领域 "卡脖子" 技术分析及发展对策建议. 石油科技论坛, 2019, 38(5): 32-39.

[17] 吕建中, 杨虹. 国际大型石油公司风险投资实践及特点. 世界石油工业, 2020(4): 7.

[18] 闫娜, 王敏生, 皮光林. 国际石油公司科技风险投资趋势及启示石油科技论坛, 2020, 203(1): 65-72.

[19] IHS. Corporate venture investing: A growing pillar of E&P innovation. Denver: IHS Markit, 2017.

[20] 闫娜, 王敏生, 张大军. 世界石油工程技术研发管理动向及启示. 石油科技论坛, 2018, 37(2): 56-63.

[21] 陈捷, 肖小溪. 美国科赫研究所开展融合科学的实践与启示. 中国科学院院刊, 2020, 35(1): 7.

[22] 黄国群. 开放式创新中知识产权协同管理困境探究. 技术经济与管理研究, 2014(10): 4.

[23] 易明. 开放式创新模式与企业知识产权管理变革. 当代经济, 2013(5): 24-25.

[24] 路红艳. 未来30年科技产业革命变化趋势及我国创新发展的建议. 全球化, 2018(3): 89-97.

[25] 罗伯特·托马斯, 克里斯托弗·赫罗马斯. 爱因斯坦的老板. 北京: 九州出版社, 2021.